"十二五"普通高等教育本科国家级规划教

热力学·统计物理学习辅导书

汪志诚

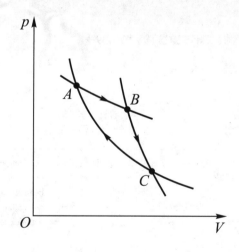

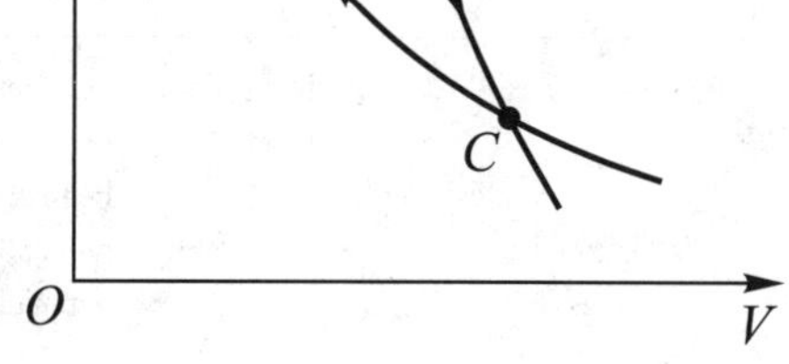

中国教育出版传媒集团
高等教育出版社·北京

内容简介

本书是与《热力学 · 统计物理》（第六版）相配套的学习辅导书。本书的主教材是被高校热力学统计物理课程广泛选用的一本经典教材。本书对主教材中的全部习题给出了分析和解题思路，对部分习题还介绍了科研实际中的背景，帮助学生加强对所学知识的理解，巩固和提升学习效果。

本书可供高等学校物理学专业的师生作为教学和学习参考书使用，也可供其他相关专业的师生和社会读者参考。

图书在版编目(CIP)数据

热力学 · 统计物理学习辅导书 / 汪志诚主编 . --北京：高等教育出版社，2024.3
ISBN 978-7-04-061083-3

Ⅰ. ①热… Ⅱ. ①汪… Ⅲ. ①热力学-高等学校-教学参考资料②统计物理学-高等学校-教学参考资料 Ⅳ. ①O414

中国国家版本馆 CIP 数据核字(2023)第 164469 号

RELIXUE · TONGJI WULI XUEXI FUDAOSHU

策划编辑 吴 荻　责任编辑 吴 荻　封面设计 李小璐　版式设计 李彩丽
责任绘图 邓 超　责任校对 陈 杨　责任印制 刁 毅

出版发行	高等教育出版社	网　　址	http://www.hep.edu.cn
社　　址	北京市西城区德外大街4号		http://www.hep.com.cn
邮政编码	100120	网上订购	http://www.hepmall.com.cn
印　　刷	鸿博汇达（天津）包装印刷科技有限公司		http://www.hepmall.com
开　　本	787mm×1092mm　1/16		http://www.hepmall.cn
印　　张	13.5		
字　　数	300千字	版　　次	2024年3月第1版
购书热线	010-58581118	印　　次	2024年3月第1次印刷
咨询电话	400-810-0598	定　　价	29.80元

物 料 号　61083-00

编写说明

本书是与编者编写的《热力学·统计物理》(第六版)相配套的参考书。书中包含《热力学·统计物理》(第六版)教材中全部习题和一些补充题的解答。本书注重物理内涵的分析和物理背景的阐述，有的习题还介绍了相关的预备知识。希望本书能对初学者学习热力学统计物理课程有所帮助。

本书的编排与《热力学·统计物理》(第六版)教材一致，分为十一章。教材中原有的习题和补充题按习题内容统一编号。为了方便读者查阅，编者在编号后加了注，例如1-1(原1.1题)，1-7(补充题)等。对于《热力学·统计物理》(第六版)教材中的公式和章节，本书将不加说明直接引用，例如式(1.15.4)、§2.7等，其他文献和书籍引用时将说明出处。

在编写本书的过程中得到兰州大学物理学院领导的大力支持，编者在此表示衷心的感谢。

编者水平有限，书中的不足、不妥之处在所难免，欢迎读者指正。

编者

目　录

第一章　热力学的基本规律

1-1　(原 1.1 题)

试求理想气体的体胀系数 α，等容压强系数 β 和等温压缩系数 κ_T.

解　已知理想气体的物态方程为

$$pV=nRT, \tag{1}$$

由此易得

$$\alpha=\frac{1}{V}\left(\frac{\partial V}{\partial T}\right)_p=\frac{nR}{pV}=\frac{1}{T}, \tag{2}$$

$$\beta=\frac{1}{p}\left(\frac{\partial p}{\partial T}\right)_V=\frac{nR}{pV}=\frac{1}{T}, \tag{3}$$

$$\kappa_T=-\frac{1}{V}\left(\frac{\partial V}{\partial p}\right)_T=\left(-\frac{1}{V}\right)\left(-\frac{nRT}{p^2}\right)=\frac{1}{p}. \tag{4}$$

1-2　(原 1.2 题)

试证明任何一种具有两个独立参量 T、p 的物质，其物态方程可由实验测得的体胀系数 α 及等温压缩系数 κ_T，根据下述积分求得：

$$\ln V=\int(\alpha \mathrm{d}T-\kappa_T \mathrm{d}p).$$

如果 $\alpha=\frac{1}{T}$，$\kappa_T=\frac{1}{p}$，试求物态方程.

解　以 T、p 为自变量，物质的物态方程为

$$V=V(T, p),$$

其全微分为

$$\mathrm{d}V=\left(\frac{\partial V}{\partial T}\right)_p \mathrm{d}T+\left(\frac{\partial V}{\partial p}\right)_T \mathrm{d}p. \tag{1}$$

全式除以 V，有

$$\frac{\mathrm{d}V}{V}=\frac{1}{V}\left(\frac{\partial V}{\partial T}\right)_p \mathrm{d}T+\frac{1}{V}\left(\frac{\partial V}{\partial p}\right)_T \mathrm{d}p.$$

根据体胀系数 α 和等温压缩系数 κ_T的定义，可将上式改写为

$$\frac{\mathrm{d}V}{V}=\alpha \mathrm{d}T-\kappa_T \mathrm{d}p. \tag{2}$$

上式是以 T、p 为自变量的完整微分，沿一任意的积分路线积分，有

$$\ln V=\int(\alpha \mathrm{d}T-\kappa_T \mathrm{d}p). \tag{3}$$

如果实验测得 α 和 κ_T 作为 T、p 的函数，那么由上式可得物质的物态方程。

若 $\alpha=\frac{1}{T}$，$\kappa_T=\frac{1}{p}$，式(3)可表示为

$$\ln V=\int\left(\frac{1}{T}\mathrm{d}T-\frac{1}{p}\mathrm{d}p\right). \tag{4}$$

选择如图 1-1 所示的积分路线，从$(T_0,\ p_0)$积分到$(T,\ p_0)$，再积分到$(T,\ p)$，相应地，体积由 V_0最终变到 V，有

$$\ln\frac{V}{V_0}=\ln\frac{T}{T_0}-\ln\frac{p}{p_0},$$

即

$$\frac{pV}{T}=\frac{p_0V_0}{T_0}=C\ (\text{常量}),$$

或

$$pV=CT. \tag{5}$$

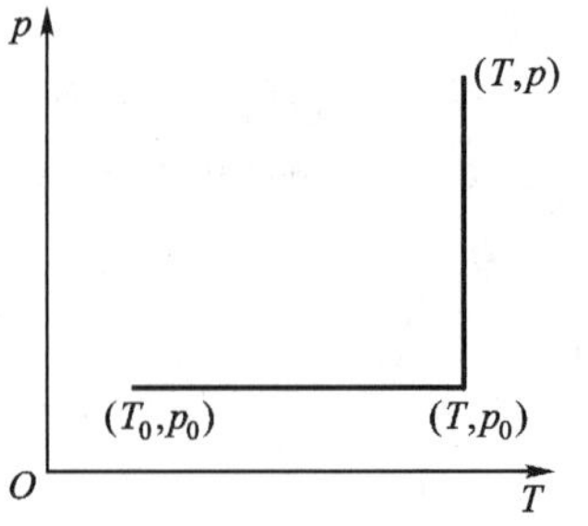

图 1-1

式(5)就是由所给 $\alpha=\frac{1}{T}$，$\kappa_T=\frac{1}{p}$求得的物态方程．确定常量 C 需要进一步的实验数据．

1-3 （原 1.3 题）

简单固体和液体的体胀系数 α 和等温压缩系数 κ_T数值都很小，在一定温度范围内可以把 α 和 κ_T看作常量．试证明简单固体和液体的物态方程可近似表示为[式(1.3.14)]

$$V(T,\ p)=V_0(T_0,\ 0)\left[1+\alpha(T-T_0)-\kappa_Tp\right].$$

解 以 T、p 为状态参量，物质的物态方程为

$$V=V(T,\ p).$$

根据习题 1-2 式(2)，有

$$\frac{\mathrm{d}V}{V}=\alpha\mathrm{d}T-\kappa_T\mathrm{d}p. \tag{1}$$

将上式沿图 1-1 所示的路线求线积分，在 α 和 κ_T可以看作常量的情形下，有

$$\ln\frac{V}{V_0}=\alpha(T-T_0)-\kappa_T(p-p_0), \tag{2}$$

或

$$V(T,\ p)=V(T_0,\ p_0)\,\mathrm{e}^{\alpha(T-T_0)-\kappa_T(p-p_0)}. \tag{3}$$

考虑到 α 和 κ_T的数值很小，将指数函数展开，保留 α 和 κ_T的线性项，有

$$V(T,\ p)=V(T_0,\ p_0)\left[1+\alpha(T-T_0)-\kappa_T(p-p_0)\right]. \tag{4}$$

如果取 $p_0=0$，即有

$$V(T,\ p)=V(T_0,\ 0)\left[1+\alpha(T-T_0)-\kappa_Tp\right]. \tag{5}$$

1-4 （原 1.4 题）

在 0 ℃和 1 atm① 下，测得一铜块的体胀系数和等温压缩系数分别为 $\alpha=4.85\times10^{-5}\ \mathrm{K}^{-1}$ 和 $\kappa_T=7.8\times10^{-7}\ \mathrm{atm}^{-1}$. α 和 κ_T 可近似看作常量．今使铜块加热至10 ℃. 问：

（a）压强要增加多少 atm 才能使铜块的体积维持不变？

（b）若压强增加 100 atm，铜块的体积改变多少？

解 （a）根据 1-2 题式(2)，有

$$\frac{\mathrm{d}V}{V}=\alpha\mathrm{d}T-\kappa_T\mathrm{d}p. \tag{1}$$

上式给出，在邻近的两个平衡态，系统的体积差 dV、温度差 dT 和压强差 dp 之间的关系．如果系统的体积不变，dp 与 dT 的关系为

$$\mathrm{d}p=\frac{\alpha}{\kappa_T}\mathrm{d}T. \tag{2}$$

在 α 和 κ_T 可以看作常量的情形下，将式(2)积分可得

$$p_2-p_1=\frac{\alpha}{\kappa_T}(T_2-T_1). \tag{3}$$

将式(2)积分得到式(3)意味着，经准静态等体过程后，系统在终态和初态的压强差和温度差满足式(3)．但是应当强调，只要初态(V, T_1) 和终态(V, T_2) 是平衡态，两态间的压强差和温度差就满足式(3)．这是因为，平衡状态的状态参量给定后，状态函数就具有确定值，与系统到达该状态的历史无关．本题讨论的铜块加热的实际过程一般不会是准静态过程．在加热过程中，铜块各处的温度可以不等，铜块与热源可以存在温差等，但是只要铜块的初态和终态是平衡态，两态的压强和温度差就满足式(3).

将所给数据代入，可得

$$p_2-p_1=\frac{4.85\times10^{-5}}{7.8\times10^{-7}}\times10\ \mathrm{atm}=622\ \mathrm{atm}.$$

因此，将铜块由 0 ℃加热到 10 ℃，要使铜块体积保持不变，压强要增加 622 atm.

（b）1-3 题式(4)可改写为

$$\frac{\Delta V}{V_1}=\alpha(T_2-T_1)-\kappa_T(p_2-p_1). \tag{4}$$

将所给数据代入，有

$$\begin{aligned}\frac{\Delta V}{V_1}&=4.85\times10^{-5}\times10-7.8\times10^{-7}\times100\\&=4.07\times10^{-4}.\end{aligned}$$

因此，将铜块由 0 ℃加热至 10 ℃，压强由 1 atm 增加 100 atm，铜块体积将增加原体积的 4.07×10^{-4}.

① 1 atm = 101 325 Pa.

1-5 （原 1.5 题）

描述金属丝的几何参量是长度 L，力学参量是张力 $\mathscr{T}$，物态方程是

$$f(\mathscr{T},\ L,\ T)=0.$$

实验通常在 1 atm 下进行，其体积变化可以忽略.

线胀系数定义为

$$\alpha=\frac{1}{L}\left(\frac{\partial L}{\partial T}\right)_{\mathscr{T}}.$$

等温弹性模量定义为

$$E=\frac{L}{A}\left(\frac{\partial \mathscr{T}}{\partial L}\right)_{T},$$

其中 A 是金属丝的截面积. 一般来说，α 和 E 是 T 的函数，对 $\mathscr{T}$ 仅有微弱的依赖关系，如果温度变化范围不大，可以看作常量. 假设金属丝两端固定，试证明，当温度由 T_1 降至 T_2 时，其张力将增加

$$\Delta\mathscr{T}=-EA\alpha(T_2-T_1).$$

解 由物态方程

$$f(\mathscr{T},\ L,\ T)=0 \tag{1}$$

可知偏导数之间存在以下关系：

$$\left(\frac{\partial L}{\partial T}\right)_{\mathscr{T}}\left(\frac{\partial T}{\partial \mathscr{T}}\right)_{L}\left(\frac{\partial \mathscr{T}}{\partial L}\right)_{T}=-1. \tag{2}$$

所以，有

$$\begin{aligned}\left(\frac{\partial \mathscr{T}}{\partial T}\right)_{L}&=-\left(\frac{\partial L}{\partial T}\right)_{\mathscr{T}}\left(\frac{\partial \mathscr{T}}{\partial L}\right)_{T}\\&=-L\alpha\cdot\frac{A}{L}E\\&=-\alpha AE.\end{aligned} \tag{3}$$

积分得

$$\Delta\mathscr{T}=-EA\alpha(T_2-T_1). \tag{4}$$

在 $T_2<T_1$ 的情形下 $\Delta\mathscr{T}$ 是正的. 与 1-4 题类似，上述结果不限于保持金属丝长度不变的准静态冷却过程，只要金属丝的初态和终态是平衡态，初态和终态的张力差

$$\Delta\mathscr{T}=\mathscr{T}(L,\ T_2)-\mathscr{T}(L,\ T_1)$$

就满足式(4)，与经历的过程无关.

1-6 （原 1.6 题）

一理想弹性丝的物态方程为

$$\mathscr{T}=bT\left(\frac{L}{L_0}-\frac{L_0^2}{L^2}\right),$$

其中 L 是长度，L_0 是张力 $\mathscr{T}$ 为零时的 L 值，它只是温度 T 的函数，b 是常量. 试证明：

（a）等温弹性模量为

$$E=\frac{bT}{A}\left(\frac{L}{L_0}+\frac{2L_0^2}{L^2}\right).$$

式中 A 是弹性丝的截面面积．在张力为零时，$E_0=\frac{3bT}{A}$.

（b）线胀系数 α 为

$$\alpha=\alpha_0-\frac{1}{T}\frac{\frac{L^3}{L_0^3}-1}{\frac{L^3}{L_0^3}+2},$$

其中 $\alpha_0=\frac{1}{L_0}\frac{\mathrm{d}L_0}{\mathrm{d}T}$.

解　（a）根据题设，理想弹性丝的物态方程为

$$\mathscr{T}=bT\left(\frac{L}{L_0}-\frac{L_0^2}{L^2}\right), \tag{1}$$

由此可得等温弹性模量 E 为

$$\begin{aligned} E &=\frac{L}{A}\left(\frac{\partial\mathscr{T}}{\partial L}\right)_T \\ &=\frac{L}{A}bT\left(\frac{1}{L_0}+\frac{2L_0^2}{L^3}\right) \\ &=\frac{bT}{A}\left(\frac{L}{L_0}+\frac{2L_0^2}{L^2}\right). \end{aligned} \tag{2}$$

张力为零时，$L=L_0$，$E_0=\frac{3bT}{A}$.

（b）线胀系数 α 的定义为

$$\alpha=\frac{1}{L}\left(\frac{\partial L}{\partial T}\right).$$

由链式关系知

$$\alpha=-\frac{1}{L}\left(\frac{\partial\mathscr{T}}{\partial T}\right)_L\left(\frac{\partial L}{\partial\mathscr{T}}\right)_T, \tag{3}$$

而

$$\left(\frac{\partial\mathscr{T}}{\partial T}\right)_L=b\left(\frac{L}{L_0}-\frac{L_0^2}{L^2}\right)+bT\left(-\frac{L}{L_0^2}-\frac{2L_0}{L^2}\right)\frac{\mathrm{d}L_0}{\mathrm{d}T},$$

$$\left(\frac{\partial\mathscr{T}}{\partial L}\right)_T=bT\left(\frac{1}{L_0}+\frac{2L_0^2}{L^3}\right),$$

所以

$$\alpha=-\frac{1}{L}\frac{b\left(\frac{L}{L_0}-\frac{L_0^2}{L^2}\right)-bT\left(\frac{L}{L_0^2}+\frac{2L_0}{L^2}\right)\frac{\mathrm{d}L_0}{\mathrm{d}T}}{bT\left(\frac{1}{L_0}+\frac{2L_0^2}{L^3}\right)}$$

$$=\frac{1}{L_0}\frac{\mathrm{d}L_0}{\mathrm{d}T}-\frac{1}{T}\frac{\frac{L^3}{L_0^3}-1}{\frac{L^3}{L_0^3}+2}. \tag{4}$$

1-7 （补充题）

在 0 ℃ 和 1 atm 下，空气的密度为 1.29 kg · m^{-3}. 空气的比定压热容 $c_p=0.996\times10^3$ J · kg^{-1} · K^{-1}，$\gamma=1.41$. 今有 27 m^3的空气，试计算：

（a）若维持体积不变，将空气由 0 ℃加热至 20 ℃所需的热量.

（b）若维持压强不变，将空气由 0 ℃加热至 20 ℃所需的热量.

（c）若容器有裂缝，外界压强为 1 atm，使空气由 0 ℃缓慢地加热至 20 ℃所需的热量.

解 （a）由题给空气密度可以算得 27 m^3空气的质量 m_1为

$$m_1=1.29\times27\ \mathrm{kg}=34.83\ \mathrm{kg}.$$

比定容热容可由所给比定压热容算出：

$$c_V=\frac{c_p}{\gamma}=\frac{0.996\times10^3}{1.41}\ \mathrm{J\cdot kg^{-1}\cdot K^{-1}}=0.706\times10^3\ \mathrm{J\cdot kg^{-1}\cdot K^{-1}}.$$

维持体积不变，将空气由 0 ℃加热至 20 ℃所需热量 Q_V为

$$\begin{aligned}Q_V&=m_1c_V(T_2-T_1)\\&=34.83\times0.706\times10^3\times20\ \mathrm{J}\\&=4.920\times10^5\ \mathrm{J}.\end{aligned}$$

（b）维持压强不变，将空气由 0 ℃加热至 20 ℃所需热量 Q_p为

$$\begin{aligned}Q_p&=m_1c_p(T_2-T_1)\\&=34.83\times0.996\times10^3\times20\ \mathrm{J}\\&=6.938\times10^5\ \mathrm{J}.\end{aligned}$$

（c）若容器有裂缝，在加热过程中气体将从裂缝漏出，使容器内空气质量发生变化. 根据理想气体的物态方程

$$pV=\frac{m}{M}RT,$$

M 为空气的平均摩尔质量，在压强和体积不变的情形下，容器内气体的质量与温度成反比. 以 m_1和 T_1表示气体在初态的质量和温度，m 表示温度为 T 时气体的质量，有

$$m_1T_1=mT,$$

所以在过程（c）中所需的热量 Q 为

$$Q = c_p \int_{T_1}^{T_2} m(T)\,\mathrm{d}T$$
$$= m_1 T_1 c_p \int_{T_1}^{T_2} \frac{\mathrm{d}T}{T}$$
$$= m_1 T_1 c_p \ln \frac{T_2}{T_1}.$$

式中用比定压热容 c_p，意味着已计及气体从裂缝漏出时对外所做的功．将所给数据代入，得

$$Q = 34.83 \times 273 \times 0.996 \times 10^3 \times \ln \frac{293}{273}\ \mathrm{J}$$
$$= 6.696 \times 10^5\ \mathrm{J}.$$

1-8 （原1.7题）

抽成真空的小匣带有活门，打开活门让气体冲入．当压强达到外界压强 p_0 时将活门关上．试证明：小匣内的空气在没有与外界交换热量之前，它的内能 U 与原来在大气中的内能 U_0 之差为 $U-U_0=p_0V_0$，其中 V_0 是它原来在大气中的体积．若气体是理想气体，求它的温度和体积．

解 将冲入小匣的气体看作系统．系统冲入小匣后的内能 U 与其原来在大气中的内能 U_0 由式(1.5.3)

$$U-U_0=W+Q \tag{1}$$

确定．由于过程进行得很迅速，过程中系统与外界没有热量交换，$Q=0$. 过程中外界对系统所做的功可以分为 W_1 和 W_2 两部分来考虑．一方面，大气将系统压入小匣，使其在大气中的体积由 V_0 变为零．由于小匣很小，在将气体压入小匣的过程中大气压强 p_0 可以视为没有变化，即过程是等压的(但不是准静态的)．过程中大气对系统所做的功为

$$W_1=-p_0\Delta V=p_0V_0.$$

另一方面，小匣既然抽为真空，系统在冲入小匣的过程中不受外界阻力，与外界也就没有功变换，则

$$W_2=0.$$

因此式(1)可表示为

$$U-U_0=p_0V_0. \tag{2}$$

如果气体是理想气体，根据式(1.3.11)和式(1.7.10)，有

$$p_0V_0=nRT_0, \tag{3}$$

$$U_0=\frac{nRT_0}{\gamma-1},\qquad U=\frac{nRT}{\gamma-1}. \tag{4}$$

式中 n 是系统所含物质的量．代入式(2)即有

$$T=\gamma T_0. \tag{5}$$

活门是在系统的压强达到 p_0 时关上的，所以气体在小匣内的压强也可看作 p_0，其物态方程为

$$p_0V=nR\gamma T_0. \tag{6}$$

与式(3)比较，知

$$V=\gamma V_0. \tag{7}$$

1-9 （原 1.8 题）

满足 $pV^n=C$（常量）的过程称为多方过程，其中常数 n 称为多方指数．试证明：理想气体在多方过程中的热容 C_n 为

$$C_n=\frac{n-\gamma}{n-1}C_V.$$

解 根据式(1.6.1)，多方过程中的热容

$$C_n=\lim_{\Delta T\to 0}\left(\frac{\Delta Q}{\Delta T}\right)_n=\left(\frac{\partial U}{\partial T}\right)_n+p\left(\frac{\partial V}{\partial T}\right)_n. \tag{1}$$

对于理想气体，内能 U 只是温度 T 的函数，

$$\left(\frac{\partial U}{\partial T}\right)_n=C_V,$$

所以

$$C_n=C_V+p\left(\frac{\partial V}{\partial T}\right)_n. \tag{2}$$

将多方过程的过程方程式 $pV^n=C$ 与理想气体的物态方程联立，消去压强 p 可得

$$TV^{n-1}=C_1（常量）. \tag{3}$$

将上式微分，有

$$V^{n-1}\mathrm{d}T+(n-1)V^{n-2}T\mathrm{d}V=0,$$

所以

$$\left(\frac{\partial V}{\partial T}\right)_n=-\frac{V}{(n-1)T}. \tag{4}$$

代入式(2)，即得

$$\begin{aligned}C_n&=C_V-\frac{pV}{T(n-1)}\\&=\frac{n-\gamma}{n-1}C_V,\end{aligned} \tag{5}$$

其中用了式(1.7.8)和式(1.7.9).

1-10 （原 1.9 题）

试证明，理想气体在某一过程中的热容 C_n 如果是常量，该过程一定是多方过程．多方指数 $n=\dfrac{C_n-C_p}{C_n-C_V}$. 假设气体的定压热容和定容热容是常量．

解 根据热力学第一定律，有

$$\mathrm{d}U=đQ+đW. \tag{1}$$

对于准静态过程有

$$đW=-p\mathrm{d}V,$$

对理想气体有

$$\mathrm{d}U=C_V\mathrm{d}T,$$

气体在过程中吸收的热量为

$$đQ=C_n\mathrm{d}T,$$

因此式(1)可表示为

$$(C_n-C_V)\,\mathrm{d}T=p\mathrm{d}V. \tag{2}$$

用理想气体的物态方程 $pV=\nu RT$ 除上式，并注意 $C_p-C_V=\nu R$，可得

$$(C_n-C_V)\frac{\mathrm{d}T}{T}=(C_p-C_V)\frac{\mathrm{d}V}{V}. \tag{3}$$

将理想气体的物态方程全式求微分，有

$$\frac{\mathrm{d}p}{p}+\frac{\mathrm{d}V}{V}=\frac{\mathrm{d}T}{T}. \tag{4}$$

式(3)与式(4)联立，消去$\frac{\mathrm{d}T}{T}$，有

$$(C_n-C_V)\frac{\mathrm{d}p}{p}+(C_n-C_p)\frac{\mathrm{d}V}{V}=0. \tag{5}$$

令 $n=\frac{C_n-C_p}{C_n-C_V}$，可将式(5)表示为

$$\frac{\mathrm{d}p}{p}+n\frac{\mathrm{d}V}{V}=0. \tag{6}$$

如果 C_p、C_V和 C_n都是常量，将上式积分即可得

$$pV^n=C\text{（常量）}. \tag{7}$$

式(7)表明，过程是多方过程.

1-11 （原 1.10 题）

声波在气体中的传播速度为

$$a=\sqrt{\left(\frac{\partial p}{\partial\rho}\right)_S}.$$

假设气体是理想气体，其定压热容和定容热容是常量. 试证明气体单位质量的内能 u 和焓 h 可由声速 a 及 γ 给出：

$$u=\frac{a^2}{\gamma(\gamma-1)}+u_0,$$

$$h=\frac{a^2}{\gamma-1}+h_0,$$

其中 u_0、h_0为常量.

解 根据式(1.8.9)，声速 a 的平方为

$$a^2=\gamma pv, \tag{1}$$

其中 v 是单位质量的气体体积．理想气体的物态方程可表示为

$$pV=\frac{m}{M}RT,$$

式中 m 是气体的质量，M 是气体的摩尔质量．对于单位质量的气体，有

$$pv=\frac{1}{M}RT, \tag{2}$$

代入式(1)得

$$a^2=\frac{\gamma}{M}RT. \tag{3}$$

以 u 和 h 表示理想气体的比内能和比焓（单位质量的内能和焓）．由式(1.7.10)—式(1.7.12)可知

$$Mu=\frac{RT}{\gamma-1}+Mu_0,$$

$$Mh=\frac{\gamma RT}{\gamma-1}+Mh_0. \tag{4}$$

将式(3)代入，即有

$$u=\frac{a^2}{\gamma(\gamma-1)}+u_0,$$

$$h=\frac{a^2}{\gamma-1}+h_0. \tag{5}$$

式(5)表明，如果气体可以看作理想气体，测定气体中的声速 a 和 γ 即可确定气体的比内能和比焓．

1-12　(原 1.11 题)

大气温度随高度降低的主要原因是在对流层中不同高度之间的空气不断发生对流．由于气压随高度而降低，空气上升时膨胀，下降时收缩．空气的导热系数很小，膨胀和收缩的过程可以认为是绝热过程．试计算大气温度随高度的变化率$\frac{\mathrm{d}T}{\mathrm{d}z}$，并给出数值结果．

解　取 z 轴沿竖直方向(向上)．以 $p(z)$ 和 $p(z+\mathrm{d}z)$ 分别表示在竖直高度为 z 和 $z+\mathrm{d}z$ 处的大气压强．两者之差等于两个高度之间由大气重量产生的压强，即

$$p(z)=p(z+\mathrm{d}z)+\rho(z)g\mathrm{d}z, \tag{1}$$

式中 $\rho(z)$ 是高度为 z 处的大气密度，g 是重力加速度．将$p(z+\mathrm{d}z)$ 展开，有

$$p(z+\mathrm{d}z)=p(z)+\frac{\mathrm{d}}{\mathrm{d}z}p(z)\mathrm{d}z,$$

代入式(1)，得

$$\frac{\mathrm{d}}{\mathrm{d}z}p(z)=-\rho(z)g. \tag{2}$$

式(2)给出重力的存在所导致的大气压强随高度的变化率．

以 M 表示大气的平均摩尔质量．在高度为 z 处，大气的摩尔体积为$\frac{M}{\rho(z)}$，则物态方程为

$$p(z)\frac{M}{\rho(z)}=RT(z), \tag{3}$$

$T(z)$是竖直高度为 z 处的温度．代入式(2)，消去$\rho(z)$得

$$\frac{\mathrm{d}}{\mathrm{d}z}p(z)=-\frac{Mg}{RT(z)}p(z). \tag{4}$$

由式(1.8.6)易得气体在绝热过程中温度随压强的变化率为

$$\left(\frac{\partial T}{\partial p}\right)_S=\frac{\gamma-1}{\gamma}\frac{T}{p}. \tag{5}$$

温度随高度降低是气压随高度降低导致空气上升绝热膨胀的结果，所以

$$\frac{\mathrm{d}}{\mathrm{d}z}T(z)=\left(\frac{\partial T}{\partial p}\right)_S\frac{\mathrm{d}}{\mathrm{d}z}p(z).$$

将式(4)和式(5)代入，得

$$\frac{\mathrm{d}}{\mathrm{d}z}T(z)=-\frac{\gamma-1}{\gamma}\frac{Mg}{R}. \tag{6}$$

大气的 $\gamma=1.41$（大气的主要成分是氮和氧，都是双原子分子），平均摩尔质量为 $M=29\times10^{-3}\ \mathrm{kg\cdot mol^{-1}}$，$g=9.8\ \mathrm{m\cdot s^{-2}}$，代入式(6)得

$$\frac{\mathrm{d}}{\mathrm{d}z}T(z)=-10\ \mathrm{K\cdot km^{-1}}. \tag{7}$$

式(7)表明，每升高 1 km，大气温度降低 10 K．这个结果是粗略的．由于未考虑其他因素(主要是空气上升膨胀时水蒸气凝结放热的影响)，实际每升高1 km,大气温度降低6 K左右．

1-13 (原1.12题)

假设理想气体的 C_p和 C_V之比 γ 是温度的函数．试求在准静态绝热过程中 T 和 V 的关系．该关系式中要用到一个函数$F(T)$,其表达式为

$$\ln F(T)=\int\frac{\mathrm{d}T}{(\gamma-1)T}.$$

解 根据式(1.8.1)，理想气体在准静态绝热过程中满足

$$C_V\mathrm{d}T+p\mathrm{d}V=0. \tag{1}$$

用物态方程 $pV=nRT$ 除上式，第一项用 nRT 除，第二项用 pV 除，可得

$$\frac{C_V}{nR}\frac{\mathrm{d}T}{T}+\frac{\mathrm{d}V}{V}=0. \tag{2}$$

利用式(1.7.8)和式(1.7.9)，

$$C_p-C_V=nR,$$
$$\frac{C_p}{C_V}=\gamma,$$

可将式(2)改写为

$$\frac{1}{\gamma-1}\frac{\mathrm{d}T}{T}+\frac{\mathrm{d}V}{V}=0. \tag{3}$$

将上式积分，如果 γ 是温度的函数，定义

$$\ln F(T)=\int\frac{1}{\gamma-1}\frac{\mathrm{d}T}{T}, \tag{4}$$

可得

$$\ln F(T)+\ln V=C_1(\text{常量}), \tag{5}$$

或

$$F(T)V=C\ (\text{常量}). \tag{6}$$

式(6)给出当 γ 是温度的函数时，理想气体在准静态绝热过程中 T 和 V 的关系.

1-14 （原 1.13 题）

利用上题的结果证明，当 γ 是温度的函数时，理想气体卡诺循环的效率仍为 $\eta=1-\frac{T_2}{T_1}$.

解 在 γ 是温度的函数的情形下，§1.9 中就理想气体卡诺循环得到的式(1.9.4)—式(1.9.6)仍然成立，即仍有

$$Q_1=RT_1\ln\frac{V_2}{V_1}, \tag{1}$$

$$Q_2=RT_2\ln\frac{V_3}{V_4}, \tag{2}$$

$$W=Q_1-Q_2=RT_1\ln\frac{V_2}{V_1}-RT_2\ln\frac{V_3}{V_4}. \tag{3}$$

根据 1-13 题式(6)，对于 §1.9 中的准静态绝热过程(二)(绝热膨胀过程)和(四)(绝热压缩过程)，有

$$F(T_1)V_2=F(T_2)V_3, \tag{4}$$

$$F(T_2)V_4=F(T_1)V_1. \tag{5}$$

从这两个方程消去 $F(T_1)$ 和 $F(T_2)$，得

$$\frac{V_2}{V_1}=\frac{V_3}{V_4}, \tag{6}$$

故

$$W=R(T_1-T_2)\ln\frac{V_2}{V_1}, \tag{7}$$

所以在 γ 是温度的函数的情形下，理想气体卡诺循环的效率仍为

$$\eta=\frac{W}{Q_1}=1-\frac{T_2}{T_1}. \tag{8}$$

1-15 (原 1.14 题)

试根据热力学第二定律证明两条绝热线不能相交.

解 假设在 $p-V$ 图中两条绝热线交于 C 点，如图 1-2 所示. 设想一等温线与两条绝热线分别交于 A 点和 B 点(因为等温线的斜率小于绝热线的斜率，这样的等温线总是存在的)，则在循环过程 $ABCA$ 中，系统在等温过程 AB 中从外界吸取热量 Q，而在循环过程中对外做功 W，其数值等于三条线所围面积(正值). 循环过程完成后，系统回到原来的状态. 根据热力学第一定律，有

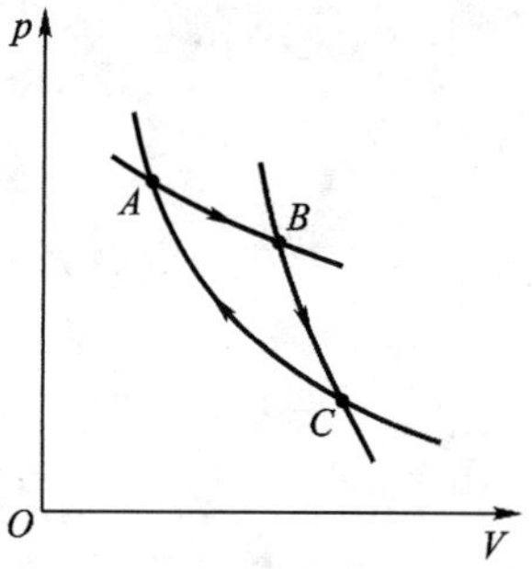

图 1-2

$$W=Q.$$

这样一来，系统在上述循环过程中就从单一热源吸热并将之完全转化为功了，这违背了热力学第二定律的开尔文表述，是不可能的. 因此两条绝热线不可能相交.

1-16 (补充题)

热泵的作用是通过一个循环过程将热量从温度较低的环境传送到温度较高的物体上去. 如果以逆卡诺循环作为热泵的循环过程，热泵的效率可以定义为传送到高温物体的热量与外界所做的功的比值. 试求热泵的效率. 如果将功直接转化为热量而令高温物体吸收，则“效率”为多少?

解 根据卡诺定理，通过逆卡诺循环从温度为 T_2 的低温热源吸取热量 Q_2，将热量 Q_1 送到温度为 T_1 的高温热源去，外界必须做功

$$W=Q_1-Q_2.$$

因此如果以逆卡诺循环作为热泵的过程，其效率为

$$\begin{aligned}\eta &=\frac{Q_1}{W}=\frac{Q_1}{Q_1-Q_2}=\frac{T_1}{T_1-T_2}\\&=1+\frac{T_2}{T_1-T_2}.\end{aligned} \tag{1}$$

式中第三步用了

$$\frac{Q_1}{Q_2}=\frac{T_1}{T_2}$$

的结果[式(1.12.7)和式(1.12.8)]. 由式(1)知，效率 η 恒大于1. 如果 T_1 与 T_2 相差不大，η 可以相当高. 不过由于设备的价格和运转的实际效率，这种方法实际上很少使用.

将功直接转化为热量(如电热器)，效率为1.

1-17 (原 1.15 题)

热机在循环中与多个热源交换热量，在热机从其中吸取热量的热源中，热源的最高温度为 T_1. 在热机向其放出热量的热源中，热源的最低温度为 T_2. 试根据克劳修斯不等式证明热机的效率不超过 $1-\frac{T_2}{T_1}$.

解 根据克劳修斯不等式[式(1.13.4)]，有

$$\sum_i \frac{Q_i}{T_i} \leqslant 0, \tag{1}$$

式中 Q_i 是热机从温度为 T_i 的热源吸取的热量(吸热 Q_i 为正，放热 Q_i 为负). 将热量重新定义，可以将式(1)改写为

$$\sum_j \frac{Q_j}{T_j} - \sum_k \frac{Q_k}{T_k} \leqslant 0, \tag{2}$$

式中 Q_j 是热机从热源 T_j 吸取的热量，Q_k 是热机在热源 T_k 放出的热量，Q_j、Q_k 恒为正. 将式(2)改写为

$$\sum_j \frac{Q_j}{T_j} \leqslant \sum_k \frac{Q_k}{T_k}. \tag{3}$$

假设热机从其中吸取热量的热源中，热源的最高温度为 T_1，在热机向其放出热量的热源中，热源的最低温度为 T_2，必有

$$\frac{1}{T_1} \sum_j Q_j \leqslant \sum_j \frac{Q_j}{T_j},$$

$$\sum_k \frac{Q_k}{T_k} \leqslant \frac{1}{T_2} \sum_k Q_k,$$

故由式(3)得

$$\frac{1}{T_1} \sum_j Q_j \leqslant \frac{1}{T_2} \sum_k Q_k. \tag{4}$$

定义 $Q_1 = \sum\limits_j Q_j$ 为热机在过程中吸取的总热量，$Q_2 = \sum\limits_k Q_k$ 为热机放出的总热量，则式(4)可表示为

$$\frac{Q_1}{T_1} \leqslant \frac{Q_2}{T_2}, \tag{5}$$

或

$$\frac{T_2}{T_1} \leqslant \frac{Q_2}{Q_1}. \tag{6}$$

根据热力学第一定律，热机在循环过程中所做的功为

$$W = Q_1 - Q_2.$$

热机的效率为

$$\eta = \frac{W}{Q_1} = 1 - \frac{Q_2}{Q_1} \leqslant 1 - \frac{T_2}{T_1}. \tag{7}$$

1-18 (原 1.16 题)

理想气体分别经等压过程和等容过程，温度由 T_1 升至 T_2. 假设 γ 是常数，试证明前者的熵增加值为后者的 γ 倍.

解 根据式(1.15.8)，理想气体的熵函数可表达为

$$S = C_p \ln T - nR \ln p + S_0. \tag{1}$$

在等压过程中温度由 T_1升到 T_2时，熵增加值 ΔS_p为

$$\Delta S_p = C_p \ln \frac{T_2}{T_1}. \tag{2}$$

根据式(1.15.4)，理想气体的熵函数也可表达为

$$S = C_V \ln T + nR \ln V + S_0. \tag{3}$$

在等容过程中温度由 T_1升到 T_2时，熵增加值 ΔS_V为

$$\Delta S_V = C_V \ln \frac{T_2}{T_1}. \tag{4}$$

所以

$$\frac{\Delta S_p}{\Delta S_V} = \frac{C_p}{C_V} = \gamma. \tag{5}$$

1-19 （原 1.17 题）

温度为 0 ℃的 1 kg 水与温度为 100 ℃的恒温热源接触后，水温达到100 ℃. 试分别求水和热源的熵变以及整个系统的总熵变. 欲使参与过程的整个系统的熵保持不变，应如何使水温从0 ℃升至 100 ℃？已知水的比热容为4.18 $J \cdot g^{-1} \cdot K^{-1}$.

解 0 ℃的水与温度为 100 ℃的恒温热源接触后水温升为 100 ℃，这一过程是一个不可逆过程. 为求水、热源和整个系统的熵变，可以设想一个可逆过程，它使水和热源分别产生原来不可逆过程中的同样变化，通过设想的可逆过程来求不可逆过程前后的熵变.

为求水的熵变，设想有一系列彼此温差为无穷小的热源，其温度分布在 0 ℃与 100 ℃之间. 令水依次从这些热源吸热，使水温由 0 ℃升至 100 ℃. 在这可逆过程中，水的熵变为

$$\begin{aligned}\Delta S_{水} &= \int_{273}^{373} \frac{mc_p \mathrm{d}T}{T} \\ &= mc_p \ln \frac{373}{273} \\ &= 10^3 \times 4.18 \times \ln \frac{373}{273}\ \mathrm{J \cdot K^{-1}} \\ &= 1\ 304.6\ \mathrm{J \cdot K^{-1}}.\end{aligned} \tag{1}$$

水从 0 ℃升温至 100 ℃所吸收的总热量 Q 为

$$\begin{aligned}Q &= mc_p \Delta T \\ &= 10^3 \times 4.18 \times 100\ \mathrm{J} \\ &= 4.18 \times 10^5\ \mathrm{J}.\end{aligned}$$

由于水的状态变化相同，式(1)所给出的熵变也就是原来不可逆过程中水的熵变.

为求热源的熵变，可令热源向温度为 100 ℃的另一热源放出热量 Q. 在这可逆过程中，热源的熵变为

$$\begin{aligned}\Delta S_{热源} &= -\frac{4.18 \times 10^5}{373}\ \mathrm{J \cdot K^{-1}} \\ &= -1\ 120.6\ \mathrm{J \cdot K^{-1}}.\end{aligned} \tag{2}$$

由于热源的状态变化相同，式(2)给出的熵变也就是原来的不可逆过程中热源的熵变．则整个系统的总熵变为

$$\Delta S_{总}=\Delta S_{水}+\Delta S_{热源}=184\ \mathrm{J\cdot K^{-1}}. \tag{3}$$

为使水温从 0 ℃升至 100 ℃而参与过程的整个系统的熵保持不变，应令水与温度分布在 0 ℃与 100 ℃之间的一系列热源吸热．水的熵变 $\Delta\widetilde{S}_{水}$仍由式(1)给出．这一系列热源的熵变之和为

$$\Delta\widetilde{S}_{热源}=-\int_{273}^{373}\frac{mc_p\mathrm{d}T}{T}=-1\ 304.6\ \mathrm{J\cdot K^{-1}}. \tag{4}$$

参与过程的整个系统的总熵变为

$$\Delta\widetilde{S}_{总}=\Delta\widetilde{S}_{水}+\Delta\widetilde{S}_{热源}=0. \tag{5}$$

1-20 （原 1.18 题）

10 A 的电流通过一个 25 Ω 的电阻器，历时 1 s.

(a) 若电阻器保持为室温 27 ℃，试求电阻器的熵增加值．

(b) 若电阻器被一绝热壳包装起来，其初温为 27 ℃，电阻器的质量为 10 g，比定压热容 c_p为 0.84 $\mathrm{J\cdot g^{-1}\cdot K^{-1}}$，问电阻器的熵增加值为多少？

解 (a) 以 T、p 为电阻器的状态参量．设想过程是在大气压下进行的，如果电阻器的温度也保持为室温 27 ℃不变，则电阻器的熵作为状态函数也就保持不变．

(b) 如果电阻器被绝热壳包装起来，电流产生的焦耳热 Q 将全部被电阻器吸收而使其温度由 T_i升为 T_f，所以有

$$mc_p(T_\mathrm{f}-T_\mathrm{i})=I^2Rt,$$

故

$$\begin{aligned}T_\mathrm{f}&=T_\mathrm{i}+\frac{I^2Rt}{mc_p}\\&=\left(300+\frac{10^2\times25\times1}{10^{-2}\times0.84\times10^3}\right)\ \mathrm{K}\\&\approx600\ \mathrm{K}.\end{aligned}$$

电阻器的熵变可参照 § 1.17 例二的方法求出，为

$$\begin{aligned}\Delta S&=\int_{T_\mathrm{i}}^{T_\mathrm{f}}\frac{mc_p\mathrm{d}T}{T}\\&=mc_p\ln\frac{T_\mathrm{f}}{T_\mathrm{i}}\\&=10^{-2}\times0.84\times10^3\times\ln\frac{600}{300}\ \mathrm{J\cdot K^{-1}}\\&=5.8\ \mathrm{J\cdot K^{-1}}.\end{aligned}$$

1-21 （原 1.19 题）

均匀杆的温度一端为 T_1，另一端为 T_2. 试计算达到均匀温度 $\frac{1}{2}(T_1+T_2)$ 后的熵增加值.

解 以 L 表示杆的长度. 杆的初始状态是 $l=0$ 端温度为 T_2，$l=L$ 端温度为 T_1，温度梯度为 $\frac{T_1-T_2}{L}$（设 $T_1>T_2$）. 这是一个非平衡状态. 通过均匀杆中的热传导过程，最终达到具有均匀温度 $\frac{1}{2}(T_1+T_2)$ 的平衡状态. 为求这一过程的熵变，我们将杆分为长度为 $\mathrm{d}l$ 的许多小段，如图 1-3 所示. 位于 l 到 $l+\mathrm{d}l$ 的小段，初温为

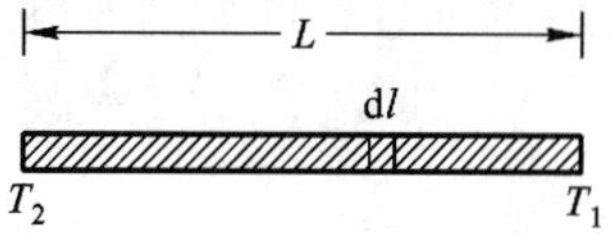

图 1-3

$$T=T_2+\frac{T_1-T_2}{L}l. \tag{1}$$

这小段由初温 T 变到终温 $\frac{1}{2}(T_1+T_2)$ 后的熵增加值为

$$\begin{aligned}\mathrm{d}S_l&=c_p\mathrm{d}l\int_T^{\frac{T_1+T_2}{2}}\frac{\mathrm{d}T}{T}\\&=c_p\mathrm{d}l\ln\frac{\dfrac{T_1+T_2}{2}}{T_2+\dfrac{T_1-T_2}{L}l},\end{aligned} \tag{2}$$

其中 c_p 是均匀杆单位长度的定压热容.

根据熵的可加性，整个均匀杆的熵增加值为

$$\begin{aligned}\Delta S&=\int\mathrm{d}S_l\\&=c_p\int_0^L\left[\ln\frac{T_1+T_2}{2}-\ln\left(T_2+\frac{T_1-T_2}{L}l\right)\right]\mathrm{d}l\\&=c_pL\ln\frac{T_1+T_2}{2}-\frac{c_p}{\dfrac{T_1-T_2}{L}}\left[\left(T_2+\frac{T_1-T_2}{L}l\right)\ln\left(T_2+\frac{T_1-T_2}{L}l\right)-\left(T_2+\frac{T_1-T_2}{L}l\right)\right]\Bigg|_0^L\\&=c_pL\ln\frac{T_1+T_2}{2}-\frac{c_pL}{T_1-T_2}(T_1\ln T_1-T_2\ln T_2-T_1+T_2)\\&=C_p\left(\ln\frac{T_1+T_2}{2}-\frac{T_1\ln T_1-T_2\ln T_2}{T_1-T_2}+1\right),\end{aligned} \tag{3}$$

式中 $C_p=c_pL$ 是杆的定压热容.

1-22 （原 1.20 题）

一物质固态的摩尔热容为 C_{S}，液态的摩尔热容为 C_{L}. 假设 C_{S} 和 C_{L} 都可看作常量. 在

某一压强下，该物质的熔点为 T_0，相变潜热为 Q_0. 求在温度为 $T_1(T_1<T_0)$时，过冷液体与同温度下固体的摩尔熵差．假设过冷液体的摩尔热容亦为 C_L.

解 我们用熵函数的表达式进行计算．以 T、p 为状态参量．在讨论固定压强下过冷液体与固体的熵差时不必考虑压强参量的变化．以 a 态表示温度为 T_1的固态，b 态表示在熔点 T_0的固态．b、a 两态的摩尔熵差为(略去摩尔熵 S_m的下标 m)

$$\Delta S_{ba}=\int_{T_1}^{T_0}\frac{C_S\mathrm{d}T}{T}=C_S\ln\frac{T_0}{T_1}. \tag{1}$$

以 c 表示在熔点 T_0的液相，c、b 两态的摩尔熵差为

$$S_{cb}=\frac{Q_0}{T_0}. \tag{2}$$

以 d 态表示温度为 T_1的过冷液态，d、c 两态的摩尔熵差为

$$\Delta S_{dc}=\int_{T_0}^{T_1}\frac{C_L\mathrm{d}T}{T}=C_L\ln\frac{T_1}{T_0}. \tag{3}$$

熵是态函数，d、a 两态的摩尔熵差 S_{da}为

$$\begin{aligned}\Delta S_{da}&=\Delta S_{dc}+\Delta S_{cb}+\Delta S_{ba}\\&=C_L\ln\frac{T_1}{T_0}+\frac{Q_0}{T_0}+C_S\ln\frac{T_0}{T_1}\\&=\frac{Q_0}{T_0}+(C_S-C_L)\ln\frac{T_0}{T_1}.\end{aligned} \tag{4}$$

1-23 (补充题)

根据熵增加原理证明热力学第二定律的开尔文表述，从单一热源吸取热量使之完全变成有用的功而不引起其他变化是不可能的．

解 如果热力学第二定律的开尔文表述不成立，就可以令一热机在循环过程中从温度为 T 的单一热源吸取热量 Q，将之全部转化为机械功而输出．热机与热源合起来构成一个绝热系统．在循环过程中，热源的熵变为$-\dfrac{Q}{T}$，而热机的熵不变，这样绝热系统的熵就减少了，这违背了熵增加原理，是不可能的．

1-24 (原 1.21 题)

物体的初温 T_1高于热源的温度 T_2. 有一热机在此物体与热源之间工作，直到将物体的温度降低到 T_2为止．若热机从物体吸取的热量为 Q，试根据熵增加原理证明，此热机所能输出的最大功为

$$W_{max}=Q-T_2(S_1-S_2),$$

其中 S_1-S_2是物体的熵减少量．

解 以 ΔS_a、ΔS_b和 ΔS_c分别表示物体、热机和热源在过程前后的熵变．由熵的相加性知，整个系统的熵变为

$$\Delta S=\Delta S_a+\Delta S_b+\Delta S_c.$$

由于整个系统与外界是绝热的，熵增加原理要求

$$\Delta S=\Delta S_a+\Delta S_b+\Delta S_c\geqslant 0. \tag{1}$$

以 S_1、S_2分别表示物体在初始和终结状态的熵，则物体的熵变为

$$\Delta S_a=S_2-S_1. \tag{2}$$

热机经历的是循环过程，经循环过程后热机回到初始状态，熵变为零，即

$$\Delta S_b=0. \tag{3}$$

以 Q 表示热机从物体吸取的热量，Q'表示热机在热源放出的热量，W 表示热机对外所做的功．根据热力学第一定律，有

$$Q=Q'+W,$$

所以热源的熵变为

$$\Delta S_c=\frac{Q'}{T_2}=\frac{Q-W}{T_2}. \tag{4}$$

将式(2)—式(4)代入式(1)，即有

$$S_2-S_1+\frac{Q-W}{T_2}\geqslant 0. \tag{5}$$

上式取等号时，热机输出的功 W 最大，故

$$W_{max}=Q-T_2(S_1-S_2). \tag{6}$$

式(6)相应于所经历的过程是可逆过程．

1-25 （原 1.22 题）

有两个状态相同的物体，热容为常量，初始温度同为 T_i．今令一制冷机在这两个物体间工作，使其中一个物体的温度降低到 T_2为止．假设物体维持在定压下，并且不发生相变．试根据熵增加原理证明，此过程所需的最小功为

$$W_{min}=C_p\left(\frac{T_i^2}{T_2}+T_2-2T_i\right)$$

解 制冷机在具有相同的初始温度 T_i的两个物体之间工作，将热量从物体 2 送到物体 1，使物体 2 的温度降至 T_2为止．以 T_1表示物体 1 的终态温度，C_p表示物体的定压热容，则物体 1 吸取的热量为

$$Q_1=C_p(T_1-T_i). \tag{1}$$

物体 2 放出的热量为

$$Q_2=C_p(T_i-T_2). \tag{2}$$

经多次循环后，制冷机接收外界的功为

$$W=Q_1-Q_2=C_p(T_1+T_2-2T_i). \tag{3}$$

由此可知，对于给定的 T_i和 T_2，T_1越低所需外界的功越小．

以 ΔS_1、ΔS_2和 ΔS_3分别表示过程终了后物体 1、物体 2 和制冷机的熵变．由熵的相加性和熵增加原理知，整个系统的熵变为

$$\Delta S=\Delta S_1+\Delta S_2+\Delta S_3\geqslant 0. \tag{4}$$

显然

$$\Delta S_1 = C_p \ln \frac{T_1}{T_i},$$

$$\Delta S_2 = C_p \ln \frac{T_2}{T_i},$$

$$\Delta S_3 = 0,$$

因此熵增加原理要求

$$\Delta S = C_p \ln \frac{T_1 T_2}{T_i^2} \geqslant 0, \tag{5}$$

或

$$\frac{T_1 T_2}{T_i^2} \geqslant 1. \tag{6}$$

对于给定的 T_i 和 T_2，最低的 T_1 为

$$T_1 = \frac{T_i^2}{T_2},$$

代入式(3)，即有

$$W_{\min} = C_p\left(\frac{T_i^2}{T_2} + T_2 - 2T_i\right). \tag{7}$$

式(7)相应于所经历的整个过程是可逆过程.

1-26 （原1.23题）

简单系统有两个独立参量. 如果以 T、S 为独立参量，可用纵坐标表示温度 T，横坐标表示熵 S，构成 $T-S$ 图. 图中的一点与系统的一个平衡态相对应，一条曲线与一个可逆过程相对应. 试在图中画出可逆卡诺循环过程的曲线，并利用 $T-S$ 图求可逆卡诺循环的效率.

解 可逆卡诺循环包含两个可逆等温过程和两个可逆绝热过程. 在 $T-S$ 图上，等温线是平行于 S 轴的直线. 可逆绝热过程是等熵过程，因此在 $T-S$ 图上绝热线是平行于 T 轴的直线. 图 1-4 在 $T-S$ 图上画出了可逆卡诺循环的四条直线.

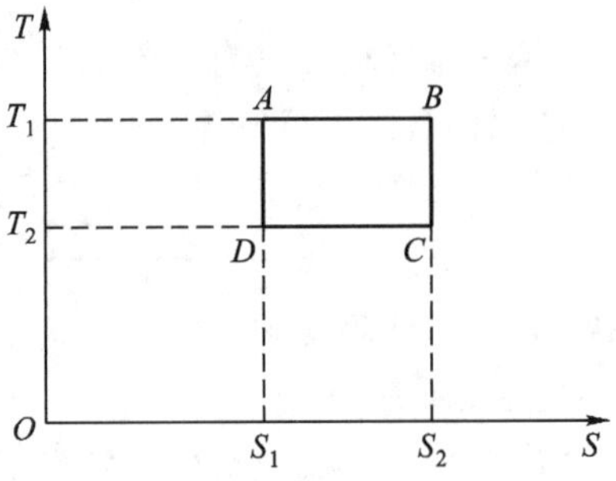

图 1-4

（一）等温膨胀过程

工作物质经等温膨胀过程(温度为 T_1)由状态 A 到达状态 B. 由于工作物质在过程中吸收热量，熵由 S_1 升为 S_2. 吸收的热量为

$$Q_1 = T_1(S_2 - S_1), \tag{1}$$

Q_1 等于直线 AB 下方的面积.

（二）绝热膨胀过程

工作物质由状态 B 经绝热膨胀过程到达状态 C. 过程中工作物质内能减少并对外做功,

其温度由 T_1 下降为 T_2，熵保持为 S_2 不变．

（三）等温压缩过程

工作物质由状态 C 经等温压缩过程（温度为 T_2）到达状态 D. 工作物质在过程中放出热量，熵由 S_2 变为 S_1. 放出的热量为

$$Q_2=T_2(S_2-S_1), \tag{2}$$

Q_2 等于直线 CD 下方的面积．

（四）绝热压缩过程

工作物质由状态 D 经绝热压缩过程回到状态 A. 温度由 T_2 升为 T_1，熵保持为 S_1 不变．

在循环过程中工作物质所做的功为

$$W=Q_1-Q_2, \tag{3}$$

W 等于矩形 $ABCD$ 所包的面积．

可逆卡诺热机的效率为

$$\begin{aligned}\eta &=\frac{W}{Q_1}\\ &=1-\frac{Q_2}{Q_1}\\ &=1-\frac{T_2(S_2-S_1)}{T_1(S_2-S_1)}\\ &=1-\frac{T_2}{T_1}.\end{aligned} \tag{4}$$

上面的讨论显示，应用 $T-S$ 图计算（可逆）卡诺循环的效率是非常方便的．实际上 $T-S$ 图的应用不限于卡诺循环．根据式（1.14.4）

$$đQ=T\mathrm{d}S, \tag{5}$$

系统在可逆过程中吸收的热量由积分

$$Q=\int T\mathrm{d}S \tag{6}$$

给出．如果工作物质经历了如图 1-5 中 $ABCDA$ 的（可逆）循环过程，则在过程 ABC 中工作物质吸收的热量等于面积 $ABCEF$，在过程 CDA 中工作物质放出的热量等于面积 $ADCEF$，工作物质所做的功等于闭合曲线 $ABCDA$ 所包的面积．由此可见（可逆）循环过程的热功转化效率可以直接从 $T-S$ 图中的面积读出．在热工计算中 $T-S$ 图被广泛使用．

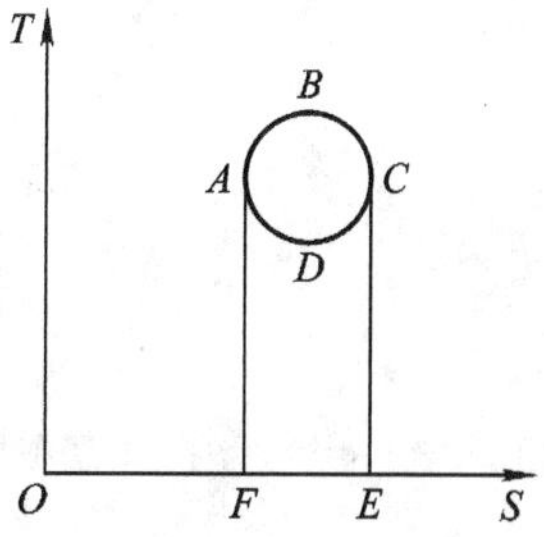

图 1-5

第二章　均匀物质的热力学性质

2-1　（补充题）

温度维持为 25 ℃，压强在 0～1 000 atm 之间，测得水的实验数据如下：

$\left(\dfrac{\partial V}{\partial T}\right)_p=(4.5\times10^{-3}+1.4\times10^{-6}p)$　（V 单位为 m^3，T 单位为 K，p 单位为 atm）.

若在 25 ℃的恒温下将水从 1 atm 加压至 1 000 atm，求水的熵增加值和从外界吸收的热量.

解　将题给的$\left(\dfrac{\partial V}{\partial T}\right)_p$记为

$$\left(\frac{\partial V}{\partial T}\right)_p=a+bp. \tag{1}$$

由吉布斯函数的全微分

$$dG=-SdT+Vdp,$$

得麦克斯韦关系

$$\left(\frac{\partial V}{\partial T}\right)_p=-\left(\frac{\partial S}{\partial p}\right)_T. \tag{2}$$

因此水在过程中的熵增加值为

$$\begin{aligned}\Delta S&=\int_{p_1}^{p_2}\left(\frac{\partial S}{\partial p}\right)_T dp\\&=-\int_{p_1}^{p_2}\left(\frac{\partial V}{\partial T}\right)_p dp\\&=-\int_{p_1}^{p_2}(a+bp)\,dp\\&=-\left[a(p_2-p_1)+\frac{b}{2}(p_2^2-p_1^2)\right].\end{aligned} \tag{3}$$

将 $p_1=1$ atm，$p_2=1\ 000$ atm 代入，得

$$\Delta S=-0.527\ J\cdot mol^{-1}\cdot K^{-1}.$$

根据式(1.14.4)，在等温过程中水从外界吸收的热量 Q 为

$$\begin{aligned}Q&=T\Delta S\\&=298\times(-0.527)\ J\cdot mol^{-1}\\&=-157\ J\cdot mol^{-1}.\end{aligned}$$

2-2　（原 2.1 题）

已知在体积保持不变时，一气体的压强正比于其温度．试证明在温度保持不变时，该气体的熵随体积而增加．

解 根据题设，气体的压强可表示为

$$p=f(V)T, \tag{1}$$

式中 $f(V)$ 是体积 V 的函数．由自由能的全微分

$$\mathrm{d}F=-S\mathrm{d}T-p\mathrm{d}V,$$

得麦克斯韦关系

$$\left(\frac{\partial S}{\partial V}\right)_T=\left(\frac{\partial p}{\partial T}\right)_V. \tag{2}$$

将式(1)代入，有

$$\left(\frac{\partial S}{\partial V}\right)_T=\left(\frac{\partial p}{\partial T}\right)_V=f(V)=\frac{p}{T}. \tag{3}$$

由于 $p>0$，$T>0$，故有 $\left(\frac{\partial S}{\partial V}\right)_T>0$. 这意味着，在温度保持不变时，该气体的熵随体积而增加．

2-3 （原 2.2 题）

设一物质的物态方程具有以下形式：

$$p=f(V)T,$$

试证明其内能与体积无关．

解 根据题设，物质的物态方程具有以下形式：

$$p=f(V)T, \tag{1}$$

故有

$$\left(\frac{\partial p}{\partial T}\right)_V=f(V). \tag{2}$$

但根据式(2.2.7)，有

$$\left(\frac{\partial U}{\partial V}\right)_T=T\left(\frac{\partial p}{\partial T}\right)_V-p, \tag{3}$$

所以

$$\left(\frac{\partial U}{\partial V}\right)_T=Tf(V)-p=0. \tag{4}$$

这就是说，如果物质具有形式为(1)的物态方程，则物质的内能与体积无关，只是温度 T 的函数．

2-4 （原 2.3 题）

求证：

(a) $\left(\frac{\partial S}{\partial p}\right)_H<0$;

(b) $\left(\frac{\partial S}{\partial V}\right)_U>0$.

解 焓的全微分为

$$dH = TdS + Vdp. \tag{1}$$

令 $dH=0$，得

$$\left(\frac{\partial S}{\partial p}\right)_H = -\frac{V}{T} < 0. \tag{2}$$

内能的全微分为

$$dU = TdS - pdV. \tag{3}$$

令 $dU=0$，得

$$\left(\frac{\partial S}{\partial V}\right)_U = \frac{p}{T} > 0. \tag{4}$$

2-5 （原 2.4 题）

已知$\left(\frac{\partial U}{\partial V}\right)_T=0$,求证$\left(\frac{\partial U}{\partial p}\right)_T=0$.

解 对复合函数

$$U(T,p) = U[T, V(T,p)] \tag{1}$$

求偏导数，有

$$\left(\frac{\partial U}{\partial p}\right)_T = \left(\frac{\partial U}{\partial V}\right)_T \left(\frac{\partial V}{\partial p}\right)_T. \tag{2}$$

如果$\left(\frac{\partial U}{\partial V}\right)_T=0$，即有

$$\left(\frac{\partial U}{\partial p}\right)_T = 0. \tag{3}$$

式(2)也可以用雅可比行列式证明：

$$\begin{aligned}\left(\frac{\partial U}{\partial p}\right)_T &= \frac{\partial(U,T)}{\partial(p,T)} \\ &= \frac{\partial(U,T)}{\partial(V,T)} \frac{\partial(V,T)}{\partial(p,T)} \\ &= \left(\frac{\partial U}{\partial V}\right)_T \left(\frac{\partial V}{\partial p}\right)_T. \end{aligned} \tag{2'}$$

2-6 （原 2.5 题）

试证明一个均匀物体在准静态等压过程中熵随体积的增减取决于等压下温度随体积的增减 .

解 热力学用偏导数$\left(\frac{\partial S}{\partial V}\right)_p$描述等压过程中熵随体积的变化率，用$\left(\frac{\partial T}{\partial V}\right)_p$描述等压下温度随体积的变化率 . 为求出这两个偏导数的关系，对复合函数

$$S = S(p, V) = S[p, T(p, V)] \tag{1}$$

求偏导数，有

$$\left(\frac{\partial S}{\partial V}\right)_p=\left(\frac{\partial S}{\partial T}\right)_p\left(\frac{\partial T}{\partial V}\right)_p=\frac{C_p}{T}\left(\frac{\partial T}{\partial V}\right)_p. \tag{2}$$

因为 $C_p>0$，$T>0$，所以$\left(\frac{\partial S}{\partial V}\right)_p$的正负取决于$\left(\frac{\partial T}{\partial V}\right)_p$的正负.

式(2)也可以用雅可比行列式证明：

$$\begin{aligned}\left(\frac{\partial S}{\partial V}\right)_p&=\frac{\partial(S,p)}{\partial(V,p)}\\&=\frac{\partial(S,p)}{\partial(T,p)}\frac{\partial(T,p)}{\partial(V,p)}\\&=\left(\frac{\partial S}{\partial T}\right)_p\left(\frac{\partial T}{\partial V}\right)_p.\end{aligned} \tag{2'}$$

2-7 （原 2.6 题）

水的体胀系数 α 在 0 ℃$<t<$4 ℃时为负值. 试证明在这温度范围内，水在绝热压缩时变冷.（其他液体和所有气体在绝热压缩时都升温.）

解 热力学基本方程为

$$\mathrm{d}U=T\mathrm{d}S-p\mathrm{d}V \tag{1}$$

根据式(2.2.5)和式(2.2.6)，以 T、V 为自变量时，$\mathrm{d}U$ 的全微分为

$$\mathrm{d}U=C_V\mathrm{d}T+\left[T\left(\frac{\partial p}{\partial T}\right)_V-p\right]\mathrm{d}V, \tag{2}$$

代入式(1)得

$$T\mathrm{d}S=C_V\mathrm{d}T+\left(\frac{\partial p}{\partial T}\right)_V. \tag{3}$$

链式关系给出

$$\left(\frac{\partial p}{\partial T}\right)_V\left(\frac{\partial T}{\partial V}\right)_p\left(\frac{\partial V}{\partial p}\right)_T=-1.$$

由此可得

$$\left(\frac{\partial p}{\partial T}\right)_V=-\frac{\left(\frac{\partial V}{\partial T}\right)_p}{\left(\frac{\partial V}{\partial p}\right)_T}=\frac{\alpha}{\kappa_T}. \tag{4}$$

代入式(3)即有

$$T\mathrm{d}S=C_V\mathrm{d}T+T\frac{\alpha}{\kappa_T}\mathrm{d}V.$$

在绝热过程中 $\mathrm{d}S=0$，所以

$$\mathrm{d}T=-\frac{T}{C_V}\frac{\alpha}{\kappa_T}\mathrm{d}V.$$

因为 $C_V>0$，$\kappa_T>0$（这是平衡稳定性的要求，见§3.1），所以在 0 ℃$<t<$4 ℃的温度范围内，水的 $\alpha<0$. 在绝热压缩过程中，$\mathrm{d}V<0$，可知 $\mathrm{d}T<0$.

2-8 （原 2.7 题）

试证明在相同的压强降落下，气体在准静态绝热膨胀中的温度降落大于在节流过程中的温度降落．

解 气体在准静态绝热膨胀过程和节流过程中的温度降落分别由偏导数$\left(\frac{\partial T}{\partial p}\right)_S$和$\left(\frac{\partial T}{\partial p}\right)_H$描述．熵函数 $S(T,p)$ 的全微分为

$$\mathrm{d}S=\left(\frac{\partial S}{\partial T}\right)_p\mathrm{d}T+\left(\frac{\partial S}{\partial p}\right)_T\mathrm{d}p.$$

在可逆绝热过程中 $\mathrm{d}S=0$，故有

$$\left(\frac{\partial T}{\partial p}\right)_S=-\frac{\left(\frac{\partial S}{\partial p}\right)_T}{\left(\frac{\partial S}{\partial T}\right)_p}=\frac{T\left(\frac{\partial V}{\partial T}\right)_p}{C_p}. \tag{1}$$

最后一步用了麦克斯韦关系式(2.2.4)和式(2.2.8)．

焓 $H(T,p)$ 的全微分为

$$\mathrm{d}H=\left(\frac{\partial H}{\partial T}\right)_p\mathrm{d}T+\left(\frac{\partial H}{\partial p}\right)_T\mathrm{d}p.$$

在节流过程中 $\mathrm{d}H=0$，故有

$$\left(\frac{\partial T}{\partial p}\right)_H=-\frac{\left(\frac{\partial H}{\partial p}\right)_T}{\left(\frac{\partial H}{\partial T}\right)_p}=\frac{T\left(\frac{\partial V}{\partial T}\right)_p-V}{C_p}. \tag{2}$$

最后一步用了式(2.2.10)和式(1.6.6)．

将式(1)和式(2)相减，得

$$\left(\frac{\partial T}{\partial p}\right)_S-\left(\frac{\partial T}{\partial p}\right)_H=\frac{V}{C_p}>0. \tag{3}$$

所以在相同的压强降落下，气体在绝热膨胀中的温度降落大于节流过程中的温度降落．这两个过程都被用来冷却和液化气体．

由于绝热膨胀过程中使用的膨胀机有移动的部分，低温下移动部分的润滑技术是十分困难的问题，实际上节流过程更为常用．但是用节流过程降温，气体的初温必须低于反转温度．卡皮查(1934 年)将绝热膨胀和节流过程结合起来，先用绝热膨胀过程使氦降温到反转温度以下，再用节流过程将氦液化．

2-9 （原 2.8 题，题目有改动）

实验发现，一气体的压强 p 与体积 V 的乘积以及内能 U 都只是温度的函数，即

$$pV=f(T),$$
$$U=U(T).$$

试根据热力学理论，讨论该气体的物态方程可能具有什么形式.

解 根据题设，气体具有下述特性：

$$pV=f(T), \tag{1}$$

$$U=U(T). \tag{2}$$

由式(2.2.7)和式(2)，有

$$\left(\frac{\partial U}{\partial V}\right)_T=T\left(\frac{\partial p}{\partial T}\right)_V-p=0. \tag{3}$$

而由式(1)可得

$$T\left(\frac{\partial p}{\partial T}\right)_V=\frac{T}{V}\frac{\mathrm{d}f}{\mathrm{d}T}. \tag{4}$$

将式(4)代入式(3)，有

$$T\frac{\mathrm{d}f}{\mathrm{d}T}=f,$$

或

$$\frac{\mathrm{d}f}{f}=\frac{\mathrm{d}T}{T}. \tag{5}$$

积分得

$$\ln f=\ln T+\ln C,$$

或

$$pV=CT, \tag{6}$$

式中 C 是常量. 因此，如果气体具有式(1)、式(2)所表达的特性，由热力学理论知其物态方程必具有式(6)的形式. 确定常量 C 需要进一步的实验结果.

2-10 (原2.9题)

证明

$$\left(\frac{\partial C_V}{\partial V}\right)_T=T\left(\frac{\partial^2 p}{\partial T^2}\right)_V,$$

$$\left(\frac{\partial C_p}{\partial p}\right)_T=-T\left(\frac{\partial^2 V}{\partial T^2}\right)_p,$$

并由此导出

$$C_V=C_V^0+T\int_{V_0}^{V}\left(\frac{\partial^2 p}{\partial T^2}\right)_V\mathrm{d}V,$$

$$C_p=C_p^0-T\int_{p_0}^{p}\left(\frac{\partial^2 V}{\partial T^2}\right)_p\mathrm{d}p.$$

根据以上两式证明，理想气体的定容热容和定压热容只是温度 T 的函数.

解 式(2.2.5)给出

$$C_V=T\left(\frac{\partial S}{\partial T}\right)_V. \tag{1}$$

以 T、V 为状态参量，将上式求对 V 的偏导数，有

$$\left(\frac{\partial C_V}{\partial V}\right)_T=T\left(\frac{\partial^2 S}{\partial V\partial T}\right)=T\left(\frac{\partial^2 S}{\partial T\partial V}\right)=T\left(\frac{\partial^2 p}{\partial T^2}\right)_V,\tag{2}$$

其中第二步交换了偏导数的求导次序，第三步应用了麦克斯韦关系式(2.2.3)．由理想气体的物态方程

$$pV=nRT$$

可知，在 V 不变时，p 是 T 的线性函数，即

$$\left(\frac{\partial^2 p}{\partial T^2}\right)_V=0.$$

所以

$$\left(\frac{\partial C_V}{\partial V}\right)_T=0.$$

这意味着，理想气体的定容热容只是温度 T 的函数．在恒定温度下将式(2)积分，得

$$C_V=C_V^0+T\int_{V_0}^{V}\left(\frac{\partial^2 p}{\partial T^2}\right)_V\mathrm{d}V.\tag{3}$$

式(3)表明，只要测得系统在体积为 V_0 时的定容热容，任意体积下的定容热容都可根据物态方程计算出来．

同理，式(2.2.8)给出

$$C_p=T\left(\frac{\partial S}{\partial T}\right)_p.\tag{4}$$

以 T、p 为状态参量，将上式再求对 p 的偏导数，有

$$\left(\frac{\partial C_p}{\partial p}\right)_T=T\left(\frac{\partial^2 S}{\partial p\partial T}\right)=T\left(\frac{\partial^2 S}{\partial T\partial p}\right)=-T\left(\frac{\partial^2 V}{\partial T^2}\right)_p,\tag{5}$$

其中第二步交换了求偏导数的次序，第三步应用了麦克斯韦关系式(2.2.4)．由理想气体的物态方程

$$pV=nRT$$

可知，在 p 不变时 V 是 T 的线性函数，即

$$\left(\frac{\partial^2 V}{\partial T^2}\right)_p=0.$$

所以

$$\left(\frac{\partial C_p}{\partial p}\right)_T=0.$$

这意味着理想气体的定压热容也只是温度 T 的函数．在恒定温度下将式(5)积分，得

$$C_p=C_p^0+T\int_{p_0}^{p}\left(\frac{\partial^2 V}{\partial T^2}\right)_p\mathrm{d}p.\tag{6}$$

式(6)表明，只要测得系统在压强为 p_0 时的定压热容，那么任意压强下的定压热容都可根据物态方程计算出来．

2-11 （原 2.10 题）

证明范德瓦耳斯气体的定容热容只是温度 T 的函数，与体积无关．

解 根据习题 2-10 式(2)

$$\left(\frac{\partial C_V}{\partial V}\right)_T=T\left(\frac{\partial^2 p}{\partial T^2}\right)_V, \tag{1}$$

范德瓦耳斯方程[式(1.3.12)]可以表示为

$$p=\frac{nRT}{V-nb}-\frac{n^2a}{V^2}. \tag{2}$$

由于在 V 不变时范德瓦耳斯方程的 p 是 T 的线性函数，所以范德瓦耳斯气体的定容热容只是 T 的函数，与体积无关.

不仅如此，根据 2-10 题式(3)

$$C_V(T,\ V)=C_V(T,\ V_0)+T\int_{V_0}^{V}\left(\frac{\partial^2 p}{\partial T^2}\right)_V \mathrm{d}V, \tag{3}$$

我们知道，$V\to\infty$ 时范德瓦耳斯气体趋于理想气体. 令上式的 $V_0\to\infty$，式中的 $C_V(T,\ V_0)$ 就是理想气体的热容. 由此可知，范德瓦耳斯气体和理想气体的定容热容是相同的.

顺便提及，在压强不变时范德瓦耳斯方程的体积 V 与温度 T 不呈线性关系. 根据 2-10 题式(5)

$$\left(\frac{\partial C_p}{\partial p}\right)_T\neq 0,$$

这意味着范德瓦耳斯气体的定压热容是 T、p 的函数.

从微观看，在体积不变、温度升高时，分子间的平均距离不变，因而平均互作用能量也保持不变. 范德瓦耳斯气体在等体过程中吸收的热量仅用于增加分子的平均动能. 所以范德瓦耳斯气体与理想气体的定容热容是相等的. 在定压过程中体积发生变化，分子的平均互作用能因而也发生变化，范德瓦耳斯气体在定压过程中吸收的热量除用于对外界做功及增加分子的平均动能外，还用于增加分子的平均互作用能量. 所以范德瓦耳斯气体的定压热容与 T、p 都有关.

2-12 (原 2.11 题)

证明理想气体的摩尔自由能可以表示为

$$F_{\mathrm{m}}=\int C_{V,\mathrm{m}}\mathrm{d}T+U_{\mathrm{m}0}-T\int\frac{C_{V,\mathrm{m}}}{T}\mathrm{d}T-RT\ln V_{\mathrm{m}}-TS_{\mathrm{m}0}$$

$$=-T\int\frac{\mathrm{d}T}{T^2}\int C_{V,\mathrm{m}}\mathrm{d}T+U_{\mathrm{m}0}-TS_{\mathrm{m}0}-RT\ln V_{\mathrm{m}}.$$

解 式(2.4.13)和式(2.4.14)给出了理想气体的摩尔吉布斯函数作为其自然变量 T、p 的函数的积分表达式. 本题要求出理想气体的摩尔自由能作为其自然变量 T、V_{m} 的函数的积分表达式. 根据自由能的定义[式(1.18.3)]，摩尔自由能为

$$F_{\mathrm{m}}=U_{\mathrm{m}}-TS_{\mathrm{m}}, \tag{1}$$

其中 U_{m} 和 S_{m} 是摩尔内能和摩尔熵. 根据式(1.7.4)和式(1.15.2)，理想气体的摩尔内能和摩尔熵为

$$U_{\mathrm{m}}=\int C_{V,\mathrm{m}}\mathrm{d}T+U_{\mathrm{m}0}, \tag{2}$$

$$S_m=\int\frac{C_{V,m}}{T}dT+R\ln V_m+S_{m0},\tag{3}$$

所以

$$F_m=\int C_{V,m}dT-T\int\frac{C_{V,m}}{T}dT-RT\ln V_m+U_{m0}-TS_{m0}.\tag{4}$$

利用分部积分公式

$$\int xdy=xy-\int ydx,$$

令

$$x=\frac{1}{T},$$

$$y=\int C_{V,m}dT,$$

可将式(4)右方头两项合并而将式(4)改写为

$$F_m=-T\int\frac{dT}{T^2}\int C_{V,m}dT-RT\ln V_m+U_{m0}-TS_{m0}.\tag{5}$$

2-13 (原 2.12 题)

求范德瓦耳斯气体的特性函数 F_m，并导出其他的热力学函数.

解 考虑 1 mol 的范德瓦耳斯气体. 根据自由能全微分的表达式(2.1.3),摩尔自由能的全微分为

$$dF_m=-S_mdT-pdV_m,\tag{1}$$

故

$$\left(\frac{\partial F_m}{\partial V_m}\right)_T=-p=-\frac{RT}{V_m-b}+\frac{a}{V_m^2},\tag{2}$$

积分得

$$F_m(T,\ V_m)=-RT\ln(V_m-b)-\frac{a}{V_m}+f(T).\tag{3}$$

由于式(2)左方是偏导数，其积分可以含有温度的任意函数$f(T)$. 我们利用$V\to\infty$ 时范德瓦耳斯气体趋于理想气体的极限条件定出函数$f(T)$. 根据2-12题式(4)，理想气体的摩尔自由能为

$$F_m=\int C_{V,m}dT-T\int\frac{C_{V,m}}{T}dT-RT\ln V_m+U_{m0}-TS_{m0}.\tag{4}$$

将式(3)在 $V_m\to\infty$ 时的极限与式(4)加以比较，知

$$f(T)=\int C_{V,m}dT-T\int\frac{C_{V,m}}{T}dT+U_{m0}-TS_{m0},\tag{5}$$

所以范德瓦耳斯气体的摩尔自由能为

$$F_m(T,\ V_m)=\int C_{V,m}dT-T\int\frac{C_{V,m}}{T}dT-RT\ln(V_m-b)-$$

$$\frac{a}{V_{\rm m}}+U_{\rm m0}-TS_{\rm m0}. \tag{6}$$

式(6)的 $F_{\rm m}(T, V_{\rm m})$ 是特性函数.

范德瓦耳斯气体的摩尔熵为

$$S_{\rm m}=-\frac{\partial F_{\rm m}}{\partial T}=\int\frac{C_{V,\rm m}}{T}{\rm d}T+R\ln(V_{\rm m}-b)+S_{\rm m0}. \tag{7}$$

摩尔内能为

$$U_{\rm m}=F_{\rm m}+TS_{\rm m}=\int C_{V,\rm m}{\rm d}T-\frac{a}{V_{\rm m}}+U_{\rm m0}. \tag{8}$$

2-14 (原 2.13 题)

一弹簧在恒温下的回复力 F_x 与其伸长 x 成正比，即 $F_x=-Ax$，比例系数 A 是温度的函数. 今忽略弹簧的热膨胀，试证明弹簧的自由能 F、熵 S 和内能 U 的表达式分别为

$$F(T, x)=F(T, 0)+\frac{1}{2}Ax^2,$$

$$S(T, x)=S(T, 0)-\frac{x^2}{2}\frac{{\rm d}A}{{\rm d}T},$$

$$U(T, x)=U(T, 0)+\frac{1}{2}\left(A-T\frac{{\rm d}A}{{\rm d}T}\right)x^2.$$

解 在准静态过程中，对弹簧施加的外力与弹簧的回复力大小相等，方向相反. 当弹簧的长度有 ${\rm d}x$ 的改变时，外力所做的功为

$$đW=-F_x{\rm d}x. \tag{1}$$

根据式(1.14.7)，弹簧的热力学基本方程为

$${\rm d}U=T{\rm d}S-F_x{\rm d}x. \tag{2}$$

弹簧的自由能定义为

$$F=U-TS,$$

其全微分为

$${\rm d}F=-S{\rm d}T-F_x{\rm d}x.$$

将胡克定律 $F_x=-Ax$ 代入，有

$${\rm d}F=-S{\rm d}T+Ax{\rm d}x, \tag{3}$$

因此

$$\left(\frac{\partial F}{\partial x}\right)_T=Ax.$$

在固定温度下将上式积分，得

$$\begin{aligned}F(T, x)&=F(T, 0)+\int_0^x Ax{\rm d}x\\&=F(T, 0)+\frac{1}{2}Ax^2,\end{aligned} \tag{4}$$

其中 $F(T, 0)$ 是温度为 T、伸长为 0 时弹簧的自由能.

弹簧的熵为

$$S=-\frac{\partial F}{\partial T}=S(T,\ 0)-\frac{1}{2}x^2\frac{\mathrm{d}A}{\mathrm{d}T}. \tag{5}$$

弹簧的内能为

$$U=F+TS=U(T,\ 0)+\frac{1}{2}\left(A-T\frac{\mathrm{d}A}{\mathrm{d}T}\right)x^2. \tag{6}$$

在力学中通常将弹簧的势能记为

$$U_{力学}=\frac{1}{2}Ax^2,$$

没有考虑 A 是温度的函数. 根据热力学, $U_{力学}$是在等温过程中外界所做的功, 是自由能.

2-15 (原 2.14 题)

X 射线衍射实验发现, 橡皮带未被拉紧时具有无定形结构; 当受张力而被拉伸时, 具有晶形结构. 这一事实表明, 橡皮带具有大的分子链.

(a) 试讨论橡皮带在等温过程中被拉伸时, 它的熵是增加还是减少;

(b) 试证明它的膨胀系数 $\alpha=\frac{1}{L}\left(\frac{\partial L}{\partial T}\right)_{\mathscr{T}}$ 是负的.

解 (a) 熵是系统无序程度的量度. 橡皮带经等温拉伸过程后由无定形结构转变为晶形结构, 说明过程后其无序度减少, 即熵减少了, 所以有

$$\left(\frac{\partial S}{\partial L}\right)_T<0. \tag{1}$$

(b) 由橡皮带自由能的全微分

$$\mathrm{d}F=-S\mathrm{d}T+\mathscr{T}\mathrm{d}L$$

可得麦克斯韦关系

$$\left(\frac{\partial S}{\partial L}\right)_T=-\left(\frac{\partial \mathscr{T}}{\partial T}\right)_L. \tag{2}$$

综合式(1)和式(2)可知

$$\left(\frac{\partial \mathscr{T}}{\partial T}\right)_L>0. \tag{3}$$

由橡皮带的物态方程 $F(\mathscr{T},\ L,\ T)=0$ 知偏导数间存在链式关系

$$\left(\frac{\partial \mathscr{T}}{\partial T}\right)_L\left(\frac{\partial T}{\partial L}\right)_{\mathscr{T}}\left(\frac{\partial L}{\partial \mathscr{T}}\right)_T=-1,$$

即

$$\left(\frac{\partial L}{\partial T}\right)_{\mathscr{T}}=-\left(\frac{\partial \mathscr{T}}{\partial T}\right)_L\left(\frac{\partial L}{\partial \mathscr{T}}\right)_T. \tag{4}$$

在温度不变时橡皮带随张力而伸长说明

$$\left(\frac{\partial L}{\partial \mathscr{T}}\right)_T>0. \tag{5}$$

综合式(3)—式(5)可知

$$\left(\frac{\partial L}{\partial T}\right)_{\mathscr{T}}<0,$$

所以橡皮带的膨胀系数是负的，即

$$\alpha=\frac{1}{L}\left(\frac{\partial L}{\partial T}\right)_{\mathscr{T}}<0. \tag{6}$$

2-16 （原 2.15 题）

假设太阳是黑体，根据下列数据求太阳表面的温度：单位时间内投射到地球大气层外单位面积上的太阳辐射能量为 $1.35\times10^{3}\ \mathrm{J\cdot m^{-2}\cdot s^{-1}}$（该值称为太阳常量），太阳的半径为 6.955×10^{8} m，太阳与地球的平均距离为 1.495×10^{11} m.

解 以 R_s 表示太阳的半径．顶点在球心的立体角 $\mathrm{d}\Omega$ 在太阳表面所张的面积为 $R_s^2\mathrm{d}\Omega$. 假设太阳是黑体，根据斯特藩-玻耳兹曼定律［式(2.6.8)］，单位时间内在立体角 $\mathrm{d}\Omega$ 内辐射的太阳辐射能量为

$$\sigma T^4R_s^2\mathrm{d}\Omega. \tag{1}$$

单位时间内，在以太阳为中心、太阳与地球的平均距离 R_{se} 为半径的球面上接收到的在立体角 $\mathrm{d}\Omega$ 内辐射的太阳辐射能量为

$$1.35\times10^{3}R_{se}^2\mathrm{d}\Omega. \tag{2}$$

令两式相等，即得

$$T=\left(\frac{1.35\times10^{3}\times R_{se}^2}{\sigma R_s^2}\right)^{\frac{1}{4}}. \tag{3}$$

将 σ（$\sigma=5.669\times10^{-8}\mathrm{W\cdot m^{-2}\cdot K^{-4}}$），$R_s$ 和 R_{se} 的数值代入，得

$$T\approx5\ 760\ \mathrm{K}.$$

2-17 （原 2.16 题）

计算热辐射在等温过程中体积由 V_1 变到 V_2 时所吸收的热量．

解 根据式(1.14.3)，在可逆等温过程中系统吸收的热量为

$$Q=T\Delta S. \tag{1}$$

式(2.6.4)给出了热辐射的熵函数表达式

$$S=\frac{4}{3}aT^3V. \tag{2}$$

所以热辐射在可逆等温过程中体积由 V_1 变到 V_2 时所吸收的热量为

$$Q=\frac{4}{3}aT^4(V_2-V_1). \tag{3}$$

2-18 （原 2.17 题）

试讨论以平衡辐射为工作物质的卡诺循环，计算其效率．

解 根据式(2.6.1)和式(2.6.3)，平衡辐射的压强可表示为

$$p=\frac{1}{3}aT^4, \tag{1}$$

因此，对于平衡辐射等温过程也是等压过程．式(2.6.5)给出了平衡辐射在可逆绝热过程(等熵过程)中温度 T 与体积 V 的关系

$$T^3V=C\ (\text{常量}). \tag{2}$$

将式(1)与式(2)联立，消去温度 T，可得平衡辐射在可逆绝热过程中压强 p 与体积 V 的关系

$$pV^{\frac{4}{3}}=C'\ (\text{常量}). \tag{3}$$

图 2-1 是平衡辐射可逆卡诺循环的 $p-V$ 图，其中等温线和绝热线的方程分别为式(1)和式(3).

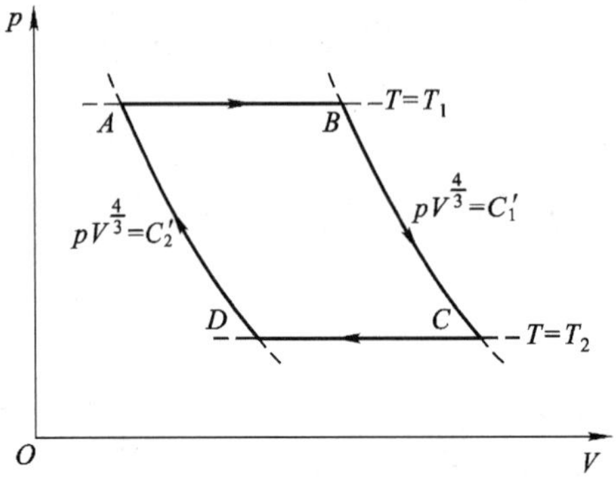

图 2-1

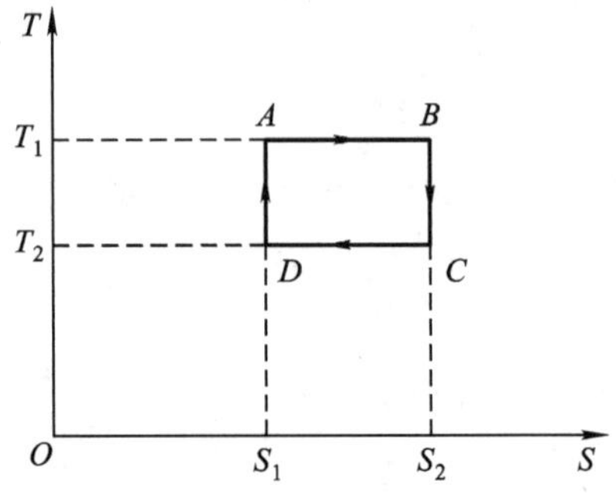

图 2-2

图 2-2 是相应的 $T-S$ 图．计算效率时应用 $T-S$ 图更为方便．

在由状态 A 等温(温度为 T_1)膨胀至状态 B 的过程中，平衡辐射吸收的热量为

$$Q_1=T_1(S_2-S_1). \tag{4}$$

在由状态 C 等温(温度为 T_2)压缩为状态 D 的过程中，平衡辐射放出的热量为

$$Q_2=T_2(S_2-S_1). \tag{5}$$

循环过程的效率为

$$\begin{aligned}\eta&=1-\frac{Q_2}{Q_1}\\&=1-\frac{T_2(S_2-S_1)}{T_1(S_2-S_1)}\\&=1-\frac{T_2}{T_1}.\end{aligned} \tag{6}$$

2-19 (原 2.18 题)

如图 2-3 所示，电介质的介电常量 $\varepsilon(T)=\frac{\mathscr{D}}{\mathscr{E}}$与温度有关．试求电路为闭路时电介质

的热容与充电后再令电路断开后的热容之差.

解 根据式(1.4.5)，当介质的电位移有 $d\mathscr{D}$ 的改变时，外界所做的功是

$$đW=V\mathscr{E}d\mathscr{D},\tag{1}$$

式中 $\mathscr{E}$ 是电场强度，V 是介质的体积. 本题不考虑介质体积的改变，V 可看作常量. 与简单系统 $đW=-pdV$ 比较，在变换

$$p\to-\mathscr{E},\quad V\to V\mathscr{D}\tag{2}$$

下，简单系统的热力学关系同样适用于电介质.

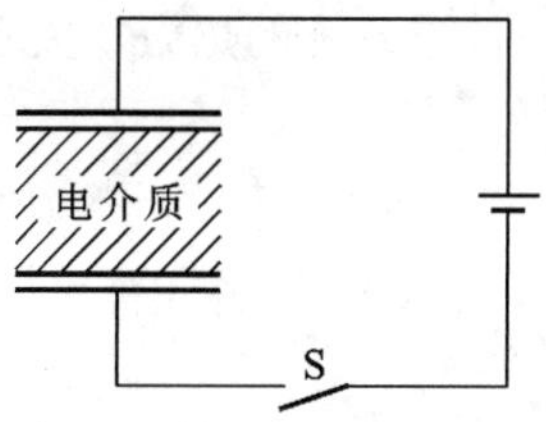

图 2-3

式(2.2.11)给出

$$C_p-C_V=T\left(\frac{\partial p}{\partial T}\right)_V\left(\frac{\partial V}{\partial T}\right)_p.\tag{3}$$

用式(2)进行代换，有

$$C_{\mathscr{E}}-C_{\mathscr{D}}=-VT\left(\frac{\partial \mathscr{E}}{\partial T}\right)_{\mathscr{D}}\left(\frac{\partial \mathscr{D}}{\partial T}\right)_{\mathscr{E}},\tag{4}$$

式中 $C_{\mathscr{E}}$是电场强度不变时介质的热容，$C_{\mathscr{D}}$是电位移不变时介质的热容. 电路为闭路时，电容器两极的电势差恒定，因而介质中的电场恒定，所以 $C_{\mathscr{E}}$也就是电路为闭路时介质的热容. 充电后再令电路断开，电容器两极有恒定的电荷，因而介质中的电位移恒定，所以 $C_{\mathscr{D}}$也就是充电后再令电路断开时介质的热容.

电介质的介电常量 $\varepsilon(T)=\dfrac{\mathscr{D}}{\mathscr{E}}$与温度有关，所以

$$\left(\frac{\partial \mathscr{D}}{\partial T}\right)_{\mathscr{E}}=\mathscr{E}\frac{d\varepsilon}{dT},$$

$$\left(\frac{\partial \mathscr{E}}{\partial T}\right)_{\mathscr{D}}=-\frac{\mathscr{D}}{\varepsilon^2}\frac{d\varepsilon}{dT},\tag{5}$$

代入式(4)，有

$$\begin{aligned}C_{\mathscr{E}}-C_{\mathscr{D}}&=-VT\left(-\frac{\mathscr{D}}{\varepsilon^2}\frac{d\varepsilon}{dT}\right)\left(\mathscr{E}\frac{d\varepsilon}{dT}\right)\\&=VT\frac{\mathscr{D}^2}{\varepsilon^3}\left(\frac{d\varepsilon}{dT}\right)^2.\end{aligned}\tag{6}$$

2-20 （原 2.19 题）

试证明磁介质 $C_{\mathscr{H}}$与 $C_{\mathscr{M}}$ 之差等于

$$C_{\mathscr{H}}-C_{\mathscr{M}}=\mu_0T\left(\frac{\partial \mathscr{H}}{\partial T}\right)^2_{\mathscr{M}}\left(\frac{\partial \mathscr{M}}{\partial \mathscr{H}}\right)_T$$

解 根据式(2.7.2)，在磁介质体积变化可以忽略的情形下，对于单位体积的磁介质，当磁化强度有 $d\mathscr{M}$ 的变化时，外界所做的功是

$$đW=\mu_0\mathscr{H}d\mathscr{M}\tag{1}$$

与简单系统体积变化功 $đW=-pdV$ 比较，在代换

$$p \to -\mu_0 \mathscr{H}, \qquad V \to \mathscr{M} \tag{2}$$

后，简单系统的热力学关系适用于磁介质．式(2.2.11)给出

$$C_p - C_V = T\left(\frac{\partial p}{\partial T}\right)_V \left(\frac{\partial V}{\partial T}\right)_p$$

用式(2)进行代换，有

$$C_{\mathscr{H}} - C_{\mathscr{M}} = -\mu_0 T\left(\frac{\partial \mathscr{H}}{\partial T}\right)_{\mathscr{M}} \left(\frac{\partial \mathscr{M}}{\partial T}\right)_{\mathscr{H}} \tag{3}$$

由于存在物态方程 $f(\mathscr{M}, \mathscr{H}, T) = 0$，偏导数间存在下述关系：

$$\left(\frac{\partial \mathscr{H}}{\partial T}\right)_{\mathscr{M}} \left(\frac{\partial T}{\partial \mathscr{M}}\right)_{\mathscr{H}} \left(\frac{\partial \mathscr{M}}{\partial \mathscr{H}}\right)_T = -1,$$

即

$$\left(\frac{\partial \mathscr{M}}{\partial T}\right)_{\mathscr{H}} = -\left(\frac{\partial \mathscr{H}}{\partial T}\right)_{\mathscr{M}} \left(\frac{\partial \mathscr{M}}{\partial \mathscr{H}}\right)_T .$$

代入式(3)，即有

$$C_{\mathscr{H}} - C_{\mathscr{M}} = \mu_0 T\left(\frac{\partial \mathscr{H}}{\partial T}\right)^2_{\mathscr{M}} \left(\frac{\partial \mathscr{M}}{\partial \mathscr{H}}\right)_T . \tag{4}$$

2-21 （原 2.20 题）

已知顺磁物质遵从居里定律

$$\mathscr{M} = \frac{C}{T}\mathscr{H} \quad .$$

若维持物质的温度不变，使磁场由 0 增至 $\mathscr{H}$，求磁化过程释出的热量．

解 式(1.14.3)给出，系统在可逆等温过程中吸收的热量 Q 与其在过程中的熵增加值 ΔS 满足

$$Q = T\Delta S. \tag{1}$$

在可逆等温过程中磁介质的熵随磁场的变化率为［式(2.7.7)］

$$\left(\frac{\partial S}{\partial \mathscr{H}}\right)_T = \mu_0 \left(\frac{\partial m}{\partial T}\right)_{\mathscr{H}} . \tag{2}$$

如果磁介质遵从居里定律

$$m = \frac{CV}{T}\mathscr{H} \quad (C\text{ 是常量}), \tag{3}$$

易知

$$\left(\frac{\partial m}{\partial T}\right)_{\mathscr{H}} = -\frac{CV}{T^2}\mathscr{H}, \tag{4}$$

所以

$$\left(\frac{\partial S}{\partial \mathscr{H}}\right)_T = -\frac{CV\mu_0 \mathscr{H}}{T^2}. \tag{5}$$

在可逆等温过程中磁场由 0 增至 $\mathscr{H}$ 时，磁介质的熵变为

$$\Delta S=\int_0^{\mathscr{H}}\left(\frac{\partial S}{\partial \mathscr{H}}\right)_T \mathrm{d}\mathscr{H}=-\frac{CV\mu_0\mathscr{H}^2}{2T^2}. \tag{6}$$

吸收的热量为

$$Q=T\Delta S=-\frac{CV\mu_0\mathscr{H}^2}{2T}. \tag{7}$$

2-22 （原 2.21 题）

已知超导体的磁感强度 $\mathscr{B}=\mu_0(\mathscr{H}+\mathscr{M})=0$，求证：

（a）$C_{\mathscr{M}}$与 $\mathscr{M}$ 无关，只是 T 的函数，其中 $C_{\mathscr{M}}$是磁化强度 $\mathscr{M}$ 保持不变时的热容．

（b）$U=\int C_{\mathscr{M}}\mathrm{d}T-\dfrac{\mu_0\mathscr{M}^2}{2}+U_0$.

（c）$S=\int \dfrac{C_{\mathscr{M}}}{T}\mathrm{d}T+S_0$.

解 我们先对超导体的基本电磁学性质作一粗浅的介绍．

1911 年昂内斯（Onnes）发现水银的电阻在 4.2 K 左右突然降低为零，如图2-4所示．这种在低温下发生的零电阻现象称为超导电性．具有超导电性质的材料称为超导体．电阻突然消失的温度称为超导体的临界温度．开始人们将超导体单纯地理解为具有无穷电导率的导体，在导体中电流密度 $\boldsymbol{J}_e$ 与电场强度$\boldsymbol{\mathscr{E}}$满足欧姆定律

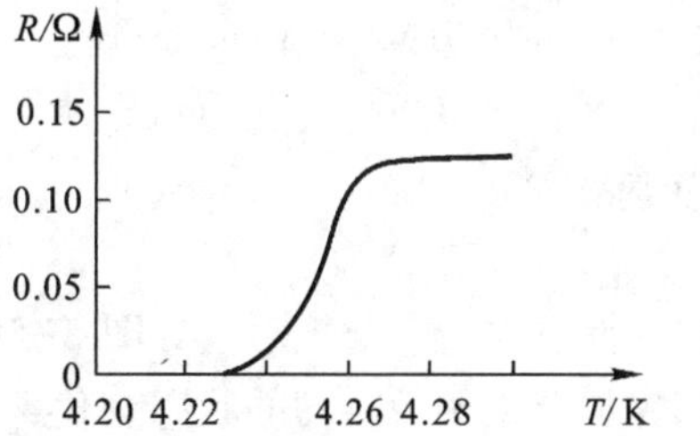

图 2-4

$$\boldsymbol{\mathscr{E}}=\frac{\boldsymbol{J}_e}{\sigma}. \tag{1}$$

如果电导率 $\sigma\to\infty$，导体内的电场强度将为零．根据法拉第定律，有

$$\nabla\times\boldsymbol{\mathscr{E}}=-\frac{\partial \boldsymbol{\mathscr{B}}}{\partial t}, \tag{2}$$

因此对于具有无穷电导率的导体，恒有

$$\frac{\partial \boldsymbol{\mathscr{B}}}{\partial t}=0. \tag{3}$$

图 2-5（a）显示遵从欧姆定律且具有无穷电导率的导体的特性．如果先将样品降温到临界温度以下，使之转变为具有无穷电导率的导体，然后加上磁场，根据式（3）样品内的$\mathscr{B}$不发生变化，即仍有

$$\mathscr{B}=0.$$

但如果先加上磁场，然后再降温到临界温度以下，根据式（3）样品内的$\mathscr{B}$也不应发生变化，即

$$\mathscr{B}\neq 0.$$

这样一来，样品的状态就与其经历的历史有关，不是热力学平衡状态了．但是应用热力学理论对超导体进行分析，其结果与实验是符合的，说明超导体不是满足欧姆定律．具有无

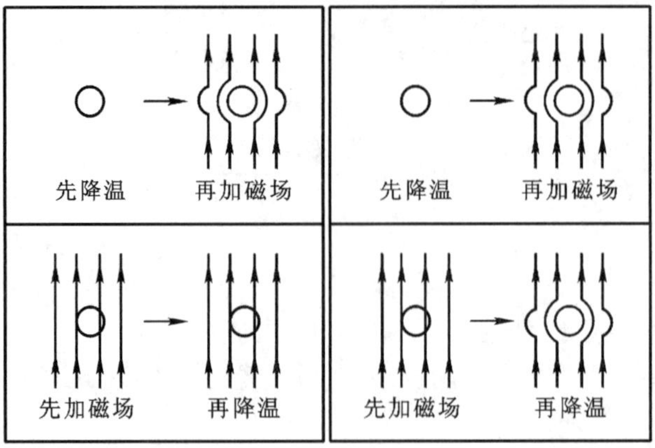

(a) 无穷导电性　　(b) 完全抗磁性

图 2-5

穷导电性的物质，促使人们进行进一步的实验研究．

1933 年迈斯纳(Meissner)将一圆柱形样品放置在垂直于其轴线的磁场中，降低到临界温度以下，使样品转变为超导体，发现磁通量完全被排斥于样品之外，即超导体中的$\mathscr{B}$恒为零：

$$\mathscr{B}=\mu_0(\mathscr{H}+\mathscr{M})=0. \tag{4}$$

这一性质称为完全抗磁性．图 2-5(b)画出了具有完全抗磁性的样品在先冷却后加上磁场和先加上磁场后冷却的状态变化，显示具有完全抗磁性的超导体，其状态与历史无关．

1935 年弗·伦敦(F. London)和赫·伦敦(H. London)兄弟二人提出了一个唯象理论，从统一的观点概括了零电阻和迈斯纳效应，相当成功地预言了超导体的一些电磁学性质．

他们认为，与一般导体遵从欧姆定律不同，由于零电阻效应，超导体中电场对电荷的作用将使超导电子加速．根据牛顿定律，有

$$m\,\dot{\boldsymbol{v}}=q\boldsymbol{\mathscr{E}}, \tag{5}$$

式中 m 和 q 分别是超导电子的质量和电荷，$\dot{\boldsymbol{v}}$是其加速度．以 n_s表示超导电子的密度，超导电流密度 $\boldsymbol{J}_s$为

$$\boldsymbol{J}_s=n_s q\,\boldsymbol{v}. \tag{6}$$

综合式(5)和式(6)，有

$$\frac{\partial}{\partial t}\boldsymbol{J}_s=\frac{1}{\Lambda}\boldsymbol{\mathscr{E}}, \tag{7}$$

其中

$$\Lambda=\frac{m}{n_s q^2}. \tag{8}$$

将式(7)代入法拉第定律式(2)，有

$$\nabla\times\left(\Lambda\frac{\partial}{\partial t}\boldsymbol{J}_s\right)=-\frac{\partial\boldsymbol{\mathscr{B}}}{\partial t},$$

或

$$\frac{\partial}{\partial t}[\nabla\times(\Lambda \boldsymbol{J}_{\rm s})+\boldsymbol{\mathscr{B}}]=0. \tag{9}$$

式(9)意味着 $\nabla\times(\Lambda \boldsymbol{J}_{\rm s})+\boldsymbol{\mathscr{B}}$不随时间变化，如果在某一时刻，有

$$\nabla\times(\Lambda \boldsymbol{J}_{\rm s})=-\boldsymbol{\mathscr{B}}, \tag{10}$$

则在任何时刻式(10)都将成立．伦敦假设超导体满足式(10)．

下面证明，在恒定电磁场的情形下，根据电磁学的基本规律和式(10)可以得到迈斯纳效应．在恒定电磁场情形下，超导体内的电场强度$\boldsymbol{\mathscr{E}}$显然等于零，否则 $\boldsymbol{J}_{\rm s}$将无限增长，因此在不存在其他传导电流的情形下安培定律给出

$$\nabla\times\boldsymbol{\mathscr{B}}=\mu_0\boldsymbol{J}_{\rm s}. \tag{11}$$

对上式取旋度，有

$$\nabla\times(\nabla\times\boldsymbol{\mathscr{B}})=\mu_0\nabla\times\boldsymbol{J}_{\rm s}=-\frac{\mu_0}{\Lambda}\mathscr{B}, \tag{12}$$

其中最后一步用了式(10)．由于

$$\nabla\times(\nabla\times\boldsymbol{\mathscr{B}})=\nabla(\nabla\cdot\boldsymbol{\mathscr{B}})-\nabla^2\mathscr{B},$$

而 $\nabla\cdot\boldsymbol{\mathscr{B}}=0$，因此式(12)给出

$$\nabla^2\mathscr{B}=\frac{\mu_0}{\Lambda}\mathscr{B}. \tag{13}$$

式(13)要求超导体中$\mathscr{B}$从表面随深度很快地减少．为简单起见，我们讨论一维情形．式(13)的一维解是

$$\mathscr{B}\sim {\rm e}^{\pm\sqrt{\frac{\mu_0}{\Lambda}}x}. \tag{14}$$

式(14)表明超导体中$\mathscr{B}$随深度 x 按指数衰减．如果 $n_{\rm s}\approx10^{23}\ {\rm cm}^{-3}$,可以得到

$$\sqrt{\frac{\Lambda}{\mu_0}}\sim2\times10^{-6}\ {\rm cm}.$$

这样伦敦理论不仅说明了迈斯纳效应，而且预言磁屏蔽需要一个有限的厚度，磁场的穿透深度是 10^{-6} cm 的量级．实验证实了这一预言．

综上所述，伦敦理论用式(7)和式(10)

$$\frac{\partial}{\partial t}\Lambda\boldsymbol{J}_{\rm s}=\boldsymbol{\mathscr{E}},$$

$$\nabla\times(\Lambda\boldsymbol{J}_{\rm s})=-\boldsymbol{\mathscr{B}} \tag{15}$$

来概括零电阻和迈斯纳效应，以式(15)作为决定超导体电磁性质的基本方程．迈斯纳效应的实质是，磁场中的超导体会在表面产生适当的超导电流分布，使超导体内部$\mathscr{B}=0$. 由于零电阻，这超导电流是永久电流，不会衰减．在外磁场改变时，表面超导电流才会相应地改变．

伦敦理论是一个唯象理论．1957 年巴丁、库珀和施里弗(Bardeen，Cooper，Schrieffer)发展了超导的微观理论，阐明了低温超导的微观机制，并对超导体的宏观特性给予统计的

解释．有兴趣的读者请参看相关著作①．

下面回到本题的求解．由式(3)知，在超导体内部恒有

$$\mathscr{M}=-\mathscr{H}, \tag{16}$$

这是超导体独特的磁物态方程．通常的磁物态方程 $f(\mathscr{H}, \mathscr{M}, T)=0$ 对超导体约化为式(16)．根据式(16)，有

$$\left(\frac{\partial \mathscr{M}}{\partial T}\right)_{\mathscr{H}}=0, \quad \left(\frac{\partial \mathscr{H}}{\partial T}\right)_{\mathscr{M}}=0. \tag{17}$$

(a) 考虑单位体积的超导体．式(2.7.2)给出准静态过程中的微功为

$$đW=\mu_0 \mathscr{H} \mathrm{d} \mathscr{M}. \tag{18}$$

与简单系统的微功 $đW=-p\mathrm{d}V$ 比较可知在代换

$$p \rightarrow -\mu_0 \mathscr{H}, \qquad V \rightarrow \mathscr{M}$$

后，简单系统得到的热力学关系同样适用于超导体．2-10 题式(2)给出

$$\left(\frac{\partial C_V}{\partial V}\right)_T=T\left(\frac{\partial^2 p}{\partial T^2}\right)_V.$$

超导体相应的热力学关系为

$$\left(\frac{\partial C_{\mathscr{M}}}{\partial \mathscr{M}}\right)_T=-\mu_0 T\left(\frac{\partial^2 \mathscr{H}}{\partial T^2}\right)_{\mathscr{M}}=0, \tag{19}$$

最后一步用了式(17)．由式(19)可知，$C_{\mathscr{M}}$ 与 $\mathscr{M}$ 无关，只是 T 的函数．

(b) 相应于简单系统的式(2.2.7)

$$\left(\frac{\partial U}{\partial V}\right)_T=T\left(\frac{\partial p}{\partial T}\right)_V-p,$$

超导体有

$$\left(\frac{\partial U}{\partial \mathscr{M}}\right)_T=-\mu_0 T\left(\frac{\partial \mathscr{H}}{\partial T}\right)_{\mathscr{M}}+\mu_0 \mathscr{H}=-\mu_0 \mathscr{M}, \tag{20}$$

其中第二步用了式(17)．

以 T、$\mathscr{M}$ 为自变量，内能的全微分为

$$\begin{aligned} \mathrm{d}U &=\left(\frac{\partial U}{\partial T}\right)_{\mathscr{M}} \mathrm{d}T+\left(\frac{\partial U}{\partial \mathscr{M}}\right)_T \mathrm{d} \mathscr{M} \\ &=C_{\mathscr{M}} \mathrm{d}T-\mu_0 \mathscr{M} \mathrm{d} \mathscr{M}. \end{aligned}$$

积分得超导体内能的积分表达式为

$$U=\int C_{\mathscr{M}} \mathrm{d}T-\frac{\mu_0 \mathscr{M}^2}{2}+U_0. \tag{21}$$

第一项是不存在磁场时超导体的内能，第二项代表外磁场使超导体表面感生超导电流的能量．第二项是负的，这是式(16)的结果，因此处在外磁场中超导体的内能低于无磁场时的

① 例如，Rickayzen G. Theory of Superconductivity[M]. New York：John Wiley & Sons，Inc.，1965.

内能.

(c) 相应于简单系统的式(2.4.5)

$$S=\int\left[\frac{C_V}{T}\mathrm{d}T+\left(\frac{\partial p}{\partial T}\right)_V\mathrm{d}V\right]+S_0,$$

超导体有

$$\begin{aligned}S&=\int\frac{C_{\mathscr{M}}}{T}\mathrm{d}T-\mu_0\left(\frac{\partial\mathscr{H}}{\partial T}\right)_{\mathscr{M}}\mathrm{d}\mathscr{M}+S_0\\&=\int\frac{C_{\mathscr{M}}}{T}\mathrm{d}T+S_0,\end{aligned}\tag{22}$$

第二步用了式(17). 这意味着, 处在外磁场中超导体表面的感生超导电流对熵(无序度)没有贡献.

2-23 (原2.22题)

已知顺磁介质遵从居里定律. 假设在磁化过程中磁介质的体积变化可以忽略, 试分别用 $đW=\mu_0\mathscr{H}\mathrm{d}m$ 和 $đW=-\mu_0 m\mathrm{d}\mathscr{H}$ 的微功表达式, 求单位体积磁介质的自由能、内能和熵, 并对所得结果加以解释.

解 (a) 在应用 $đW=\mu_0\mathscr{H}\mathrm{d}m$ 的微功表达式时, 单位体积顺磁介质自由能的全微分为

$$\mathrm{d}F=-S\mathrm{d}T+\mu_0\mathscr{H}\mathrm{d}\mathscr{M}.\tag{1}$$

在固定温度下将上式积分, 得

$$\begin{aligned}F(T,\ \mathscr{M})&=F(T,\ 0)+\mu_0\int_0^{\mathscr{M}}\frac{\mathscr{M}}{\chi}\mathrm{d}\mathscr{M}\\&=F(T,\ 0)+\frac{\mu_0}{2}\frac{\mathscr{M}^2}{\chi},\end{aligned}\tag{2}$$

式中 $\chi=\dfrac{\mathscr{M}}{\mathscr{H}}$ 是磁介质的磁化率. 对于遵从居里定律的磁介质 $\chi=\dfrac{C}{T}$, 在积分中 χ 是常量. 上式第一项是磁化前磁介质的自由能, 第二项是等温磁化后自由能的增值, 等于使介质的磁化强度由 0 增加到 $\mathscr{M}$ 时外界所做的功.

顺磁介质的熵为

$$\begin{aligned}S(T,\mathscr{M})&=-\left(\frac{\partial F}{\partial T}\right)_{\mathscr{M}}\\&=S(T,\ 0)+\frac{\mu_0\mathscr{M}^2}{2\chi^2}\frac{\mathrm{d}\chi}{\mathrm{d}T}\\&=S(T,\ 0)-\frac{\mu_0\mathscr{M}^2}{2\chi}\frac{1}{T},\end{aligned}\tag{3}$$

上式表明等温磁化后, 磁介质的熵减小. 因此在(等温)磁化过程中磁介质放出热量为 $\dfrac{\mu_0\mathscr{M}^2}{2\chi}$.

顺磁介质的内能为

$$U(T, \mathscr{M}) = F+TS$$
$$= F(T, 0) + TS(T, 0)$$
$$= U(T, 0). \tag{4}$$

由于在等温磁化过程中磁介质放出的热量等于外界对磁介质所做的功，磁介质的内能不变.

从微观看，顺磁介质的分子具有因有的磁矩．遵从居里定律的顺磁介质，分子相距较远，可以忽略磁矩的相互作用(参阅§7.8)．磁化增强了分子磁矩顺外磁场排列的趋向．这种有序过程需要外界做功，同时使磁介质的熵减小，从而放出热量．由于放出的热量与外界所做的功相等，内能保持不变.

(b) 在应用 $đW = -\mu_0 m \mathrm{d}\mathscr{H}$ 的微功表达式时，单位体积磁介质自由能的全微分为

$$\mathrm{d}F^* = -S\mathrm{d}T - \mu_0 \mathscr{M} \mathrm{d}\mathscr{H}, \tag{5}$$

在固定温度下将上式积分，得

$$F^*(T, \mathscr{H}) = F(T, 0) - \mu_0 \chi \int_0^{\mathscr{H}} \mathscr{H} \mathrm{d}\mathscr{H}$$
$$= F(T, 0) - \frac{\mu_0}{2} \chi \mathscr{H}^2, \tag{6}$$

式中第二项是等温磁化后磁介质自由能的增值．可以将它表达为 $-\mu_0 \mathscr{M}\mathscr{H} + \frac{\mu_0}{2}\chi \mathscr{H}^2$，$-\mu_0 \mathscr{M}\mathscr{H}$ 是磁介质在外磁场中的势能，$\frac{\mu_0}{2}\chi \mathscr{H}^2 = \frac{\mu_0}{2}\frac{\mathscr{M}^2}{\chi}$ 是使介质磁化外界所做的功，后一项与式(2)的结果相同.

顺磁介质的熵为

$$S^*(T, \mathscr{H}) = -\left(\frac{\partial F^*}{\partial T}\right)_{\mathscr{H}}$$
$$= S(T, 0) + \frac{\mu_0 \mathscr{H}^2}{2} \frac{\mathrm{d}\chi}{\mathrm{d}T}$$
$$= S(T, 0) - \frac{\mu_0 \mathscr{H}^2}{2} \frac{C}{T^2}, \tag{7}$$

第二项是等温磁化后磁介质熵的增值，与式(3)结果相同.

顺磁介质的内能为

$$U^*(T, \mathscr{H}) = F^* + TS^*$$
$$= U(T, 0) - \mu_0 \chi \mathscr{H}^2, \tag{8}$$

式中第二项是等温磁化后内能的增加值，可以表达为 $-\mu_0 \mathscr{M}\mathscr{H}$，它是介质在外磁场中的势能.

上述结果表明，采用 $đW = \mu_0 \mathscr{H} \mathrm{d}m$ 的微功表达式时，自由能和内能不包含介质在外磁场中的势能；采用 $đW = -\mu_0 m \mathrm{d}\mathscr{H}$ 的微功表达式时，自由能和内能包含磁介质在外磁场中的势能．由两种微功表达式得到的磁化热是相同的.

第三章　单元系的相变

3-1　(原 3.1 题)

证明下列平衡判据(假设 $S>0$):

(a) 在 S、V 不变的情形下，稳定平衡态的 U 最小.

(b) 在 S、p 不变的情形下，稳定平衡态的 H 最小.

(c) 在 H、p 不变的情形下，稳定平衡态的 S 最大.

(d) 在 F、V 不变的情形下，稳定平衡态的 T 最小.

(e) 在 G、p 不变的情形下，稳定平衡态的 T 最小.

(f) 在 U、S 不变的情形下，稳定平衡态的 V 最小.

(g) 在 F、T 不变的情形下，稳定平衡态的 V 最小.

解　根据热力学第二定律的数学表达式(1.16.4)，在给定外加约束条件下，系统围绕某一状态自发发生无穷小的变动时必有

$$\delta U<T\delta S+đW \tag{1}$$

式中 δU 和 δS 是变动前后内能和熵的改变，$đW$ 是变动中外界所做的功，T 是变动中与系统交换热量的热源温度. 由于讨论的是围绕某一状态的无穷小变动，可以考虑热源和系统具有相同的温度 T. 下面根据式(1)就各种外加约束条件导出相应的平衡判据.

(a) 在 S、V 不变的情形下，有

$$\delta S=0,$$
$$đW=0.$$

根据式(1)，在变动中必有

$$\delta U<0. \tag{2}$$

如果系统达到了 U 为极小的状态，它的内能不可能再减少，系统就不可能自发发生任何宏观的变化而处在稳定的平衡状态，因此，在 S、V 不变的情形下，稳定平衡态的 U 最小.

(b) 在 S、p 不变的情形下，有

$$\delta S=0,$$
$$đW=-p\mathrm{d}V,$$

根据式(1)，在变动中必有

$$\delta U+p\delta V<0,$$

或

$$\delta H<0. \tag{3}$$

如果系统达到了 H 为极小的状态，它的焓不可能再减少，系统就不可能自发发生任何宏观的变化而处在稳定的平衡状态，因此，在 S、p 不变的情形下，稳定平衡态的 H 最小.

(c) 根据焓的定义 $H=U+pV$ 和式(1)可知在虚变动中必有

$$\delta H<T\delta S+V\delta p+p\delta V+đW.$$

在 H 和 p 不变的情形下，有

$$\delta H=0,$$
$$\delta p=0,$$
$$đW=-p\delta V,$$

在变动中必有

$$T\delta S>0. \tag{4}$$

如果系统达到了 S 为极大的状态，它的熵不可能再增加，系统就不可能自发发生任何宏观的变化而处在稳定的平衡状态，因此，在 H、p 不变的情形下，稳定平衡态的 S 最大.

（d）由自由能的定义 $F=U-TS$ 和式(1)可知在虚变动中必有

$$\delta F<-S\delta T+đW.$$

在 F 和 V 不变的情形下，有

$$\delta F=0,$$
$$đW=0,$$

故在变动中必有

$$S\delta T<0. \tag{5}$$

由于 $S>0$，如果系统达到了 T 为极小的状态，它的温度不可能再降低，系统就不可能自发发生任何宏观的变化而处在稳定的平衡状态，因此，在 F、V 不变的情形下，稳定平衡态的 T 最小.

（e）根据吉布斯函数的定义 $G=U-TS+pV$ 和式(1)可知在虚变动中必有

$$\delta G<-S\delta T+p\delta V+V\delta p-đW.$$

在 G、p 不变的情形下，有

$$\delta G=0,$$
$$\delta p=0,$$
$$đW=-p\delta V,$$

故在变动中必有

$$S\delta T<0. \tag{6}$$

由于 $S>0$，如果系统达到了 T 为极小的状态，它的温度不可能再降低，系统就不可能自发发生任何宏观的变化而处在稳定的平衡状态，因此，在 G、p 不变的情形下，稳定平衡态的 T 最小.

（f）在 U、S 不变的情形下，根据式(1)知在变动中必有

$$đW>0. \tag{7}$$

上式表明，在 U、S 不变的情形下系统发生任何的宏观变化时，外界必做功，即系统的体积必缩小. 如果系统已经达到了 V 为最小的状态，体积不可能再缩小，系统就不可能自发发生任何宏观的变化而处在稳定的平衡状态，因此，在 U、S 不变的情形下，稳定平衡态的 V 最小.

（g）根据自由能的定义 $F=U-TS$ 和式(1)可知在变动中必有

$$\delta F<-S\delta T+đW.$$

在 F、T 不变的情形下，有

$$\delta F=0,$$
$$\delta T=0,$$

必有

$$đW>0. \tag{8}$$

上式表明，在 F、T 不变的情形下，系统发生任何宏观的变化时，外界必做功，即系统的体积必缩小．如果系统已经达到了 V 为最小的状态，体积不可能再缩小，系统就不可能自发发生任何宏观的变化而处在稳定的平衡状态，因此，在 F、T 不变的情形下，稳定平衡态的 V 最小．

3-2 （原 3.2 题）

试证明，以内能 U 和体积 V 为自变量、熵的二级微分为

$$\delta^2 S=-\frac{1}{C_V T^2}(\delta U)^2+\frac{2p}{C_V T}\left(\beta-\frac{1}{T}\right)\delta U \mathrm{d}V+\left(\frac{2p^2\beta}{C_V T}-\frac{p^2}{C_V T^2}-\frac{p^2}{C_V}\beta^2-\frac{1}{TV\kappa_T}\right)(\delta V)^2,$$

其中 $\beta=\frac{1}{p}\left(\frac{\partial p}{\partial T}\right)_V$ 是压强系数．

解　以内能 U 和体积 V 为自变量，熵的二级微分为

$$\delta^2 S=\frac{\partial^2 S}{\partial U^2}(\delta U)^2+2\frac{\partial^2 S}{\partial U \partial V}\delta U \delta V+\frac{\partial^2 S}{\partial V^2}(\delta V)^2, \tag{1}$$

但

$$\left(\frac{\partial^2 S}{\partial U^2}\right)_V=\left(\frac{\partial}{\partial U}\frac{1}{T}\right)_V=-\frac{1}{T^2}\left(\frac{\partial T}{\partial U}\right)_V=-\frac{1}{C_V T^2}, \tag{2}$$

$$2\frac{\partial^2 S}{\partial V \partial U}=2\left(\frac{\partial}{\partial V}\frac{1}{T}\right)_U=-\frac{2}{T^2}\left(\frac{\partial T}{\partial V}\right)_U=\frac{2}{T^2}\frac{1}{C_V}\left[T\left(\frac{\partial p}{\partial T}\right)_V-p\right]=\frac{2p}{C_V T}\beta-\frac{2p}{C_V T^2}, \tag{3}$$

$$\left(\frac{\partial^2 S}{\partial V^2}\right)_U=\left(\frac{\partial}{\partial V}\frac{p}{T}\right)_U=\frac{T\left(\frac{\partial p}{\partial V}\right)_U-p\left(\frac{\partial T}{\partial V}\right)_U}{T^2}. \tag{4}$$

式(4)的第二项可表示为

$$-\frac{p}{T^2}\left(\frac{\partial T}{\partial V}\right)_U=\frac{p}{T^2}\frac{T\left(\frac{\partial p}{\partial T}\right)_V-p}{C_V}=\frac{p^2}{T}\frac{\beta}{C_V}-\frac{p^2}{T^2}\frac{1}{C_V}. \tag{5}$$

式(4)的第一项可表示为

$$\frac{1}{T}\left(\frac{\partial p}{\partial V}\right)_U=-\frac{1}{T}\frac{\left(\frac{\partial U}{\partial V}\right)_p}{\left(\frac{\partial U}{\partial p}\right)_V}. \tag{6}$$

但由函数关系

$$U=U[V,\ T(V,\ p)],$$

可知

$$\left(\frac{\partial U}{\partial V}\right)_p=\left(\frac{\partial U}{\partial V}\right)_T+\left(\frac{\partial U}{\partial T}\right)_V\left(\frac{\partial T}{\partial V}\right)_p=\left[T\left(\frac{\partial p}{\partial T}\right)_V-p\right]+C_V\left(\frac{\partial T}{\partial V}\right)_p,$$

$$\left(\frac{\partial U}{\partial p}\right)_V=\left(\frac{\partial U}{\partial T}\right)_V\left(\frac{\partial T}{\partial p}\right)_V=C_V\left(\frac{\partial T}{\partial p}\right)_V.$$

因此式(6)可表示为

$$\begin{aligned}\frac{1}{T}\left(\frac{\partial p}{\partial V}\right)_U&=-\frac{1}{T}\frac{\left[T\left(\frac{\partial p}{\partial T}\right)_V-p\right]+C_V\left(\frac{\partial T}{\partial V}\right)_p}{C_V\left(\frac{\partial T}{\partial p}\right)_V}\\&=-\frac{1}{C_V}\left(\frac{\partial p}{\partial T}\right)^2+\frac{p}{C_VT}\left(\frac{\partial p}{\partial T}\right)_V+\frac{1}{T}\left(\frac{\partial p}{\partial V}\right)_T\\&=-\frac{p^2}{C_V}\beta^2+\frac{p^2}{C_VT}\beta-\frac{1}{TV\kappa_T}.\end{aligned}\tag{7}$$

将式(2)、式(3)、式(4)和式(7)代入式(1)，即可得

$$\begin{aligned}\delta^2S=&-\frac{1}{C_VT^2}(\delta U)^2+\frac{2p}{C_VT}\left(\beta-\frac{1}{T}\right)\delta U\delta V+\\&\left(\frac{2p^2\beta}{C_VT}-\frac{p^2}{C_VT^2}-\frac{p^2\beta^2}{C_V}-\frac{1}{TV\kappa_T}\right)(\delta V)^2.\end{aligned}\tag{8}$$

可以看出，式中各项分别与广延量 C_V 或 V 成反比．请读者验证各项的量纲．

3-3 (原 3.3 题)

孤立系统含两个子系统．子系统间可以通过做功和传热的方式交换能量．试根据熵判据导出系统达到平衡的平衡条件和平衡稳定条件．

解 平衡状态下，孤立系统的熵应取极大值．仿照§3.1，由熵的一级微分等于零 $\delta S=0$ 易知平衡时两个子系统的温度和压强相等：

$$T^1=T^2=T,\qquad p^1=p^2=p.\tag{1}$$

与§3.1类似，由熵的二级微分小于零 $\delta^2S<0$ 知

$$\delta^2S=\sum_{\alpha=1,2}\left[-\frac{C_V^\alpha}{T^2}(\delta T)^2+\frac{1}{T}\left(\frac{\partial p}{\partial V^\alpha}\right)_T(\delta V^\alpha)^2\right]<0.\tag{2}$$

在§3.1中我们考虑的是子系和介质的平衡，二者物质的量相差很大，可以忽略介质的 δ^2S_0. 本题中两个子系统物质的量不存在这差异，所以式(2)包括 $\alpha=1$，2 两项．热容 C_V 和体积都是广延量，有 $C_V^\alpha=n^\alpha C_{V,\mathrm{m}}^\alpha$，$V^\alpha=n^\alpha V_\mathrm{m}^\alpha$，所以式(2)可以改写为

$$\delta^2S=\sum_{\alpha=1,2}n^\alpha\left[\frac{-C_{V,\mathrm{m}}^\alpha}{T^2}(\delta T)^2+\frac{1}{T}\left(\frac{\partial p}{\partial V_\mathrm{m}^\alpha}\right)_T(\delta V_\mathrm{m}^\alpha)^2\right]<0.\tag{3}$$

式中 n^α 是广延量，方括号中的量是强度量．我们知道，平衡是由强度量决定的．不论 n^α 取什么数值，式(3)都成立才能保证系统的平衡稳定性．这意味着平衡稳定性要求

$$\frac{-C^{\alpha}_{V,\mathrm{m}}}{T^2}(\delta T)^2+\frac{1}{T}\left(\frac{\partial p}{\partial V^{\alpha}_{\mathrm{m}}}\right)_T(\delta V^{\alpha}_{\mathrm{m}})^2_T<0,\quad \alpha=1,2. \tag{4}$$

由于 δT 和 $\delta V^{\alpha}_{\mathrm{m}}$ 的变化是独立的，故有

$$C^{\alpha}_{V,\mathrm{m}}>0,\left(\frac{\partial p}{\partial V^{\alpha}_{\mathrm{m}}}\right)_T<0,\quad \alpha=1,2. \tag{5}$$

或

$$C^{\alpha}_{V}>0,\left(\frac{\partial p}{\partial V^{\alpha}}\right)_T<0,\quad \alpha=1,2. \tag{6}$$

3-4 （原 3.4 题）

试由 $C_V>0$ 及 $\left(\frac{\partial p}{\partial V}\right)_T<0$ 证明 $C_p>0$ 及 $\left(\frac{\partial p}{\partial V}\right)_S<0.$

解 式(2.2.12)给出

$$C_p-C_V=\frac{VT\alpha^2}{\kappa_T}. \tag{1}$$

稳定性条件式(3.1.14)给出

$$C_V>0,\quad \left(\frac{\partial p}{\partial V}\right)_T<0, \tag{2}$$

其中第二个不等式也可表示为

$$\kappa_T=-\frac{1}{V}\left(\frac{\partial V}{\partial p}\right)_T>0, \tag{3}$$

故式(1)右方不可能取负值．由此可知

$$C_p\geqslant C_V>0, \tag{4}$$

第二步用了式(2)的第一式．

根据式(2.2.14)，有

$$\frac{\kappa_S}{\kappa_T}=\frac{\left(\frac{\partial V}{\partial p}\right)_S}{\left(\frac{\partial V}{\partial p}\right)_T}=\frac{C_V}{C_p}. \tag{5}$$

因为 $\frac{C_V}{C_p}$ 恒为正，且 $\frac{C_V}{C_p}\leqslant 1$，故

$$\left(\frac{\partial V}{\partial p}\right)_S\leqslant\left(\frac{\partial V}{\partial p}\right)_T<0, \tag{6}$$

第二步用了式(2)的第二式．

3-5 （原 3.5 题）

孤立系统含两个子系统．子系统间可以通过做功和传热的方式交换能量．试根据熵判据，从 $\delta^2 S<0$ 导出不等式：

$$\delta p^{\alpha}\delta V^{\alpha}-\delta T^{\alpha}\delta S^{\alpha}<0, \qquad \alpha=1, 2.$$

取 T、V 为自变量，可得平衡稳定条件：

$$C_V^{\alpha}>0, \qquad \left(\frac{\partial V^{\alpha}}{\partial p}\right)_T<0, \qquad \alpha=1, 2.$$

取 S、p 为自变量，可得平衡稳定条件：

$$C_p^{\alpha}>0, \qquad \left(\frac{\partial V^{\alpha}}{\partial p}\right)_S<0, \qquad \alpha=1, 2.$$

解 考虑系统发生一个变动，在变动中子系统 α 的内能、体积和熵有 δU^{α}、δV^{α} 和 δS^{α} 的变化．根据热力学基本方程，有

$$\delta S^{\alpha}=\frac{\delta U^{\alpha}+p^{\alpha}\delta V^{\alpha}}{T^{\alpha}}, \qquad \alpha=1, 2. \tag{1}$$

将式(1)改写为

$$T^{\alpha}\delta S^{\alpha}=\delta U^{\alpha}+p^{\alpha}\delta V^{\alpha}. \tag{2}$$

对上式求微分，有

$$\delta T^{\alpha}\delta S^{\alpha}+T^{\alpha}\delta^2 S^{\alpha}=\delta^2 U^{\alpha}+\delta p^{\alpha}\delta V^{\alpha}+p^{\alpha}\delta^2 V^{\alpha}.$$

由此可得子系统 α 的熵的二级微分为

$$\delta^2 S^{\alpha}=\frac{\delta^2 U^{\alpha}+p^{\alpha}\delta^2 V^{\alpha}+\delta p^{\alpha}\delta V^{\alpha}-\delta T^{\alpha}\delta S^{\alpha}}{T^{\alpha}}. \tag{3}$$

熵是广延量，系统的熵的二级微分 $\delta^2 S$ 等于两个子系统的熵的二级微分之和．平衡稳定性要求

$$\delta^2 S=\sum_{\alpha=1,2}\frac{\delta^2 U^{\alpha}+p^{\alpha}\delta^2 V^{\alpha}+\delta p^{\alpha}\delta V^{\alpha}-\delta T^{\alpha}\delta S^{\alpha}}{T^{\alpha}}<0. \tag{4}$$

但根据熵判据，由达到平衡时熵的一级微分为零可知

$$T^1=T^2=T, \qquad p^1=p^2=p. \tag{5}$$

系统是孤立的，系统的内能和体积在变动中应保持不变，故有

$$\delta^2 U^1+\delta^2 U^2=0, \ \delta^2 V^1+\delta^2 V^2=0. \tag{6}$$

因此式(4)可约化为

$$\delta^2 S=\sum_{\alpha=1,2}\frac{\delta p^{\alpha}\delta V^{\alpha}-\delta T^{\alpha}\delta S^{\alpha}}{T^{\alpha}}<0, \tag{7}$$

体积 V 和熵是广延量，有 $\delta V^{\alpha}=n^{\alpha}\delta V_{\mathrm{m}}^{\alpha}$，$\delta S^{\alpha}=n^{\alpha}\delta S_{\mathrm{m}}^{\alpha}$，故式(7)可改写为

$$\delta^2 S=\sum_{\alpha=1,2}n^{\alpha}\left(\frac{\delta p^{\alpha}\delta V_{\mathrm{m}}^{\alpha}-\delta T^{\alpha}\delta S_{\mathrm{m}}^{\alpha}}{T^{\alpha}}\right)<0. \tag{8}$$

系统的平衡稳定性与 n^{α} 的取值无关，式(8)要求

$$\delta p^{\alpha}\delta V_{\mathrm{m}}^{\alpha}-\delta T^{\alpha}\delta S_{\mathrm{m}}^{\alpha}<0, \qquad \alpha=1, 2, \tag{9}$$

或

$$\delta p^{\alpha}\delta V^{\alpha}-\delta T^{\alpha}\delta S^{\alpha}<0, \qquad \alpha=1, 2. \tag{10}$$

上式对两个子系统都成立，略去指标 α 不写，将上式改写为

$$\delta p\delta V-\delta T\delta S<0. \tag{11}$$

如果取 T、V 为自变量，则有，

$$\delta S=\left(\frac{\partial S}{\partial T}\right)_V\delta T+\left(\frac{\partial S}{\partial V}\right)\delta V,$$

$$\delta p=\left(\frac{\partial p}{\partial T}\right)_V\delta T+\left(\frac{\partial p}{\partial V}\right)_T\delta V.$$

代入式(11)，可得

$$\left(\frac{\partial p}{\partial V}\right)_T(\delta V)^2+\left[\left(\frac{\partial p}{\partial T}\right)_V-\left(\frac{\partial S}{\partial V}\right)_T\right](\delta T\delta V)-\left(\frac{\partial S}{\partial T}\right)_V(\delta T)^2<0.$$

考虑到麦氏关系式(2.2.2)和式(2.2.5)，即有

$$\left(\frac{\partial p}{\partial V}\right)_T(\delta V)^2-\frac{C_V}{T}(\delta T)^2<0. \tag{12}$$

由此可得平衡稳定条件

$$C_V>0,\quad \left(\frac{\partial p}{\partial V}\right)_T<0. \tag{13}$$

如果取 S、p 为自变量

$$\delta T=\left(\frac{\partial T}{\partial S}\right)_p\delta S+\left(\frac{\partial T}{\partial p}\right)_S\delta p,$$

$$\delta V=\left(\frac{\partial V}{\partial S}\right)_p\delta S+\left(\frac{\partial V}{\partial p}\right)_S\delta p.$$

由式(11)可得

$$\left(\frac{\partial V}{\partial p}\right)_S(\delta p)^2+\left[\left(\frac{\partial V}{\partial S}\right)_p-\left(\frac{\partial T}{\partial p}\right)_S\right](\delta S\delta p)-\left(\frac{\partial T}{\partial S}\right)_p(\delta S)^2<0.$$

考虑到麦氏关系式(2.2.2)和式(2.2.8)，即有

$$\left(\frac{\partial V}{\partial p}\right)_S(\delta p)^2-\frac{T}{C_p}(\delta S)^2<0. \tag{14}$$

由此可得平衡稳定性条件

$$C_p>0,\quad \left(\frac{\partial V}{\partial p}\right)_S<0. \tag{15}$$

3-6 （原 3.6 题）

求证：

(a) $\left(\dfrac{\partial \mu}{\partial T}\right)_{V,n}=-\left(\dfrac{\partial S}{\partial n}\right)_{T,V}$；

(b) $\left(\dfrac{\partial \mu}{\partial p}\right)_{T,n}=\left(\dfrac{\partial V}{\partial n}\right)_{T,p}$.

解 (a) 由自由能的全微分[式(3.2.9)]

$$\mathrm{d}F=-S\mathrm{d}T-p\mathrm{d}V+\mu\mathrm{d}n \tag{1}$$

及偏导数求导次序的可交换性，易得

$$\left(\frac{\partial \mu}{\partial T}\right)_{V,n}=-\left(\frac{\partial S}{\partial n}\right)_{T,V}. \tag{2}$$

这是开系的一个麦克斯韦关系．

(b) 类似地，由吉布斯函数的全微分[式(3.2.2)]

$$\mathrm{d}G=-S\mathrm{d}T+V\mathrm{d}p+\mu\mathrm{d}n \tag{3}$$

可得

$$\left(\frac{\partial \mu}{\partial p}\right)_{T,n}=\left(\frac{\partial V}{\partial n}\right)_{T,p}. \tag{4}$$

这也是开系的一个麦克斯韦关系．

3-7 （原 3.7 题）

求证：

$$\left(\frac{\partial U}{\partial n}\right)_{T,V}-\mu=-T\left(\frac{\partial \mu}{\partial T}\right)_{V,n}.$$

解 自由能 $F=U-TS$ 是以 T、V、n 为自变量的特性函数，求 F 对 n 的偏导数（T、V 不变），有

$$\left(\frac{\partial F}{\partial n}\right)_{T,V}=\left(\frac{\partial U}{\partial n}\right)_{T,V}-T\left(\frac{\partial S}{\partial n}\right)_{T,V}. \tag{1}$$

但由自由能的全微分

$$\mathrm{d}F=-S\mathrm{d}T-p\mathrm{d}V+\mu\mathrm{d}n$$

可得

$$\left(\frac{\partial F}{\partial n}\right)_{T,V}=\mu,$$

$$\left(\frac{\partial S}{\partial n}\right)_{T,V}=-\left(\frac{\partial \mu}{\partial T}\right)_{V,n}, \tag{2}$$

代入式(1)，即有

$$\left(\frac{\partial U}{\partial n}\right)_{T,V}-\mu=-T\left(\frac{\partial \mu}{\partial T}\right)_{V,n}. \tag{3}$$

3-8 （原 3.8 题）

单元两相系与外界隔绝形成孤立系统．试根据熵判据从 $\delta^2 S<0$ 导出不等式

$$\delta p^{\alpha}\delta V^{\alpha}-\delta T^{\alpha}\delta S^{\alpha}<0, \qquad \alpha=1,\ 2.$$

取 T、V 为自变量，可得平衡稳定条件

$$C_V^{\alpha}>0,\ \left(\frac{\partial V^{\alpha}}{\partial p}\right)_T<0, \qquad \alpha=1,\ 2.$$

取 S、P 为自变量，可得平衡稳定条件

$$C_p^{\alpha}>0,\ \left(\frac{\partial V^{\alpha}}{\partial p}\right)_T<0, \qquad \alpha=1,\ 2.$$

解 考虑系统发生一个变动，在变动中 α 相的内能、体积和物质的量有 δU^{α}、δV^{α} 和

δn^α 的变化．α 相的熵变 δS^α 为

$$\delta S^\alpha = \frac{\delta U^\alpha + p^\alpha \delta V^\alpha - \mu^\alpha \delta n^\alpha}{T^\alpha}. \tag{1}$$

熵的二级微分为

$$\delta^2 S^\alpha = \frac{\delta^2 U^\alpha + p^\alpha \delta^2 V^\alpha - \mu^\alpha \delta^2 n^\alpha + \delta p^\alpha \delta V^\alpha - \delta\mu^\alpha \delta n^\alpha - \delta T^\alpha \delta S^\alpha}{T^\alpha}. \tag{2}$$

熵是广延量，系统熵的二级微分等于两相熵的二级微分之和．平衡稳定性要求

$$\delta^2 S = \sum_{\alpha=1,\ 2} \frac{\delta^2 U^\alpha + p^\alpha \delta V^\alpha - \mu^\alpha \delta^2 n^\alpha + \delta p^\alpha \delta V^\alpha - \delta\mu^\alpha \delta n^\alpha - \delta T^\alpha \delta S^\alpha}{T^\alpha} < 0. \tag{3}$$

但根据熵判据，由达到平衡时熵的一级微分为零可知

$$T^1 = T^2 = T, \qquad p^1 = p^2 = p, \qquad \mu^1 = \mu^2. \tag{4}$$

系统是孤立系，其内能、体积和物质的量在变动中应保持不变，故有

$$\delta^2 U^1 + \delta^2 U^2 = 0, \qquad \delta^2 V^1 + \delta^2 V^2 = 0, \qquad \delta^2 n^1 + \delta^2 n^2 = 0. \tag{5}$$

因此式(3)可简化为

$$\delta^2 S = \sum_{\alpha=1,\ 2} \frac{\delta p^\alpha \delta V^\alpha - \delta\mu^\alpha \delta n^\alpha - \delta T^\alpha \delta S^\alpha}{T^\alpha} < 0. \tag{6}$$

因为体积和熵是广延量，有

$$V^\alpha = n^\alpha V_{\mathrm{m}}^\alpha, \qquad S^\alpha = n^\alpha S_{\mathrm{m}}^\alpha.$$

故

$$\delta V^\alpha = V_{\mathrm{m}}^\alpha \delta n^\alpha + n^\alpha \delta V_{\mathrm{m}}^\alpha, \qquad \delta S^\alpha = S_{\mathrm{m}}^\alpha \delta n^\alpha + n^\alpha \delta S_{\mathrm{m}}^\alpha.$$

代入式(6)，有

$$\delta^2 S = \sum_{\alpha=1,\ 2} n_\alpha (\delta p^\alpha \delta V_{\mathrm{m}}^\alpha - \delta T^\alpha \delta S_{\mathrm{m}}^\alpha) + \sum_{\alpha=1,\ 2} \delta n_\alpha (V_{\mathrm{m}}^\alpha \delta p^\alpha - S_{\mathrm{m}}^\alpha \delta T^\alpha - \delta\mu^\alpha) < 0. \tag{7}$$

化学势的全微分等于

$$\mathrm{d}\mu = -S_{\mathrm{m}} \mathrm{d}T + V_{\mathrm{m}} \mathrm{d}p.$$

所以式(7)的最后一项为零．系统的平衡稳定性与 n^α 的数值无关，式(7)要求

$$\delta p^\alpha \delta V_m^\alpha - \delta T^\alpha \delta S_m^\alpha < 0, \qquad \alpha = 1,\ 2. \tag{8}$$

或

$$\delta p^\alpha \delta V^\alpha - \delta T^\alpha \delta S^\alpha < 0, \qquad \alpha = 1,\ 2. \tag{9}$$

由不等式(9)导出平衡稳定条件与 3-5 题相同，此处不再重复．

3-9 （原 3.9 题）

等温等压下两相共存时，两相系统的定压热容 $C_p = T\left(\frac{\partial S}{\partial T}\right)_p$，体胀系数 $\alpha = \frac{1}{V}\left(\frac{\partial V}{\partial T}\right)_p$ 和等温压缩系数 $\kappa_T = -\frac{1}{V}\left(\frac{\partial V}{\partial p}\right)_T$ 均趋于无穷，试加以说明．

解　我们知道，两相平衡共存时，两相的温度、压强和化学势必须相等．如果在平衡压强下，令两相系统准静态地从外界吸取热量，物质将从比熵较低的相准静态地转移到比熵较高的相，过程中温度保持为平衡温度不变．两相系统吸取热量而温度不变表明它的

(定压)热容 C_p 趋于无穷．在上述过程中两相系统的体积也将发生变化而温度保持不变，说明两相系统的体胀系数 $\alpha=\frac{1}{V}\left(\frac{\partial V}{\partial T}\right)_p$ 也趋于无穷．如果在平衡温度下，以略高(相差无穷小)于平衡压强的压强准静态地施加于两相系统，物质将准静态地从比体积较高的相转移到比体积较低的相，使两相系统的体积发生改变．无穷小的压强导致有限的体积变化说明，两相系统的等温压缩系数 $\kappa_T=-\frac{1}{V}\left(\frac{\partial V}{\partial p}\right)_T$ 也趋于无穷．

3-10 (原 3.10 题)

试证明在相变中物质摩尔内能的变化为

$$\Delta U_{\mathrm{m}}=L\left(1-\frac{p}{T}\frac{\mathrm{d}T}{\mathrm{d}p}\right).$$

如果一相是气相，可看作理想气体，另一相是凝聚相，试将公式化简．

解 物质发生相变由一相转变到另一相时，其摩尔内能 U_{m}，摩尔焓 H_{m} 和摩尔体积 V_{m} 的改变满足

$$\Delta U_{\mathrm{m}}=\Delta H_{\mathrm{m}}-p\Delta V_{\mathrm{m}}. \tag{1}$$

平衡相变是在确定的温度和压强下发生的，相变中摩尔焓的变化等于物质在相变过程中吸收的热量，即相变潜热 L：

$$\Delta H_{\mathrm{m}}=L. \tag{2}$$

克拉珀龙方程[式(3.4.6)]给出

$$\frac{\mathrm{d}p}{\mathrm{d}T}=\frac{L}{T\Delta V_{\mathrm{m}}}, \tag{3}$$

即

$$\Delta V_{\mathrm{m}}=\frac{L}{T}\frac{\mathrm{d}T}{\mathrm{d}p}. \tag{4}$$

将式(2)和式(4)代入式(1)，即有

$$\Delta U_{\mathrm{m}}=L\left(1-\frac{p}{T}\frac{\mathrm{d}T}{\mathrm{d}p}\right). \tag{5}$$

如果一相是气体，可以看作理想气体，另一相是凝聚相，其摩尔体积远小于气相的摩尔体积，则克拉珀龙方程简化为

$$\frac{\mathrm{d}p}{\mathrm{d}T}=\frac{Lp}{RT^2}. \tag{6}$$

式(5)简化为

$$\Delta U_{\mathrm{m}}=L\left(1-\frac{RT}{L}\right). \tag{7}$$

3-11 (原 3.11 题)

在三相点附近，固态氨的蒸气压方程为

$$\ln p = 27.92 - \frac{3\ 754}{T}. \quad (\text{SI 单位})$$

液态氨的蒸气压方程为

$$\ln p = 24.38 - \frac{3\ 063}{T}. \quad (\text{SI 单位})$$

试求氨三相点的温度和压强，氨的汽化热、升华热及在三相点的熔解热.

解 固态氨的蒸气压方程是固相与气相的两相平衡曲线，液态氨的蒸气压方程是液相与气相的两相平衡曲线. 三相点的温度 T_t 可由两条相平衡曲线的交点确定:

$$27.92 - \frac{3\ 754}{T_t} = 24.38 - \frac{3\ 063}{T_t}, \quad (\text{SI 单位}) \tag{1}$$

由此解出

$$T_t = 195.2\ \text{K}.$$

将 T_t 代入所给蒸气压方程，可得

$$p_t = 5\ 934\ \text{Pa}.$$

将所给蒸气压方程与式(3.4.8)

$$\ln p = -\frac{L}{RT} + A \tag{2}$$

比较，可以求得

$$L_{升} = 3.120 \times 10^4\ \text{J},$$

$$L_{汽} = 2.547 \times 10^4\ \text{J}.$$

氨在三相点的熔解热 $L_{熔}$ 等于

$$L_{熔} = L_{升} - L_{汽} = 0.573 \times 10^4\ \text{J}.$$

3-12 (原 3.12 题)

C_α^β 表示在维持 β 相与 α 相两相平衡的条件下 1 mol β 相物质升高 1 K 所吸收的热量，称为 β 相的两相平衡摩尔热容，试证明:

$$C_\alpha^\beta = C_p^\beta - \frac{L}{V_m^\beta - V_m^\alpha}\left(\frac{\partial V_m^\beta}{\partial T}\right)_p.$$

如果 β 相是气相，可看作理想气体，α 相是凝聚相，上式可简化为

$$C_\alpha^\beta = C_p^\beta - \frac{L}{T},$$

并说明为什么饱和蒸汽的热容有可能是负的.

解 根据式(1.14.4)，在维持 β 相与 α 相两相平衡的条件下，使 1 mol β 相物质升高 1 K 所吸收的热量 C_α^β 为

$$C_\alpha^\beta = T\left(\frac{\mathrm{d}S_m^\beta}{\mathrm{d}T}\right) = T\left(\frac{\partial S_m^\beta}{\partial T}\right)_p + T\left(\frac{\partial S_m^\beta}{\partial p}\right)_T \frac{\mathrm{d}p}{\mathrm{d}T}. \tag{1}$$

式(2.2.8)和式(2.2.4)给出

$$T\left(\frac{\partial S_m^\beta}{\partial T}\right)_p=C_p^\beta,$$

$$\left(\frac{\partial S_m^\beta}{\partial p}\right)_T=-\left(\frac{\partial V_m^\beta}{\partial T}\right)_p. \tag{2}$$

代入式(1)可得

$$C_\alpha^\beta=C_p^\beta-T\left(\frac{\partial V_m^\beta}{\partial T}\right)_p\frac{\mathrm{d}p}{\mathrm{d}T}. \tag{3}$$

将克拉珀龙方程代入，可将式(3)表示为

$$C_\alpha^\beta=C_p^\beta-\frac{L}{V_m^\beta-V_m^\alpha}\left(\frac{\partial V_m^\beta}{\partial T}\right)_p. \tag{4}$$

如果 β 相是气相，可看作理想气体，α 相是凝聚相，$V_m^\alpha \ll V_m^\beta$，在式(4)中略去 V_m^α，且令 $pV_m^\beta=RT$，式(4)可简化为

$$C_\alpha^\beta=C_p^\beta-\frac{L}{T}. \tag{5}$$

C_α^β是饱和蒸汽的热容．由式(5)可知，当 $C_p^\beta<\frac{L}{T}$时，C_α^β是负的．

3-13 (原 3.13 题)

试证明，相变潜热随温度的变化率为

$$\frac{\mathrm{d}L}{\mathrm{d}T}=C_p^\beta-C_p^\alpha+\frac{L}{T}-\left[\left(\frac{\partial V_m^\beta}{\partial T}\right)_p-\left(\frac{\partial V_m^\alpha}{\partial T}\right)_p\right]\frac{L}{V_m^\beta-V_m^\alpha}.$$

如果 β 相是气相，α 相是凝聚相，试证明上式可简化为

$$\frac{\mathrm{d}L}{\mathrm{d}T}=C_p^\beta-C_p^\alpha.$$

解 物质在平衡相变中由 α 相转变为 β 相时，相变潜热 L 等于两相摩尔焓之差：

$$L=H_m^\beta-H_m^\alpha. \tag{1}$$

相变潜热随温度的变化率为

$$\frac{\mathrm{d}L}{\mathrm{d}T}=\left(\frac{\partial H_m^\beta}{\partial T}\right)_p+\left(\frac{\partial H_m^\beta}{\partial p}\right)_T\frac{\mathrm{d}p}{\mathrm{d}T}-\left(\frac{\partial H_m^\alpha}{\partial T}\right)_p-\left(\frac{\partial H_m^\alpha}{\partial p}\right)_T\frac{\mathrm{d}p}{\mathrm{d}T}. \tag{2}$$

式(2.2.8)和式(2.2.10)给出

$$C_p=\left(\frac{\partial H}{\partial T}\right)_p,$$

$$\left(\frac{\partial H}{\partial p}\right)_T=V-T\left(\frac{\partial V}{\partial T}\right)_p, \tag{3}$$

所以

$$\frac{\mathrm{d}L}{\mathrm{d}T}=C_p^\beta-C_p^\alpha+(V_m^\beta-V_m^\alpha)\frac{\mathrm{d}p}{\mathrm{d}T}-$$
$$T\left[\left(\frac{\partial V_m^\beta}{\partial T}\right)_p-\left(\frac{\partial V_m^\alpha}{\partial T}\right)_p\right]\frac{\mathrm{d}p}{\mathrm{d}T}.$$

将式中的$\dfrac{dp}{dT}$用克拉珀龙方程(3.4.6)代入，可得

$$\frac{dL}{dT}=C_p^{\beta}-C_p^{\alpha}+\frac{L}{T}-\left[\left(\frac{\partial V_m^{\beta}}{\partial T}\right)_p-\left(\frac{\partial V_m^{\alpha}}{\partial T}\right)_p\right]\frac{L}{V_m^{\beta}-V_m^{\alpha}}, \tag{4}$$

这是相变潜热随温度变化的公式.

如果β相是气相，α相是凝聚相，那么略去V_m^{α}和$\left(\dfrac{\partial V_m^{\alpha}}{\partial T}\right)_p$，并利用$pV_m^{\beta}=RT$，可将式(4)简化为

$$\frac{dL}{dT}=C_p^{\beta}-C_p^{\alpha}. \tag{5}$$

3-14 (原3.14题)

根据式(3.4.7)，利用上题的结果计及潜热L是温度的函数，但假设温度的变化范围不大，定压热容可以看作常量，试证明蒸气压方程可以表示为

$$\ln p=A-\frac{B}{T}+C\ln T.$$

解 式(3.4.7)给出了蒸气与凝聚相两相平衡曲线斜率的近似表达式

$$\frac{1}{p}\frac{dp}{dT}=\frac{L}{RT^2}. \tag{1}$$

一般来说，式中的相变潜热L是温度的函数．习题3-13式(5)给出

$$\frac{dL}{dT}=C_p^{\beta}-C_p^{\alpha}. \tag{2}$$

在定压热容看作常量的近似下，将式(2)积分可得

$$L=L_0+(C_p^{\beta}-C_p^{\alpha})T, \tag{3}$$

代入式(1)，得

$$\frac{1}{p}\frac{dp}{dT}=\frac{L_0}{RT^2}+\frac{C_p^{\beta}-C_p^{\alpha}}{RT}, \tag{4}$$

积分，即有

$$\ln p=A-\frac{B}{T}+C\ln T, \tag{5}$$

其中$B=\dfrac{L_0}{R}$，$C=\dfrac{C_p^{\beta}-C_p^{\alpha}}{R}$，$A$是积分常量.

3-15 (原3.15题)

蒸气与液相达到平衡．以$\dfrac{dV_m}{dT}$表示在维持两相平衡的条件下，蒸气体积随温度的变化率．试证明蒸气的两相平衡膨胀系数为

$$\frac{1}{V_m}\frac{dV_m}{dT}=\frac{1}{T}\left(1-\frac{L}{RT}\right).$$

解 蒸气的两相平衡膨胀系数为

$$\frac{1}{V_m}\frac{dV_m}{dT}=\frac{1}{V_m}\left[\left(\frac{\partial V_m}{\partial T}\right)_p+\left(\frac{\partial V_m}{\partial p}\right)_T\frac{dp}{dT}\right]. \tag{1}$$

将蒸气看作理想气体，$pV_m=RT$，则有

$$\begin{aligned}\frac{1}{V_m}\left(\frac{\partial V_m}{\partial T}\right)_p&=\frac{1}{T},\\ \frac{1}{V_m}\left(\frac{\partial V_m}{\partial p}\right)_T&=-\frac{1}{p}.\end{aligned} \tag{2}$$

在克拉珀龙方程中略去液相的摩尔体积，因而有

$$\frac{dp}{dT}=\frac{L}{TV_m}=\frac{Lp}{RT^2}. \tag{3}$$

将式(2)和式(3)代入式(1)，即有

$$\frac{1}{V_m}\frac{dV_m}{dT}=\frac{1}{T}\left(1-\frac{L}{RT}\right). \tag{4}$$

3-16 （原 3.16 题）

将范氏气体在不同温度下的等温线的极大点 N 与极小点 J 连起来，可以得到一条曲线 NCJ，如图 3-1 所示．试证明这条曲线的方程为

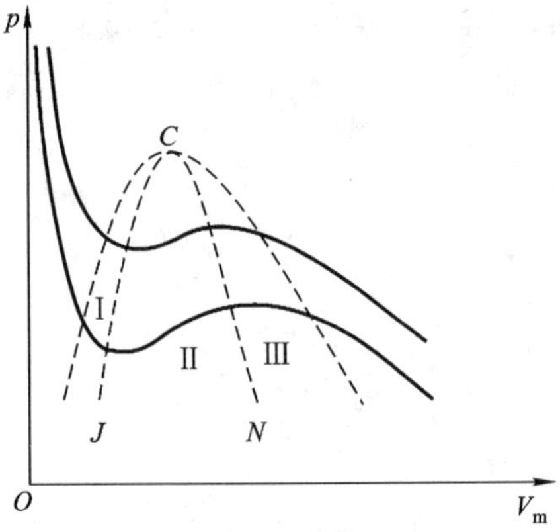

图 3-1

$$pV_m^3=a(V_m-2b),$$

并说明这条曲线划分出来的三个区域Ⅰ、Ⅱ、Ⅲ的含义．

解 范德瓦耳斯用他的方程统一地描述气液两相及其相互转变．将范德瓦耳斯方程

$$p=\frac{RT}{V_m-b}-\frac{a}{V_m^2} \tag{1}$$

求对 V_m 的偏导数得

$$\left(\frac{\partial p}{\partial V_m}\right)_T=-\frac{RT}{(V_m-b)^2}+\frac{2a}{V_m^3}. \tag{2}$$

等温线的极大点 N 与极小点 J 满足

$$\left(\frac{\partial p}{\partial V_{\mathrm{m}}}\right)_T=0,$$

即

$$\frac{RT}{(V_{\mathrm{m}}-b)^2}=\frac{2a}{V_{\mathrm{m}}^3},$$

或

$$\frac{RT}{(V_{\mathrm{m}}-b)}=\frac{2a}{V_{\mathrm{m}}^3}(V_{\mathrm{m}}-b). \tag{3}$$

将式(3)与式(1)联立，即有

$$p=\frac{2a}{V_{\mathrm{m}}^3}(V_{\mathrm{m}}-b)-\frac{a}{V_{\mathrm{m}}^2},$$

或

$$\begin{aligned} pV_{\mathrm{m}}^3&=2a(V_{\mathrm{m}}-b)-aV_{\mathrm{m}}\\ &=a(V_{\mathrm{m}}-2b). \end{aligned} \tag{4}$$

式(4)就是曲线 NCJ 的方程.

图中Ⅰ、Ⅱ、Ⅲ三个区域中的各点，两相共存的状态化学势最低、是稳定的平衡状态. 不过在区域Ⅰ、Ⅲ的各点，范德瓦耳斯方程仍满足平衡稳定性 $\left(\frac{\partial V_{\mathrm{m}}}{\partial p}\right)_T<0$ 的要求，虽然化学势较高，仍可作为亚稳态(过热液体、过饱和蒸气)单相存在. 点 C 相应于气液不分的临界态. 区域Ⅱ中的各点(除 C 点外)，范德瓦耳斯方程不满足平衡稳定性的要求，流体不可能单相存在而必将发生相变、平衡时只能处在两相共存的状态.

3-17 (原3.17题)

证明半径为 r 的肥皂泡的内压与外压之差为 $\frac{4\sigma}{r}$.

解 以 p^{β} 表示肥皂泡外气体的压强，p^{γ} 表示泡内气体的压强，p^{α} 表示肥皂液的压强，根据曲面分界的力学平衡条件[式(3.6.6)],有

$$p^{\alpha}=p^{\beta}+\frac{2\sigma}{r}, \tag{1}$$

$$p^{\gamma}=p^{\alpha}+\frac{2\sigma}{r}, \tag{2}$$

式中 σ 是肥皂液的表面张力系数，r 是肥皂泡的半径. 肥皂泡很薄，可以认为泡内外表面的半径都是 r. 从两式中消去 p^{α}，即有

$$p^{\gamma}-p^{\beta}=\frac{4\sigma}{r}. \tag{3}$$

3-18 （原 3.18 题）

证明在曲面分界面的情形下，相变潜热为

$$L=T(S_m^\beta-S_m^\alpha)=H_m^\beta-H_m^\alpha.$$

解 以上标 α 和 β 表示两相．在曲面分界的情形下，热平衡条件仍为两相的温度相等，即

$$T^\alpha=T^\beta=T. \tag{1}$$

当物质在平衡温度下从 α 相转变到 β 相时，根据式(1.14.4)，相变潜热为

$$L=T(S_m^\beta-S_m^\alpha). \tag{2}$$

相平衡条件是两相的化学势相等，即

$$\mu^\alpha(T,\ p^\alpha)=\mu^\beta(T,\ p^\beta). \tag{3}$$

根据化学势的定义

$$\mu=U_m-TS_m+pV_m,$$

式(3)可表示为

$$U_m^\alpha-TS_m^\alpha+p^\alpha V_m^\alpha=U_m^\beta-TS_m^\beta+p^\beta V_m^\beta,$$

因此

$$\begin{aligned}L&=T(S_m^\beta-S_m^\alpha)\\&=U_m^\beta+p^\beta V_m^\beta-(U_m^\alpha+p^\alpha V_m^\alpha)\\&=H_m^\beta-H_m^\alpha.\end{aligned} \tag{4}$$

3-19 （原 3.19 题）

证明埃伦菲斯特公式：

$$\frac{\mathrm{d}p}{\mathrm{d}T}=\frac{\alpha^{(2)}-\alpha^{(1)}}{\kappa_T^{(2)}-\kappa_T^{(1)}},$$

$$\frac{\mathrm{d}p}{\mathrm{d}T}=\frac{C_p^{(2)}-C_p^{(1)}}{TV(\alpha^{(2)}-\alpha^{(1)})}.$$

解 根据埃伦菲斯特对相变的分类，二级相变在相变点的化学势和化学势的一阶偏导数连续，但化学势的二阶偏导数存在突变．因此，二级相变没有相变潜热和体积突变，在相变点两相的比熵和比体积相等．在邻近的两个相变点$(T,\ p)$和$(T+\mathrm{d}T,\ p+\mathrm{d}p)$，两相的比熵和比体积的变化也相等，即

$$\mathrm{d}v^{(1)}=\mathrm{d}v^{(2)}, \tag{1}$$

$$\mathrm{d}s^{(1)}=\mathrm{d}s^{(2)}. \tag{2}$$

但

$$\begin{aligned}\mathrm{d}v&=\left(\frac{\partial v}{\partial T}\right)_p\mathrm{d}T+\left(\frac{\partial v}{\partial p}\right)_T\mathrm{d}p\\&=\alpha v\mathrm{d}T-\kappa v\mathrm{d}p.\end{aligned}$$

由于在相变点 $v^{(1)}=v^{(2)}$，所以式(1)给出

$$\alpha^{(1)}\mathrm{d}T-\kappa_T^{(1)}\mathrm{d}p=\alpha^{(2)}\mathrm{d}T-\kappa_T^{(2)}\mathrm{d}p,$$

即

$$\frac{\mathrm{d}p}{\mathrm{d}T}=\frac{\alpha^{(2)}-\alpha^{(1)}}{\kappa_T^{(2)}-\kappa_T^{(1)}}. \tag{3}$$

同理，有

$$\begin{aligned}\mathrm{d}s&=\left(\frac{\partial s}{\partial T}\right)_p\mathrm{d}T+\left(\frac{\partial s}{\partial p}\right)_T\mathrm{d}p\\&=\frac{C_p}{T}\mathrm{d}T-\left(\frac{\partial v}{\partial T}\right)_p\mathrm{d}p\\&=\frac{C_p}{T}\mathrm{d}T-\alpha v\mathrm{d}p.\end{aligned}$$

所以式(2)给出

$$\frac{C_p^{(1)}}{T}\mathrm{d}T-v^{(1)}\alpha^{(1)}\mathrm{d}p=\frac{C_p^{(2)}}{T}\mathrm{d}T-v^{(2)}\alpha^{(2)}\mathrm{d}p,$$

即

$$\frac{\mathrm{d}p}{\mathrm{d}T}=\frac{C_p^{(2)}-C_p^{(1)}}{Tv(\alpha^{(2)}-\alpha^{(1)})}, \tag{4}$$

式中 $v=v^{(2)}=v^{(1)}$. 式(3)和式(4)给出二级相变点压强随温度变化的斜率，称为埃伦菲斯特方程.

3-20 （原 3.20 题）

试根据朗道理论导出单轴铁磁体的熵函数在无序相和有序相的表达式并证明熵函数在临界点是连续的.

解 根据朗道理论，稳定平衡态相应于朗道自由能的极小值. 式(3.9.8a)和式(3.9.8b)已给出无序相($T>T_C$)和有序相($T<T_C$)的自由能为

$$\begin{aligned}F&=F_0, \quad T>T_C,\\F&=F_0-\frac{a^2}{4b}, \quad T<T_C,\end{aligned} \tag{1}$$

根据式(2.1.8)，$S=-\left(\frac{\partial F}{\partial T}\right)_V$. 所以对于 $T>T_C$ 的无序相

$$S=-\left(\frac{\partial F_0}{\partial T}\right)_V=S_0. \tag{2}$$

对于 $T<T_C$ 的有序相，

$$\begin{aligned}S&=S_0+\frac{\partial}{\partial T}\frac{a^2}{4b}=S_0+\frac{\partial}{\partial T}\frac{a_0^2(T-T_C)^2}{4bT_C^2}\\&=S_0+\frac{1}{2}\frac{a_0^2(T-T_C)}{bT_C^2}.\end{aligned} \tag{3}$$

在 $T=T_C$ 处，两相的熵函数是连续的.

3-21 （原 3.21 题）

承前 2-20 题．假设外磁场十分弱，朗道自由能式(3.9.1)仍近似适用．试导出无序相和有序相的 $C_{\mathscr{H}}-C_{\mathscr{M}}$.

解 在习题 2-20 中已求得

$$C_{\mathscr{H}}-C_{\mathscr{M}}=\mu_0 T\left(\frac{\partial \mathscr{H}}{\partial T}\right)_{\mathscr{M}}^2 \chi. \tag{1}$$

在外磁场足够弱，朗道自由能的表达式仍近似适用的情形下，由式(3.9.11)可得

$$\mu_0 \mathscr{H}=a\mathscr{M}+b\mathscr{M}^3. \tag{2}$$

将上式求对 T 的偏导数($\mathscr{M}$ 不变)，可得

$$\left(\frac{\partial \mathscr{H}}{\partial T}\right)_{\mathscr{M}}=\frac{a_0}{\mu_0 T_{\mathrm{C}}}\mathscr{M}.$$

所以

$$C_{\mathscr{H}}-C_{\mathscr{M}}=T\frac{a_0^2\mathscr{M}^2}{\mu_0 T_{\mathrm{C}}^2}\chi. \tag{3}$$

在外磁场很弱的情形下，无序相的 $\mathscr{M}\approx 0$. 所以

$$C_{\mathscr{H}}-C_{\mathscr{M}}=0, \qquad T>T_{\mathrm{C}}. \tag{4}$$

对于有序相，根据式(3.9.4)—式(3.9.6)和式(3.9.12)，$\mathscr{M}^2=\dfrac{a_0(T_{\mathrm{C}}-T)}{bT_{\mathrm{C}}}$，$\chi=\dfrac{\mu_0}{2a_0}\dfrac{T_{\mathrm{C}}}{T_{\mathrm{C}}-T}$，故

$$C_{\mathscr{H}}-C_{\mathscr{M}}=\frac{a_0^2 T}{2bT_{\mathrm{C}}^2}, \qquad T<T_{\mathrm{C}}. \tag{5}$$

第四章　多元系的复相平衡和化学平衡　热力学第三定律

4-1　(原 4.1 题)

若将 U 看作独立变量 T, V, n_1, $\cdots$, n_k 的函数，试证明：

(a) $U=\sum_i n_i\frac{\partial U}{\partial n_i}+V\frac{\partial U}{\partial V}$;

(b) $u_i=\frac{\partial U}{\partial n_i}+v_i\frac{\partial U}{\partial V}$.

解　(a) 多元系的内能 $U=U(T, V, n_1, \cdots, n_k)$ 是变量 V, n_1, $\cdots$, n_k 的一次齐函数．根据欧拉定理[式(4.1.4)]，有

$$U=\sum_i n_i\left(\frac{\partial U}{\partial n_i}\right)_{T,V,n_j}+V\frac{\partial U}{\partial V},\tag{1}$$

式中偏导数的 n_i 指全部 k 个组元，下标 n_j 指除 i 组元外的其他全部组元．

(b) 式(4.1.7)已给出

$$V=\sum_i n_i v_i,$$

$$U=\sum_i n_i u_i,\tag{2}$$

其中 $v_i=\left(\frac{\partial V}{\partial n_i}\right)_{T,p,n_j}$, $u_i=\left(\frac{\partial U}{\partial n_i}\right)_{T,p,n_j}$ 是偏摩尔体积和偏摩尔内能．将式(2)代入式(1)，有

$$\sum_i n_i u_i=\sum_i n_i v_i\left(\frac{\partial U}{\partial V}\right)_{T,n_i}+\sum_i n_i\left(\frac{\partial U}{\partial n_i}\right)_{T,V,n_j}.\tag{3}$$

上式对 n_i 的任意取值都成立，故有

$$u_i=v_i\left(\frac{\partial U}{\partial V}\right)_{T,n_i}+\left(\frac{\partial U}{\partial n_i}\right)_{T,V,n_j}.\tag{4}$$

4-2　(原 4.2 题)

证明 $\mu_i(T, p, n_1, \cdots, n_k)$ 是 n_1, $\cdots$, n_k 的零次齐函数

$$\sum_j n_j\left(\frac{\partial \mu_i}{\partial n_j}\right)=0.$$

解　根据式(4.1.9)，化学势 μ_i 是 i 组元的偏摩尔吉布斯函数

$$\mu_i=\left(\frac{\partial G}{\partial n_i}\right)_{T,p,n_j}.\tag{1}$$

G 是广延量，是 n_1, $\cdots$, n_k 的一次齐函数，即

$$G(T, p, \lambda n_1, \cdots, \lambda n_k)=\lambda G(T, p, n_1, \cdots, n_k). \tag{2}$$

将上式对 λ 求导，有

$$\begin{aligned}
\text{左方} &= \frac{\partial}{\partial \lambda} G(T, p, \lambda n_1, \cdots, \lambda n_k) \\
&= \sum_i \frac{\partial}{\partial(\lambda n_i)} G(T, p, \lambda n_1, \cdots, \lambda n_k) \frac{\partial}{\partial \lambda}(\lambda n_i) \\
&= \sum_i n_i \frac{\partial}{\partial(\lambda n_i)} G(T, p, \lambda n_1, \cdots, \lambda n_k) \\
&= \sum_i n_i \mu_i(T, p, \lambda n_1, \cdots, \lambda n_k),
\end{aligned} \tag{3}$$

$$\begin{aligned}
\text{右方} &= \frac{\partial}{\partial \lambda}[\lambda G(T, p, n_1, \cdots, n_k)] \\
&= G(T, p, n_1, \cdots, n_k) \\
&= \sum_i n_i \mu_i(T, p, n_1, \cdots, n_k).
\end{aligned} \tag{4}$$

令式(3)与式(4)相等，比较可知

$$\mu_i(T, p, \lambda n_1, \cdots, \lambda n_k)=\mu_i(T, p, n_1, \cdots, n_k). \tag{5}$$

上式说明 μ_i 是 n_1，…，n_k 的零次齐函数．根据欧拉定理[式(4.1.4)]，有

$$\sum_j n_j\left(\frac{\partial \mu_i}{\partial n_j}\right)=0. \tag{6}$$

4-3 （原 4.3 题）

二元理想溶液具有下列形式的化学势：

$$\mu_1=g_1(T, p)+RT\ln x_1,$$
$$\mu_2=g_2(T, p)+RT\ln x_2,$$

其中 $g_i(T, p)$ 为纯 i 组元的化学势，x_i 是溶液中 i 组元的摩尔分数．当物质的量分别为 n_1、n_2 的两种纯液体在等温等压下合成理想溶液时，试证明混合前后

(a) 吉布斯函数的变化为

$$\Delta G=RT(n_1\ln x_1+n_2\ln x_2).$$

(b) 体积不变，即 $\Delta V=0$.

(c) 熵变 $\Delta S=-R(n_1\ln x_1+n_2\ln x_2)$.

(d) 焓变 $\Delta H=0$，因而没有混合热．

(e) 问混合前后内能的变化为多少？

解 (a) 吉布斯函数是广延量，具有相加性．混合前两纯液体的吉布斯函数为

$$G_0(T, p)=n_1g_1(T, p)+n_2g_2(T, p). \tag{1}$$

根据式(4.1.8)，混合后理想溶液的吉布斯函数为

$$\begin{aligned}
G(T, p) &= n_1\mu_1(T, p)+n_2\mu_2(T, p) \\
&= n_1g_1(T, p)+n_1RT\ln x_1+ \\
&\quad n_2g_2(T, p)+n_2RT\ln x_2.
\end{aligned} \tag{2}$$

混合前后吉布斯函数的变化为

$$\Delta G = G(T, p) - G_0(T, p) = RT(n_1 \ln x_1 + n_2 \ln x_2), \tag{3}$$

其中 $x_1=\dfrac{n_1}{n_1+n_2}$，$x_2=\dfrac{n_2}{n_1+n_2}$分别是溶液中组元 1，2 的摩尔分数．

（b）根据式(4.1.10)，混合前后体积的变化为

$$\Delta V=\left(\frac{\partial}{\partial p}\Delta G\right)_{T,n_1,n_2}=0. \tag{4}$$

（c）根据式(4.1.10)，混合前后熵的变化为

$$\Delta S = -\left(\frac{\partial}{\partial T}\Delta G\right)_{p,n_1,n_2} = -R(n_1 \ln x_1 + n_2 \ln x_2). \tag{5}$$

注意 x_1和 x_2都小于 1，故 $\Delta S>0$，混合后熵增加了．

（d）根据焓的定义 $H=G+TS$，将式(3)和式(5)代入，可知混合前后焓的变化为

$$\Delta H=\Delta G+T\Delta S=0. \tag{6}$$

混合是在恒温恒压下进行的．在等压过程中系统吸收的热量等于焓的增加值，式(6)表明混合过程没有混合热．

对于最后一问，内能 $U=H-pV$. 将式(6)和式(4)代入，可知混合前后内能的变化为

$$\Delta U=\Delta H-p\Delta V=0. \tag{7}$$

4-4（原 4.4 题）

理想溶液中各组元的化学势为

$$\mu_i=g_i(T, p)+RT\ln x_i.$$

（a）假设溶质是非挥发性的．试证明，当溶液与溶剂的蒸气达到平衡时，相平衡条件为

$$g_1'=g_1+RT\ln(1-x),$$

其中 g_1'是蒸气的摩尔吉布斯函数，g_1是纯溶剂的摩尔吉布斯函数，x 是溶质在溶液中的摩尔分数．

（b）求证：在一定温度下，溶剂的饱和蒸气压随溶质浓度的变化率为

$$\left(\frac{\partial p}{\partial x}\right)_T=-\frac{p}{1-x}.$$

（c）证明将上式积分，得

$$p_x=p_0(1-x),$$

其中 p_0是该温度下纯溶剂的饱和蒸气压，p_x是溶质浓度为 x 时的饱和蒸气压．上式表明，溶剂饱和蒸气压的降低与溶质的摩尔分数成正比．该公式称为拉乌定律．

解（a）溶液只含一种溶质．以 x 表示溶质在液相的摩尔分数，则溶剂在液相的摩尔分数为 $1-x$. 根据式(4.6.17)，溶剂在液相的化学势 μ_1为

$$\mu_1(T, p, x)=g_1(T, p)+RT\ln(1-x). \tag{1}$$

在溶质是非挥发性的情形下，气相只含溶剂的蒸气，其化学势为

$$\mu_1'(T,\ p)=g_1'(T,\ p). \tag{2}$$

平衡时溶剂在气液两相的化学势应相等，即

$$\mu_1(T,\ p,\ x)=\mu_1'(T,\ p). \tag{3}$$

将式(1)和式(2)代入，得

$$g_1(T,\ p)+RT\ln(1-x)=g_1'(T,\ p), \tag{4}$$

式中已根据热学平衡和力学平衡条件令两相具有相同的温度 T 和压强 p. 式(4)表明，在 T、p、x 三个变量中只有两个独立变量，这是符合吉布斯相律的.

(b) 令 T 保持不变，对式(4)求微分，得

$$\left(\frac{\partial g_1}{\partial p}\right)_T \mathrm{d}p-\frac{RT}{1-x}\mathrm{d}x=\left(\frac{\partial g_1'}{\partial p}\right)_T \mathrm{d}p. \tag{5}$$

根据式(3.2.1)，$\left(\frac{\partial g}{\partial p}\right)_T=V_{\mathrm{m}}$，所以式(5)可以表示为

$$(V_{\mathrm{m}}'-V_{\mathrm{m}})\mathrm{d}p=-\frac{RT}{1-x}\mathrm{d}x, \tag{6}$$

其中 V_{m}' 和 V_{m} 分别是溶剂气相和液相的摩尔体积. 由于 $V_{\mathrm{m}}'\gg V_{\mathrm{m}}$，略去 V_{m}，并假设溶剂蒸气是理想气体，

$$pV_{\mathrm{m}}'=RT,$$

可得

$$\left(\frac{\partial p}{\partial x}\right)_T=-\frac{RT}{(1-x)V_{\mathrm{m}}'}=-\frac{p}{1-x}. \tag{7}$$

(c) 将上式改写为

$$\frac{\mathrm{d}p}{p}=-\frac{\mathrm{d}x}{1-x}. \tag{8}$$

在固定温度下对上式积分，可得

$$p_x=p_0(1-x), \tag{9}$$

式中 p_0是该温度下纯溶剂的饱和蒸气压，p_x是溶质浓度为 x 时溶剂的饱和蒸气压. 式(9)表明，溶剂饱和蒸气压的降低与溶质浓度成正比.

4-5 (原 4.5 题)

承前 4-4 题.

(a) 试证明，在一定压强下溶剂沸点随溶质浓度的变化率为

$$\left(\frac{\partial T}{\partial x}\right)_p=\frac{RT^2}{L(1-x)},$$

其中 L 为纯溶剂的汽化热.

(b) 假设 $x\ll 1$. 试证明，溶液沸点升高与溶质在溶液中的浓度成正比，即

$$\Delta T=\frac{RT^2}{L}x.$$

解 (a) 习题 4-4 式(4)给出溶液与溶剂蒸气达到平衡的平衡条件：

$$g_1(T,\ p)+RT\ln(1-x)=g_1'(T,\ p),\tag{1}$$

式中 g_1 和 g_1' 是纯溶剂液相和气相的摩尔吉布斯函数，x 是溶质在溶液中的摩尔分数．令压强保持不变，对式(1)求微分，有

$$\left(\frac{\partial g_1}{\partial T}\right)_p \mathrm{d}T+R\ln(1-x)\,\mathrm{d}T-\frac{RT}{1-x}\mathrm{d}x=\left(\frac{\partial g_1'}{\partial T}\right)_p \mathrm{d}T.\tag{2}$$

根据式(3.2.1)，有

$$\left(\frac{\partial g}{\partial T}\right)_p=-S_{\mathrm{m}},$$

所以式(2)可以改写为

$$\frac{RT}{1-x}\mathrm{d}x=[S_{\mathrm{m}}'-S_{\mathrm{m}}+R\ln(1-x)]\,\mathrm{d}T.\tag{3}$$

利用式(1)可将上式表示为

$$\begin{aligned}\frac{RT}{1-x}\mathrm{d}x&=\left[\frac{g_1'+TS_{\mathrm{m}}'-(g_1+TS_{\mathrm{m}})}{T}\right]\mathrm{d}T\\&=\frac{H_{\mathrm{m}}'-H_{\mathrm{m}}}{T}\mathrm{d}T,\end{aligned}\tag{4}$$

其中 $H_{\mathrm{m}}=g+TS_{\mathrm{m}}$ 是摩尔焓．由式(4)可得

$$\left(\frac{\partial T}{\partial x}\right)_p=\frac{RT^2}{1-x}\cdot\frac{1}{H_{\mathrm{m}}'-H_{\mathrm{m}}}=\frac{RT^2}{1-x}\cdot\frac{1}{L},\tag{5}$$

式中 $L=H_{\mathrm{m}}'-H_{\mathrm{m}}$ 是纯溶剂的汽化热．

(b) 将式(5) 改写为

$$-\frac{\mathrm{d}T}{T^2}=\frac{R}{L}\,\frac{\mathrm{d}(1-x)}{1-x}.\tag{6}$$

在固定压强下对上式积分，可得

$$\frac{1}{T}-\frac{1}{T_0}=\frac{R}{L}\ln(1-x),\tag{7}$$

式中 T 是溶质浓度为 x 时溶液的沸点，T_0 是纯溶剂的沸点．在稀溶液 $x\ll1$ 的情形下，有

$$\ln(1-x)\approx x,$$

$$\frac{1}{T}-\frac{1}{T_0}=\frac{-(T-T_0)}{T_0T}\approx\frac{-\Delta T}{T^2},$$

式(7)可近似为

$$\Delta T=\frac{RT^2}{L}x.\tag{8}$$

上式意味着，在固定压强下溶液的沸点高于纯溶剂的沸点，二者之差与溶质在溶液中的浓度成正比．

4-6 （原4.6题）

如图4-1所示，开口玻璃管底端有半透膜将管中糖的水溶液与容器内的水隔开．半透膜只让水透过，不让糖透过．实验发现，糖水溶液的液面比容器内的水面上升一个高度 h，表明糖水溶液的压强 p 与水的压强 p_0 之差为

$$p-p_0=\rho gh.$$

这一压强差称为渗透压．试证明，糖水与水达到平衡时有

$$g_1(T,\ p)+RT\ln(1-x)=g_1(T,\ p_0),$$

其中 g_1 是纯水的摩尔吉布斯函数，x 是糖水中糖的摩尔分数，$x=\dfrac{n_2}{n_1+n_2}\approx\dfrac{n_2}{n_1}\ll1$（$n_1$、$n_2$ 分别是糖水中水和糖的物质的量）．试据此证明

$$p-p_0=\frac{n_2RT}{V},$$

V 是糖水溶液的体积．

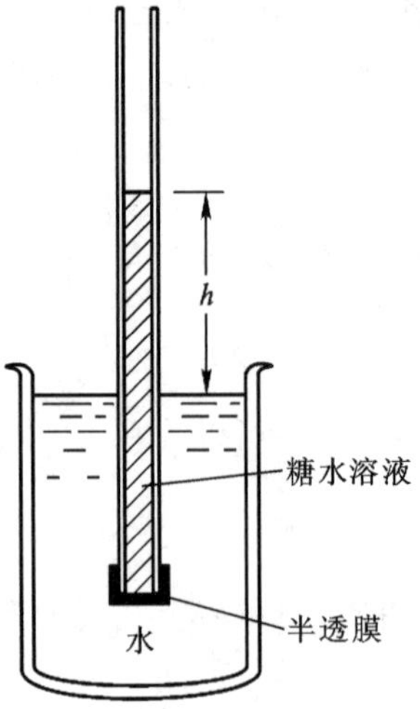

图4-1

解 这是一个膜平衡问题．管中的糖水和容器内的水形成两相．平衡时两相的温度必须相等．由于水可以通过半透膜，水在两相中的化学势也必须相等．半透膜可以承受两边的压强差，两相的压强不必相等．以 p 表示管内糖水的压强，p_0 表示容器内纯水的压强．根据式(4.6.17)，管内糖水中水的化学势为

$$\mu_1(T,\ p)=g_1(T,\ p)+RT\ln(1-x). \tag{1}$$

容器内纯水的化学势为 $g_1(T,\ p_0)$．相平衡条件要求

$$g_1(T,\ p)+RT\ln(1-x)=g_1(T,\ p_0). \tag{2}$$

由于 p 和 p_0 相差很小，可令

$$\begin{aligned}g_1(T,\ p)-g_1(T,\ p_0)&=\left(\frac{\partial g_1}{\partial p}\right)_T(p-p_0)\\&=V_{1\mathrm{m}}(p-p_0),\end{aligned} \tag{3}$$

其中用了式(3.2.1)，$V_{1\mathrm{m}}=\left(\dfrac{\partial g_1}{\partial p}\right)_T$ 是纯水的摩尔体积．代入式(2)，得

$$p-p_0=-\frac{RT}{V_{1\mathrm{m}}}\ln(1-x). \tag{4}$$

在 $x\ll1$ 的情形下，可以作近似

$$\ln(1-x)\approx-x,$$

因此式(4)可近似为

$$\begin{aligned}p-p_0&=\frac{RT}{V_{1\mathrm{m}}}x\\&=\frac{RT}{V_{1\mathrm{m}}}\frac{n_2}{n_1}\\&\approx\frac{n_2RT}{V}.\end{aligned} \tag{5}$$

最后一步将 n_1V_{1m} 近似为糖水溶液的体积 V.

4-7 （原 4.7 题）

实验测得碳燃烧为二氧化碳和一氧化碳燃烧为二氧化碳的燃烧热 $Q=-\Delta H$，其数值分别如下：

$$CO_2-C-O_2=0,\qquad \Delta H_1=-3.9518\times10^5\ \mathrm{J};$$

$$CO_2-CO-\frac{1}{2}O_2=0,\qquad \Delta H_2=-2.8288\times10^5\ \mathrm{J}.$$

试根据赫斯定律计算碳燃烧为一氧化碳的燃烧热.

解 本题给出了两个实验数据，在 291 K 和 1 atm 下，有

$$CO_2-C-O_2=0,\qquad \Delta H_1=-3.9518\times10^5\ \mathrm{J};\tag{1}$$

$$CO_2-CO-\frac{1}{2}O_2=0,\qquad \Delta H_2=-2.8288\times10^5\ \mathrm{J}.\tag{2}$$

式(1)的含义是，1 mol 的 C 与 1 mol 的 O_2燃烧为 1 mol 的 CO_2，放出燃烧热 $Q_1=3.9518\times10^5$ J. 由于等压过程中系统吸收的热量等于焓的增量，所以燃烧热为

$$Q_1=-\Delta H_1.$$

式(2)的含义是，1 mol 的 CO 与$\frac{1}{2}$mol 的 O_2燃烧为 1 mol 的 CO_2，放出燃烧热

$$Q_2=2.8288\times10^5\ \mathrm{J},$$

$$Q_2=-\Delta H_2.$$

焓是态函数，在初态和终态给定后，焓的变化 ΔH 就有确定值，与中间经历的过程无关. 将式(1)减去式(2)，得

$$CO-C-\frac{1}{2}O_2=0,\qquad \Delta H_3=-1.1230\times10^5\ \mathrm{J}.\tag{3}$$

式中 $\Delta H_3=\Delta H_1-\Delta H_2$. 式(3)意味着，1 mol 的 C 与$\frac{1}{2}$mol 的 O_2燃烧为 1 mol 的 CO 将放出燃烧热 1.1230×10^5 J. C 燃烧为 CO 的燃烧热是不能直接测量的. 上面的计算表明，它可由 C 燃烧为 CO_2和 CO 燃烧为 CO_2的燃烧热计算出来. 这是应用赫斯定律的一个例子.

4-8 （原 4.8 题）

绝热容器中有隔板隔开，两边分别装有物质的量为 n_1 和 n_2 的理想气体，温度同为 T，压强分别为 p_1和 p_2. 今将隔板抽去，

(a) 试求气体混合后的压强.

(b) 如果两种气体是不同的，计算混合后的熵增加值.

(c) 如果两种气体是相同的，计算混合后的熵增加值.

解 (a) 容器是绝热的，过程中气体与外界不发生热量交换. 抽去隔板后气体体积没有变化，与外界也就没有功的交换. 由热力学第一定律知，过程前后气体的内能没有变化. 理想气体的内能只是温度的函数，故气体的温度也不变，仍为 T.

初态时两边气体分别满足

$$p_1V_1=n_1RT,\quad p_2V_2=n_2RT. \tag{1}$$

式(1)确定两边气体初态的体积 V_1 和 V_2. 终态气体的压强 p 由物态方程确定:

$$p(V_1+V_2)=(n_1+n_2)RT,$$

即

$$p=\frac{n_1+n_2}{V_1+V_2}RT. \tag{2}$$

上述结果与两气体是否为同类气体无关.

(b) 如果两气体是不同的. 根据式(1.15.8), 混合前两气体的熵分别为

$$S_1=n_1C_{1p,\mathrm{m}}\ln T-n_1R\ln p_1+n_1S_{1\mathrm{m}0},\quad S_2=n_2C_{2p,\mathrm{m}}\ln T-n_2R\ln p_2+n_2S_{2\mathrm{m}0}. \tag{3}$$

由熵的相加性知混合前气体的总熵为

$$S=S_1+S_2. \tag{4}$$

根据式(4.6.11), 混合后气体的熵为

$$S'=n_1C_{1p,\mathrm{m}}\ln T-n_1R\ln\frac{n_1}{n_1+n_2}p+n_1S_{1\mathrm{m}0}+n_2C_{2p,\mathrm{m}}\ln T-n_2R\ln\frac{n_2}{n_1+n_2}p+n_2S_{2\mathrm{m}0}. \tag{5}$$

两式相减得抽去隔板后熵的变化 $\Delta S_{(\mathrm{b})}$ 为

$$\begin{aligned}\Delta S_{(\mathrm{b})}&=-n_1R\ln\left(\frac{n_1}{n_1+n_2}\cdot\frac{p}{p_1}\right)-n_2R\ln\left(\frac{n_2}{n_1+n_2}\cdot\frac{p}{p_2}\right)\\&=n_1R\ln\frac{V_1+V_2}{V_1}+n_2R\ln\frac{V_1+V_2}{V_2},\end{aligned} \tag{6}$$

第二步利用了式(1)和式(2). 式(6)与式(1.17.4)相当. 这表明, 如果两种气体是不同的, 抽去隔板后两种理想气体分别由体积 V_1 和 V_2 扩散到 V_1+V_2. 式(6)是扩散过程的熵增加值.

(c) 如果两种气体是全同的, 根据式(1.15.4)和式(1.15.5), 初态两气体的熵分别为

$$S_1=n_1C_{V,\mathrm{m}}\ln T+n_1R\ln\frac{V_1}{n_1}+n_1S_{\mathrm{m}0},\quad S_2=n_2C_{V,\mathrm{m}}\ln T+n_2R\ln\frac{V_2}{n_2}+n_2S_{\mathrm{m}0}. \tag{7}$$

气体初态的总熵为

$$S=S_1+S_2. \tag{8}$$

在两种气体是全同的情形下, 抽去隔板气体的“混合”不构成扩散过程. 根据熵的广延性, 抽去隔板后气体的熵仍应根据式(1.15.4)和式(1.15.5)计算, 即

$$S'=(n_1+n_2)C_{V,\mathrm{m}}\ln T+(n_1+n_2)R\ln\frac{V_1+V_2}{n_1+n_2}+$$

$$(n_1+n_2)S_{m0}. \tag{9}$$

两式相减得抽去隔板后气体的熵变 $\Delta S_{(c)}$ 为

$$\Delta S_{(c)}=(n_1+n_2)R\ln\frac{V_1+V_2}{n_1+n_2}-n_1R\ln\frac{V_1}{n_1}-n_2R\ln\frac{V_2}{n_2}. \tag{10}$$

值得注意，将式(6)减去式(10)，得

$$\Delta S_{(b)}-\Delta S_{(c)}=-n_1R\ln\frac{n_1}{n_1+n_2}-n_2R\ln\frac{n_2}{n_1+n_2}. \tag{11}$$

式(11)正好是式(4.6.15)给出的混合熵.

4-9 （补充题）

隔板将容器分为两半，各装有 1 mol 的理想气体 A 和 B. 它们的构成原子是相同的，不同仅在于 A 气体的原子核处在基态，而 B 气体的原子核处在激发态. 已知核激发态的寿命远大于抽去隔板后气体在容器内的扩散时间. 令容器与热源接触，保持恒定的温度.

(a) 如果使 B 气体的原子核激发后，马上抽去隔板，求扩散完成后气体的熵增加值.

(b) 如果使 B 气体的原子核激发后，经过远大于激发态寿命的时间再抽去隔板，求气体的熵变值.

解 (a) 核激发后两气体中的原子核状态不同，它们是不同的气体. 如果马上抽去隔板，将发生不同气体的扩散过程. 由 4-8 题式(6)可知，熵增加值为

$$\Delta S=2R\ln 2. \tag{1}$$

(b) 核激发后经过远大于激发态寿命的时间之后，B 气体中的原子核已衰变到基态，两气体就形成同种气体，由 4-8 题式(10)可知，抽去隔板后熵变即为

$$\Delta S=0. \tag{2}$$

4-10 （原 4.9 题）

试证明，在 NH_3 分解为 N_2 和 H_2 的反应

$$\frac{1}{2}N_2+\frac{3}{2}H_2-NH_3=0$$

中，平衡常量可表示为

$$K_p=\frac{\sqrt{27}}{4}\times\frac{\varepsilon^2}{1-\varepsilon^2}p,$$

其中 ε 是分解度. 如果将反应方程写作

$$N_2+3H_2-2NH_3=0,$$

平衡常量为何？

解 已知化学反应

$$\sum_i \nu_i A_i=0 \tag{1}$$

的平衡常量 K_p 为

$$K_p = \prod_i p_i^{\nu_i} = p^{\nu} \prod_i x_i^{\nu_i} \quad \left(\nu = \sum_i \nu_i\right). \tag{2}$$

对于 NH_3 分解为 N_2 和 H_2 的反应

$$\frac{1}{2}N_2+\frac{3}{2}H_2-NH_3=0, \tag{3}$$

有
$$\nu_1=\frac{1}{2},\ \nu_2=\frac{3}{2},\ \nu_3=-1,\ \nu=1,$$

故平衡常量为

$$K_p=\frac{x_1^{\frac{1}{2}} \cdot x_2^{\frac{3}{2}}}{x_3}p. \tag{4}$$

假设原有物质的量为 n_0 的 NH_3，达到平衡后分解度为 ε，则平衡混合物中有 $\frac{1}{2}n_0\varepsilon$ 的 N_2，$\frac{3}{2}n_0\varepsilon$ 的 H_2，$n_0(1-\varepsilon)$ 的 NH_3，混合物物质的量为 $n_0(1+\varepsilon)$，因此

$$x_1=\frac{\varepsilon}{2(1+\varepsilon)},$$
$$x_2=\frac{3\varepsilon}{2(1+\varepsilon)},$$
$$x_3=\frac{1-\varepsilon}{1+\varepsilon}. \tag{5}$$

代入式(4)，即得

$$K_p=\frac{\sqrt{27}}{4}\frac{\varepsilon^2}{1-\varepsilon^2}p. \tag{6}$$

如果将方程写作

$$N_2+3H_2-2NH_3=0, \tag{7}$$

与式(1)比较，可知

$$\nu_1=1, \quad \nu_2=3, \quad \nu_3=-2, \quad \nu=2,$$

则根据式(2)，平衡常量为

$$\widetilde{K_p}=\frac{x_1x_2^3}{x_3^2}p^2. \tag{8}$$

将式(5)代入式(8)，将有

$$\widetilde{K_p}=\frac{27}{16}\frac{\varepsilon^4}{(1-\varepsilon^2)^2}p^2. \tag{9}$$

比较式(4)与式(8)、式(6)与式(9)可知，化学反应方程的不同表达不影响平衡后反应度或各组元摩尔分数的确定.

4-11 （原 4.10 题）

物质的量为 $n_0\nu_1$ 的气体 A_1 和物质的量为 $n_0\nu_2$ 的气体 A_2 的混合物在温度 T 和压强 p 下体积为 V_0，当发生化学变化

$$\nu_3 A_3+\nu_4 A_4-\nu_1 A_1-\nu_2 A_2=0,$$

并在同样的温度和压强下达到平衡时，其体积为 $\widetilde{V}$. 证明反应度 ε 为

$$\varepsilon=\frac{\widetilde{V}-V_0}{V_0}\cdot\frac{\nu_1+\nu_2}{\nu_3+\nu_4-\nu_1-\nu_2}.$$

解 根据式(4.6.3)，初始状态下混合理想气体的物态方程为

$$pV_0=n_0(\nu_1+\nu_2)RT. \tag{1}$$

以 ε 表示发生化学变化达到平衡后的反应度，则达到平衡后各组元物质的量依次为

$$n_0\nu_1(1-\varepsilon),\quad n_0\nu_2(1-\varepsilon),\quad n_0\nu_3\varepsilon,\quad n_0\nu_4\varepsilon.$$

总的物质的量为

$$n_0[\nu_1+\nu_2+\varepsilon(\nu_3+\nu_4-\nu_1-\nu_2)],$$

其物态方程为

$$p\widetilde{V}=n_0[\nu_1+\nu_2+\varepsilon(\nu_3+\nu_4-\nu_1-\nu_2)]RT. \tag{2}$$

两式联立，有

$$\varepsilon=\frac{\widetilde{V}-V_0}{V_0}\cdot\frac{\nu_1+\nu_2}{\nu_3+\nu_4-\nu_1-\nu_2}. \tag{3}$$

因此，测量混合气体反应前后的体积即可测得气体反应的反应度.

4-12 （原 4.11 题）

试根据热力学第三定律证明，在 $T\to 0$ 时，表面张力系数与温度无关，即 $\frac{d\sigma}{dT}\to 0$.

解 根据式(1.14.7)，如果在可逆过程中外界对系统所做的功为

$$đW=Ydy,$$

则系统的热力学基本方程为

$$dU=TdS+Ydy. \tag{1}$$

相应地，自由能 $F=U-TS$ 的全微分为

$$dF=-SdT+Ydy. \tag{2}$$

由式(2)可得麦克斯韦关系

$$\left(\frac{\partial Y}{\partial T}\right)_y=-\left(\frac{\partial S}{\partial y}\right)_T. \tag{3}$$

根据热力学第三定律，当温度趋于绝对零度时，物质的熵趋于一个与状态参量无关的绝对常量，即

$$\lim_{T\to 0}\left(\frac{\partial S}{\partial y}\right)_T=0.$$

由式(3)知

$$\lim_{T\to 0}\left(\frac{\partial Y}{\partial T}\right)_y=0. \tag{4}$$

对于表面系统，有

$$đW=\sigma \mathrm{d}A,$$

即 $\sigma\sim Y$，$A\sim y$，所以

$$\lim_{T\to 0}\left(\frac{\partial \sigma}{\partial T}\right)_A=0. \tag{5}$$

考虑到 σ 只是温度 T 的函数，与面积 A 无关(见 §2.5)，上式可表示为

$$\lim_{T\to 0}\frac{\mathrm{d}\sigma}{\mathrm{d}T}=0. \tag{6}$$

4-13 （原 4.12 题）

设在压强 p 下，某物质的熔点为 T_0，相变潜热为 L，固相的定压热容为 C_p，液相的定压热容为 C_p'. 试求液相的绝对熵的表达式.

解 式(4.8.12)给出，以 T、p 为状态参量，简单系统的绝对熵的表达式为

$$S(T,\ p)=\int_0^T\frac{C_p(T,\ p)}{T}\mathrm{d}T. \tag{1}$$

积分中压强 p 保持恒定. 一般来说，式(1)适用于固态物质，这是因为液态或气态一般只存在于较高的温度范围. 为求得液态的绝对熵，可以将式(1)给出的固态物质的绝对熵加上转变为液态后熵的增加值.

如果在所考虑的压强下，该物质的熔点为 T_0，相变潜热为 L，固相和液相的定压热容分别为 C_p 和 C_p'，则液相的绝对熵为

$$S(T,\ p)=\int_0^{T_0}\frac{C_p(T,\ p)}{T}\mathrm{d}T+\frac{L}{T_0}+\int_{T_0}^{T}\frac{C_p'(T,\ p)}{T}\mathrm{d}T. \tag{2}$$

4-14 （原 4.13 题）

锡可以形成白锡(正方晶系)和灰锡(立方晶系)两种不同的结晶状态. 常压下相变温度 $T_0=292$ K. T_0 以上白锡是稳定的，T_0 以下灰锡是稳定的. 如果在 T_0 以上将白锡迅速冷却到 T_0 以下，白锡将被冻结在亚稳态. 已知相变潜热 $L=2242\ \mathrm{J\cdot mol^{-1}}$. 由热容量的测量数据知，对于灰锡 $\int_0^{T_0}\frac{C_{\mathrm{g}}(T)}{T}\mathrm{d}T=44.12\ \mathrm{J\cdot mol^{-1}\cdot K^{-1}}$，对于白锡 $\int_0^{T_0}\frac{C_{\mathrm{w}}(T)}{T}\mathrm{d}T=51.44\ \mathrm{J\cdot mol^{-1}\cdot K^{-1}}$. 试验证能斯特定理对于亚稳态白锡的适用性.

解 温度为 T_0 白锡的熵 $S_{\mathrm{w}}(T_0)$ 可以通过下述两个表达式计算：

$$S_{\mathrm{w}}(T_0)=S_{\mathrm{w}}(0)+\int_0^{T_0}\frac{S_{\mathrm{w}}(T)}{T}\mathrm{d}T, \tag{1}$$

$$S_{\mathrm{w}}(T_0)=S_{\mathrm{g}}(0)+\int_0^{T_0}\frac{S_{\mathrm{g}}(T)}{T}\mathrm{d}T+\frac{L}{T_0}. \tag{2}$$

将所给实验数据代入，由两式可分别得

$$S_w(T_0)-S_w(0)=51.54\ \mathrm{J\cdot mol^{-1}\cdot K^{-1}},$$

$$S_w(T_0)-S_g(0)=\left(44.12+\frac{2242}{292}\right)\ \mathrm{J\cdot mol^{-1}\cdot K^{-1}}$$

$$=51.8\ \mathrm{J\cdot mol^{-1}\cdot K^{-1}}.$$

上述数据表明能斯特定理对于处在亚稳态的白锡是适用的.

4-15 （补充题）

试根据热力学第三定律讨论图 4-2(a)、(b)两图中哪一个图是正确的？图上画出的是顺磁性固体在 $\mathscr{H}=0$ 和 $\mathscr{H}=\mathscr{H}_i$ 时的 $S-T$ 曲线.

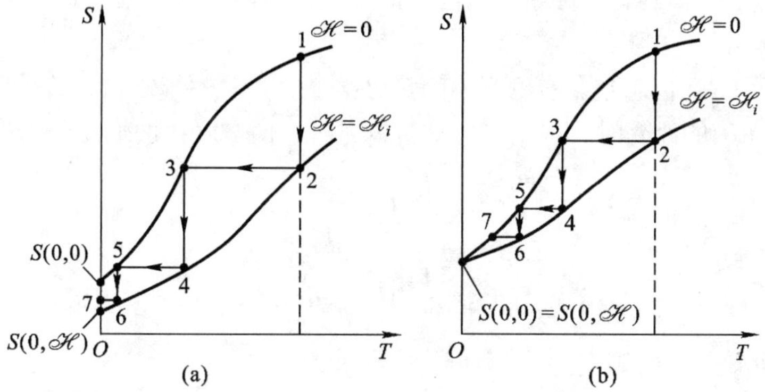

图 4-2

解 图(a)不正确．它违背了热力学第三定律的要求：(1) 图中 $S(0,\ 0)\neq S(0,\ \mathscr{H})$不符合能斯特定理；(2) 通过图中 5→6 的等温过程和 6→7 的等熵过程就可以达到绝对零度，不符合绝对零度不能达到的定理.

图(b)是正确的．可以注意，图中的 $S(0,\ 0)=S(0,\ \mathscr{H})\neq 0$，意味着熵常量未选择为零，这是允许的.

第五章　不可逆过程热力学简介

5-1　（原 5.1 题）

带有小孔的隔板将与外界隔绝的容器分为两半．容器中盛有理想气体．两侧气体存在小的温度差 ΔT 和压强差 Δp，而各自处在局部平衡．以 $J_n=\frac{\mathrm{d}n}{\mathrm{d}t}$ 和 $J_u=\frac{\mathrm{d}U}{\mathrm{d}t}$ 表示单位时间内从左侧转移到右侧的气体的物质的量和内能．试导出气体的熵产生率公式，从而确定相应的动力．

解　以下标 1、2 标志左、右侧气体的热力学量．当两侧气体物质的量各有 $\mathrm{d}n_1$、$\mathrm{d}n_2$，内能各有 $\mathrm{d}U_1$、$\mathrm{d}U_2$ 的改变时，根据热力学基本方程，两侧气体的熵变分别为

$$\begin{aligned}\mathrm{d}S_1&=\frac{1}{T_1}\mathrm{d}U_1-\frac{\mu_1}{T_1}\mathrm{d}n_1,\\ \mathrm{d}S_2&=\frac{1}{T_2}\mathrm{d}U_2-\frac{\mu_2}{T_2}\mathrm{d}n_2.\end{aligned}\tag{1}$$

由熵的相加性可知气体的熵变为

$$\mathrm{d}S=\mathrm{d}S_1+\mathrm{d}S_2.\tag{2}$$

容器与外界隔绝必有

$$\mathrm{d}n_1+\mathrm{d}n_2=0,$$
$$\mathrm{d}U_1+\mathrm{d}U_2=0.$$

值得注意，在隔板带有小孔的情形下，物质和内能都会发生双向的传递，$\mathrm{d}n_1$ 和 $\mathrm{d}U_1$ 是物质的量和内能双向传递的净改变，$\mathrm{d}n_2$ 和 $\mathrm{d}U_2$ 亦然．我们令

$$\mathrm{d}U=\mathrm{d}U_1=-\mathrm{d}U_2,$$
$$\mathrm{d}n=\mathrm{d}n_1=-\mathrm{d}n_2.$$

在两侧气体只存在小的温度差 ΔT 和压强差 Δp 的情形下，我们令

$$T_1=T+\Delta T,\qquad T_2=T;$$
$$\mu_1=\mu+\Delta\mu,\qquad \mu_2=\mu.$$

气体的熵变可以表示为

$$\mathrm{d}S=\left(\frac{1}{T+\Delta T}-\frac{1}{T}\right)\mathrm{d}U-\left(\frac{\mu+\Delta\mu}{T+\Delta T}-\frac{\mu}{T}\right)\mathrm{d}n,\tag{3}$$

熵产生率为

$$\begin{aligned}\frac{\mathrm{d}S}{\mathrm{d}t}&=\left(\frac{1}{T+\Delta T}-\frac{1}{T}\right)\frac{\mathrm{d}U}{\mathrm{d}t}-\left(\frac{\mu+\Delta\mu}{T+\Delta T}-\frac{\mu}{T}\right)\frac{\mathrm{d}n}{\mathrm{d}t}\\ &\approx-\frac{\Delta T}{T^2}\frac{\mathrm{d}U}{\mathrm{d}t}+\frac{\mu\Delta T-T\Delta\mu}{T^2}\frac{\mathrm{d}n}{\mathrm{d}t}.\end{aligned}\tag{4}$$

以 $J_u=\frac{\mathrm{d}U}{\mathrm{d}t}$表示内能流量，$X_u=-\frac{\Delta T}{T^2}$表示内能流动力，$J_n=\frac{\mathrm{d}n}{\mathrm{d}t}$表示物质流量，$X_n=\frac{\mu\Delta T-T\Delta\mu}{T^2}$表示物质流动力，熵产生率即可表示为标准形式

$$\frac{\mathrm{d}S}{\mathrm{d}t}=J_u\cdot X_u+J_n\cdot X_n. \tag{5}$$

5-2 （原 5.2 题）

承前 5-1 题，如果流与力之间满足线性关系，即

$$J_u=L_{uu}X_u+L_{un}X_n,$$
$$J_n=L_{nu}X_u+L_{nn}X_n,$$
$$L_{nu}=L_{un}\quad（昂萨格倒易关系）.$$

（a）试导出 J_n 和 J_u 与温度差 ΔT 和压强差 Δp 的关系.

（b）证明当 $\Delta T=0$ 时，由压强差引起的能流和物质流之间满足下述关系：

$$\frac{J_u}{J_n}=\frac{L_{un}}{L_{nn}}.$$

（c）证明，在没有净物质流通过小孔，即 $J_n=0$ 时，两侧的压强差与温度差满足

$$\frac{\Delta p}{\Delta T}=\frac{H_\mathrm{m}-\frac{L_{un}}{L_{nn}}}{TV_\mathrm{m}},$$

其中 H_m 和 V_m 分别是气体的摩尔焓和摩尔体积. 以上两式所含$\frac{L_{un}}{L_{nn}}$可由统计物理理论导出（7-14 题，7-16 题）. 热力学方法可以把上述两个效应联系起来.

解 如果流与力之间满足线性关系：

$$\begin{aligned}J_u&=L_{uu}X_u+L_{un}X_n,\\J_n&=L_{nu}X_u+L_{nn}X_n,\end{aligned}\tag{1}$$

将习题 5-1 中式(5)的 X_u、X_n代入可得

$$\begin{aligned}J_u&=L_{uu}\left(-\frac{\Delta T}{T^2}\right)+L_{un}\frac{\mu\Delta T-T\Delta\mu}{T^2},\\J_n&=L_{nu}\left(-\frac{\Delta T}{T^2}\right)+L_{nn}\frac{\mu\Delta T-T\Delta\mu}{T^2}.\end{aligned}\tag{2}$$

（a）根据式(3.2.1)，有

$$\Delta\mu=-S_\mathrm{m}\Delta T+V_\mathrm{m}\Delta p, \tag{3}$$

代入式(2)可得

$$\begin{aligned}J_u&=L_{uu}\left(-\frac{\Delta T}{T^2}\right)+L_{un}\frac{H_\mathrm{m}\Delta T-V_\mathrm{m}T\Delta p}{T^2},\\J_n&=L_{nu}\left(-\frac{\Delta T}{T^2}\right)+L_{nn}\frac{H_\mathrm{m}\Delta T-V_\mathrm{m}T\Delta p}{T^2}.\end{aligned}\tag{4}$$

式(4)给出了 J_u、J_n 和两侧气体的温度差 ΔT 和压强差 Δp 的关系，其中 $H_\mathrm{m}=\mu+TS_\mathrm{m}$ 是气

体的摩尔焓.

(b) 当 $\Delta T=0$ 时，由式(4)可得

$$\frac{J_u}{J_n}=\frac{L_{un}}{L_{nn}}. \tag{5}$$

式(5)给出，当两侧气体有相同的温度 $\Delta T=0$ 但存在压强差 Δp 时，在压强差驱动下产生的能流与物质流的比值.

(c) 令式(4)的第二式为零，可得

$$\frac{\Delta p}{\Delta T}=\frac{H_{\mathrm{m}}-\frac{L_{nu}}{L_{nn}}}{V_{\mathrm{m}}T}=\frac{H_{\mathrm{m}}-\frac{L_{un}}{L_{nn}}}{V_{\mathrm{m}}T}. \tag{6}$$

最后一步利用了昂萨格倒易关系 $L_{un}=L_{nu}$. 这意味着，当两侧的压强差与温度差之比满足式(6)时，将没有净物质流过小孔，即 $J_n=0$，但却存在能流，即 $J_u\neq 0$. 昂萨格倒易关系使式(6)和式(5)含有共同的因子$\frac{L_{un}}{L_{nn}}$而将两个效应联系起来了. 统计物理可以进一步求出比值$\frac{L_{un}}{L_{nn}}$，从而得到$\frac{J_u}{J_n}$和$\frac{\Delta p}{\Delta T}$的具体表达式，并从微观角度阐明过程的物理机制(参看习题 7-14 和习题 7-16).

5-3 (原 5.3 题)

流体含有 k 种化学组元，各组元之间不发生化学反应. 系统保持恒温恒压，因而不存在因压强和温度不均匀引起的物质流动和热传导. 但存在由于组元浓度在空间分布不均匀引起的扩散. 试导出扩散过程的熵流密度和局域熵产生率.

解 在流体保持恒温恒压因而不存在流动和热传导且 k 种化学组元不发生化学反应的情形下，热力学基本方程式(5.1.4)简化为

$$\mathrm{d}S=-\sum_i\frac{\mu_i}{T}\mathrm{d}n_i. \tag{1}$$

局域熵增加率为

$$\frac{\partial S}{\partial t}=-\sum_i\frac{\mu_i}{T}\frac{\partial n_i}{\partial t}. \tag{2}$$

由于不发生化学反应，各组元物质的量保持不变，满足守恒定律

$$\frac{\partial n_i}{\partial t}+\nabla\cdot\boldsymbol{J}_i=0\quad(i=1,\ 2,\ \cdots,\ k). \tag{3}$$

代入式(2)，有

$$\begin{aligned}\frac{\partial S}{\partial t}&=\sum_i\frac{\mu_i}{T}\ \nabla\cdot\boldsymbol{J}_i\\&=\nabla\cdot\left(\sum_i\frac{\mu_i\boldsymbol{J}_i}{T}\right)-\sum_i\boldsymbol{J}_i\cdot\nabla\left(\frac{\mu_i}{T}\right).\end{aligned} \tag{4}$$

系统的熵增加率为

$$\frac{dS}{dt}=\int\nabla\cdot\left(\sum_i\frac{\mu_i\boldsymbol{J}_i}{T}\right)d\tau-\int\sum_i\boldsymbol{J}_i\cdot\nabla\left(\frac{\mu_i}{T}\right)d\tau$$

$$=\oint\sum_i\frac{\mu_i}{T}\boldsymbol{J}_i\cdot d\boldsymbol{\sigma}-\int\sum_i\boldsymbol{J}_i\cdot\nabla\left(\frac{\mu_i}{T}\right)d\tau. \tag{5}$$

与式(5.1.6)比较，可知熵流密度为

$$\boldsymbol{J}_S=-\sum_i\frac{\mu_i}{T}\boldsymbol{J}_i. \tag{6}$$

局域熵产生率为

$$\Theta=\sum_i\boldsymbol{J}_i\cdot\nabla\left(-\frac{\mu_i}{T}\right). \tag{7}$$

5-4 （原5.4题）

承前5-3题，在粒子流密度与动力呈线性关系的情形下，试就扩散过程证明最小熵产生定理.

解 5-3题式(7)已求得在多元系中扩散过程的局域熵产生率为

$$\Theta=-\sum_i\boldsymbol{J}_i\cdot\nabla\frac{\mu_i}{T}. \tag{1}$$

系统的熵产生率为

$$P=-\sum_i\int\boldsymbol{J}_i\cdot\nabla\frac{\mu_i}{T}d\tau. \tag{2}$$

在粒子流密度与动力呈线性关系的情形下，有

$$\boldsymbol{J}_i=L_i\left(-\nabla\frac{\mu_i}{T}\right), \tag{3}$$

所以，有

$$P=\sum_i\int L_i\left(-\nabla\frac{\mu_i}{T}\right)^2d\tau, \tag{4}$$

则

$$\frac{dP}{dt}=2\sum_i\int L_i\left(-\nabla\frac{\mu_i}{T}\right)\left(-\frac{1}{T}\nabla\frac{\partial\mu_i}{\partial t}\right)d\tau$$

$$=2\sum_i\int\boldsymbol{J}_i\cdot\left(-\frac{1}{T}\nabla\frac{\partial\mu_i}{\partial t}\right)d\tau$$

$$=2\sum_i\int\nabla\cdot\left[\boldsymbol{J}_i\left(-\frac{1}{T}\frac{\partial\mu_i}{\partial t}\right)\right]d\tau+$$

$$2\sum_i\int\left(\frac{1}{T}\frac{\partial\mu_i}{\partial T}\right)\nabla\cdot\boldsymbol{J}_i\cdot d\tau. \tag{5}$$

上式第一项可化为边界上的面积分. 在边界条件不随时间变化的情形下，此项为零. 在恒温恒压条件下，有

$$\frac{\partial\mu_i}{\partial t}=\sum_j\frac{\partial\mu_i}{\partial n_j}\frac{\partial n_j}{\partial t},$$

再利用扩散过程的连续性方程[5-3 题式(3)]，可将式(5)表示为

$$\frac{\mathrm{d}P}{\mathrm{d}t}=-\frac{1}{T}\int\sum_{i,j}\frac{\partial\mu_i}{\partial n_j}\frac{\partial n_j}{\partial t}\frac{\partial n_i}{\partial t}\mathrm{d}\tau. \tag{6}$$

现在讨论式(6)中被积函数的符号．由于系统中各小部分处在局域平衡，在恒温恒压条件下，局域吉布斯函数密度 g 应具有极小值，即它的一级微分

$$\delta g=\sum_i\mu_i\delta n_i=0,$$

二级微分

$$\delta^2 g=\sum_{i,j}\frac{\partial\mu_i}{\partial n_j}\delta n_i\delta n_j\geqslant 0, \tag{7}$$

其中用了式(4.1.11)．

应当注意，μ_i 作为 T，p，n_1，…，n_k 的函数，是 n_1，…，n_k 的零次齐函数，因此式(6)和式(7)中的$\frac{\partial\mu_i}{\partial n_j}$不是完全独立的，要满足零次齐函数的条件(4-2 题)

$$\sum_j n_j\frac{\partial\mu_i}{\partial n_j}=0. \tag{8}$$

比较式(6)和式(7)，注意它们都同样满足式(8)，可知式(6)的被积函数不为负，故有

$$\frac{\mathrm{d}P}{\mathrm{d}t}\leqslant 0. \tag{9}$$

这是多元系中扩散过程的最小熵产生定理．

5-5 (原 5.5 题)

系统中存在下述两个化学反应：

$$\mathrm{A+X}\underset{k_2}{\overset{k_1}{\rightleftharpoons}}\mathrm{2X},$$

$$\mathrm{B+X}\xrightarrow{k_3}\mathrm{C}.$$

假设反应中不断供给反应物 A 和 B，使其浓度保持恒定，并不断将生成物 C 排除．因此，只有 X 的分子数密度 n_{X} 可以随时间变化．在扩散可以忽略的情形下，n_{X} 的变化率为

$$\frac{\mathrm{d}n_{\mathrm{X}}}{\mathrm{d}t'}=k_1n_{\mathrm{A}}n_{\mathrm{X}}-k_2n_{\mathrm{X}}^2-k_3n_{\mathrm{B}}n_{\mathrm{X}}.$$

引入变量

$$t=k_2t',\qquad a=\frac{k_1}{k_2}n_{\mathrm{A}},\qquad b=\frac{k_3}{k_2}n_{\mathrm{B}},\qquad X=n_{\mathrm{X}},$$

上述方程可以表示为

$$\frac{\mathrm{d}X}{\mathrm{d}t}=(a-b)X-X^2.$$

试求方程的定常解，并分析解的稳定性．

解　反应

$$A+X \xrightarrow{k_1} 2X$$

的反应速率与 k_1、n_A 和 n_X 成正比，反应后增加一个 X 分子；反应

$$2X \xrightarrow{k_2} A+X$$

的反应速率与 k_2和 n_X^2 成正比，反应后减少一个 X 分子．反应

$$B+X \xrightarrow{k_3} C$$

的反应速率与 k_3、n_B 和 n_X 成正比，反应后减少一个 X 分子．在扩散可以忽略的情形下，n_X 的变化率为

$$\frac{dn_X}{dt'}=k_1n_An_X-k_2n_X^2-k_3n_Bn_X. \tag{1}$$

引入变量

$$t=k_2t',\qquad a=\frac{k_1}{k_2}n_A,\qquad b=\frac{k_3}{k_2}n_B,\qquad X=n_X,$$

式(1)可以表示为

$$\frac{dX}{dt}=(a-b)X-X^2. \tag{2}$$

方程(2)的定常解 X_0满足$\frac{dX_0}{dt}=0$，即

$$X_0[(a-b)-X_0]=0. \tag{3}$$

方程(3)有两个解：

$$X_{01}=0,\qquad X_{02}=a-b. \tag{4}$$

下面用线性稳定性分析讨论这两个定常解的稳定性．假设发生涨落，解由 X_0变为

$$X=X_0+\Delta X. \tag{5}$$

将式(5)代入式(2)，准确到 ΔX 的一次项，有

$$\begin{aligned}\frac{d}{dt}\Delta X&=(a-b)\Delta X-2X_0\Delta X\\&=(a-b-2X_0)\Delta X.\end{aligned} \tag{6}$$

设 $X=Ce^{\omega t}$，代入式(6)，得

$$\omega=a-b-2X_0\,. \tag{7}$$

(a) 对于定常解

$$X_{01}=0,$$

有

$$\omega=a-b.$$

如果

$$a-b<0,$$

有

$$\omega<0,$$

则发生涨落 ΔX 后，ΔX 会随时间衰减，使 X 回到 X_{01}. 所以定常解 X_{01} 是稳定的. 反之，如果

$$a-b>0,$$

则

$$\omega>0,$$

涨落将随时间增长，定常解 X_{01} 是不稳定的.

(b) 对于定常解

$$X_{02}=a-b,$$

有

$$\omega=-a+b.$$

由于 X_{02} 是 X 分子的浓度，X_{02} 应是正实数($X_{02}=0$ 不必再考虑)，必有

$$a>b,$$

因而

$$\omega<0.$$

所以定常解 X_{02} 是稳定的.

5-6 (原 5.6 题)

系统中存在下述两个化学反应:

$$A+X \underset{k_2}{\overset{k_1}{\rightleftharpoons}} 3X,$$

$$B+X \xrightarrow{k_3} C.$$

假设反应中不断供给反应物 A 和 B，使其浓度保持恒定，并不断将生成物 C 排除，因此只有 X 的浓度 n_X 可以发生改变. 假设扩散可以忽略，试写出 n_X 的变化率方程，求方程的定常解，并分析解的稳定性.

解 与 5-5 题类似，对于题设的化学反应，组元 X 的变化率方程为

$$\frac{dn_X}{dt'}=2k_1n_An_X-2k_2n_X^3-k_3n_Bn_X. \tag{1}$$

令 $t=k_2t'$, $a=\dfrac{k_1}{k_2}n_A$, $b=\dfrac{k_3}{k_2}n_B$, $X=n_X$，可将式(1)表示为

$$\frac{dX}{dt}=(2a-b)X-2X^3. \tag{2}$$

式(2)的定常解 X_0 满足 $\dfrac{dX_0}{dt}=0$，即

$$X_0(2a-b-2X_0^2)=0. \tag{3}$$

式(3)有两个解:

$$X_{01}=0,\qquad X_{02}=\sqrt{\frac{2a-b}{2}}. \tag{4}$$

现在用线性稳定性分析讨论这两个定常解的稳定性．假设发生涨落，解由 X_0变为

$$X = X_0 + \Delta X, \tag{5}$$

代入式(2)，保留 ΔX 的线性项，得

$$\frac{\mathrm{d}}{\mathrm{d}t}\Delta X = (2a-b)\Delta X - 6X_0^2\Delta X. \tag{6}$$

令 $\Delta X = C\mathrm{e}^{\omega t}$，代入式(6)，有

$$\omega = 2a - b - 6X_0^2. \tag{7}$$

（a）对于定常解

$$X_{01} = 0,$$

有

$$\omega = 2a - b.$$

如果

$$2a - b > 0,$$

X_{01}是不稳定的．如果

$$2a - b < 0,$$

X_{01}是稳定的．

（b）对于定常解

$$X_{02} = \sqrt{\frac{2a-b}{2}},$$

注意 X_{02}是 X 的浓度，是正实数($X_{02}=0$ 不必再考虑)，故只取“+”号，且

$$2a - b > 0,$$

由式(7)可知

$$\omega < 0.$$

因此定常解 $X_{02} = \sqrt{\frac{2a-b}{2}}$是稳定的．

第六章　近独立粒子的最概然分布

6-1　(原 6.1 题)

试根据式(6.2.13)证明：在体积 V 内，在 ε 到 $\varepsilon+\mathrm{d}\varepsilon$ 的能量范围内，三维自由粒子的量子态数为

$$D(\varepsilon)\mathrm{d}\varepsilon=\frac{2\pi V}{h^3}(2m)^{\frac{3}{2}}\varepsilon^{\frac{1}{2}}\mathrm{d}\varepsilon.$$

解　式(6.2.13)给出，在体积 $V=L^3$ 内，在 p_x 到 $p_x+\mathrm{d}p_x$，p_y 到 $p_y+\mathrm{d}p_y$，p_z 到 $p_z+\mathrm{d}p_z$ 的动量范围内，自由粒子可能的量子态数为

$$\frac{V}{h^3}\mathrm{d}p_x\mathrm{d}p_y\mathrm{d}p_z. \tag{1}$$

用动量空间的球坐标描述自由粒子的动量，并对动量方向积分，可得在体积 V 内，动量大小在 p 到 $p+\mathrm{d}p$ 范围内三维自由粒子可能的量子态数为

$$\frac{4\pi V}{h^3}p^2\mathrm{d}p. \tag{2}$$

上式可以理解为将 μ 空间体积元 $4\pi Vp^2\mathrm{d}p$(体积 V，动量球壳 $4\pi p^2\mathrm{d}p$)除以相格大小 h^3 而得到的状态数.

自由粒子的能量动量关系为

$$\varepsilon=\frac{p^2}{2m}.$$

因此

$$p=\sqrt{2m\varepsilon},$$

$$p\mathrm{d}p=m\mathrm{d}\varepsilon.$$

将上式代入式(2)，即得在体积 V 内，在 ε 到 $\varepsilon+\mathrm{d}\varepsilon$ 的能量范围内，三维自由粒子的量子态数为

$$D(\varepsilon)\mathrm{d}\varepsilon=\frac{2\pi V}{h^3}(2m)^{\frac{3}{2}}\varepsilon^{\frac{1}{2}}\mathrm{d}\varepsilon. \tag{3}$$

6-2　(原 6.2 题)

试证明，对于一维自由粒子，在长度 L 内，在 ε 到 $\varepsilon+\mathrm{d}\varepsilon$ 的能量范围内，量子态数为

$$D(\varepsilon)\mathrm{d}\varepsilon=\frac{2L}{h}\left(\frac{m}{2\varepsilon}\right)^{\frac{1}{2}}\mathrm{d}\varepsilon.$$

解　根据式(6.2.14)，一维自由粒子在 μ 空间体积元 $\mathrm{d}x\mathrm{d}p_x$ 内可能的量子态数为

$$\frac{\mathrm{d}x\mathrm{d}p_x}{h}.$$

在长度 L 内，动量大小在 p 到 $p+\mathrm{d}p$ 范围内(注意动量可以有正负两个可能的方向)的量子态数为

$$\frac{2L}{h}\mathrm{d}p. \tag{1}$$

将能量动量关系

$$\varepsilon=\frac{p^2}{2m}$$

代入，即得

$$D(\varepsilon)\,\mathrm{d}\varepsilon=\frac{2L}{h}\left(\frac{m}{2\varepsilon}\right)^{\frac{1}{2}}\mathrm{d}\varepsilon. \tag{2}$$

6-3 (原 6.3 题)

试证明，对于二维自由粒子，在面积 L^2 内，在 ε 到 $\varepsilon+\mathrm{d}\varepsilon$ 的能量范围内，量子态数为

$$D(\varepsilon)\,\mathrm{d}\varepsilon=\frac{2\pi L^2}{h^2}m\mathrm{d}\varepsilon.$$

解 根据式(6.2.14)，二维自由粒子在 μ 空间体积元 $\mathrm{d}x\mathrm{d}y\mathrm{d}p_x\mathrm{d}p_y$ 内的量子态数为

$$\frac{1}{h^2}\mathrm{d}x\mathrm{d}y\mathrm{d}p_x\mathrm{d}p_y. \tag{1}$$

用二维动量空间的极坐标 p、θ 描述粒子的动量，p、θ 与 p_x、p_y 的关系为

$$p_x=p\cos\theta,$$
$$p_y=p\sin\theta.$$

用极坐标描述时，二维动量空间的体积元为

$$p\mathrm{d}p\mathrm{d}\theta.$$

在面积 L^2 内，动量大小在 p 到 $p+\mathrm{d}p$ 范围内，动量方向在 θ 到 $\theta+\mathrm{d}\theta$ 范围内，二维自由粒子可能的状态数为

$$\frac{L^2p\mathrm{d}p\mathrm{d}\theta}{h^2}. \tag{2}$$

对 $\mathrm{d}\theta$ 积分，从 0 积分到 2π，有

$$\int_0^{2\pi}\mathrm{d}\theta=2\pi.$$

可得在面积 L^2 内，动量大小在 p 到 $p+\mathrm{d}p$ 范围内(动量方向任意)，二维自由粒子可能的状态数为

$$\frac{2\pi L^2}{h^2}p\mathrm{d}p. \tag{3}$$

将能量动量关系

$$\varepsilon=\frac{p^2}{2m}$$

代入，即有

$$D(\varepsilon)\mathrm{d}\varepsilon=\frac{2\pi L^2}{h^2}m\mathrm{d}\varepsilon. \tag{4}$$

6-4 （原 6.4 题）

在极端相对论情形下，粒子的能量动量关系为

$$\varepsilon=cp.$$

试求在体积 V 内，在 ε 到 $\varepsilon+\mathrm{d}\varepsilon$ 的能量范围内三维粒子的量子态数．

解 式(6.2.16)已给出在体积 V 内，动量大小在 p 到 $p+\mathrm{d}p$ 范围内三维自由粒子可能的状态数为

$$\frac{4\pi V}{h^3}p^2\mathrm{d}p. \tag{1}$$

将极端相对论粒子的能量动量关系

$$\varepsilon=cp$$

代入，可得在体积 V 内，在 ε 到 $\varepsilon+\mathrm{d}\varepsilon$ 的能量范围内，极端相对论粒子的量子态数为

$$D(\varepsilon)\mathrm{d}\varepsilon=\frac{4\pi V}{(ch)^3}\varepsilon^2\mathrm{d}\varepsilon. \tag{2}$$

6-5 （原 6.5 题）

设系统含有两种粒子，其粒子数分别为 N 和 N'. 粒子间的相互作用很弱，可以看作是近独立的．假设粒子可以分辨，处在一个个体量子态的粒子数不受限制．试证明，在平衡状态下两种粒子的最概然分布分别为

$$a_l=\omega_l\mathrm{e}^{-\alpha-\beta\varepsilon_l}$$

和

$$a_l'=\omega_l'\mathrm{e}^{-\alpha'-\beta\varepsilon_l'},$$

其中 ε_l 和 ε_l' 是两种粒子的能级，ω_l 和 ω_l' 是能级的简并度．

解 当系统含有两种粒子，其粒子数分别为 N 和 N'，总能量为 E，体积为 V 时，两种粒子的分布 $\{a_l\}$ 和 $\{a_l'\}$ 必须满足条件

$$\begin{aligned}&\sum_l a_l=N,\ \sum_l a_l'=N',\\&\sum_l \varepsilon_l a_l+\sum_l \varepsilon_l' a_l'=E\end{aligned} \tag{1}$$

才有可能实现．

在粒子可以分辨，且处在一个个体量子态的粒子数不受限制的情形下，两种粒子分别处在分布 $\{a_l\}$ 和 $\{a_l'\}$ 时各自的微观状态数为

$$\begin{aligned}\Omega&=\frac{N!}{\prod_l a_l!}\prod_l\omega_l^{a_l},\\ \Omega'&=\frac{N'!}{\prod_l a_l'!}\prod_l\omega_l'^{a_l'}.\end{aligned} \tag{2}$$

系统的微观状态数 $\Omega^{(0)}$ 为

$$\Omega^{(0)}=\Omega\cdot\Omega'. \tag{3}$$

平衡状态下系统的最概然分布是在满足式(1)的条件下使 $\Omega^{(0)}$ 或 $\ln\Omega^{(0)}$ 为极大的分布．利用斯特林公式，由式(3)可得

$$\begin{aligned}\ln\Omega^{(0)}&=\ln(\Omega\cdot\Omega')\\&=N\ln N-\sum_l a_l\ln a_l+\sum_l a_l\ln\omega_l+\\&\quad N'\ln N'-\sum_l a_l'\ln a_l'+\sum_l a_l'\ln\omega_l',\end{aligned}$$

为求使 $\ln\Omega^{(0)}$ 为极大的分布，令 a_l 和 a_l' 各有 δa_l 和 $\delta a_l'$ 的变化，$\ln\Omega^{(0)}$ 将因而有 $\delta\ln\Omega^{(0)}$ 的变化．使 $\ln\Omega^{(0)}$ 为极大的分布 $\{a_l\}$ 和 $\{a_l'\}$ 必使

$$\delta\ln\Omega^{(0)}=0,$$

即

$$\delta\ln\Omega^{(0)}=-\sum_l\ln\left(\frac{a_l}{\omega_l}\right)\delta a_l-\sum_l\ln\left(\frac{a_l'}{\omega_l'}\right)\delta a_l'=0.$$

但这些 δa_l 和 $\delta a_l'$ 不完全是独立的，它们必须满足条件

$$\delta N=\sum_l\delta a_l=0,$$

$$\delta N'=\sum_l\delta a_l'=0,$$

$$\delta E=\sum_l\varepsilon_l\delta a_l+\sum_l\varepsilon_l'\delta a_l'=0.$$

用拉氏乘子 α、α' 和 β 分别乘这三个式子并从 $\delta\ln\Omega^{(0)}$ 中减去，得

$$\begin{aligned}&\delta\ln\Omega^{(0)}-\alpha\delta N-\alpha'\delta N'-\beta\delta E\\&=-\sum_l\left(\ln\frac{a_l}{\omega_l}+\alpha+\beta\varepsilon_l\right)\delta a_l-\sum_l\left(\ln\frac{a_l'}{\omega_l'}+\alpha'+\beta\varepsilon_l'\right)\delta a_l'\\&=0.\end{aligned}$$

根据拉氏乘子法原理，每个 δa_l 和 $\delta a_l'$ 的系数都等于零，所以得

$$\ln\frac{a_l}{\omega_l}+\alpha+\beta\varepsilon_l=0,$$

$$\ln\frac{a_l'}{\omega_l'}+\alpha'+\beta\varepsilon_l'=0,$$

即

$$\begin{aligned}a_l&=\omega_l e^{-\alpha-\beta\varepsilon_l}\\a_l'&=\omega_l' e^{-\alpha'-\beta\varepsilon_l'}.\end{aligned} \tag{4}$$

拉氏乘子 α、α' 和 β 由条件(1)确定．式(4)表明，两种粒子各自遵从玻耳兹曼分布．两个分布的 α 和 α' 可以不同，但有共同的 β. 原因在于我们开始就假设两种粒子的粒子数 N, N' 和总能量 E 具有确定值，这意味着在相互作用中两种粒子可以交换能量，但不会相互转化．从上述结果还可以看出，由两个弱相互作用的子系统构成的系统达到热平衡时，两个子系统有相同的 β.

6-6 （原 6.6 题）

同上题，如果粒子是玻色子或费米子，结果如何？

解 本题的思路与上题完全相同．我们以玻色子和费米子组成的系统为例．当系统含有 N 个玻色子，N'个费米子，总能量为 E，体积为 V 时，粒子的分布$\{a_l\}$和$\{a_l'\}$必须满足条件

$$\sum_l a_l = N,$$

$$\sum_l a_l' = N',$$

$$\sum_l \varepsilon_l a_l + \sum_l \varepsilon_l' a_l' = E \tag{1}$$

才有可能实现．

玻色子处在分布$\{a_l\}$，费米子处在分布$\{a_l'\}$时，其微观状态数分别为

$$\Omega = \prod_l \frac{(\omega_l + a_l - 1)!}{a_l!\ (\omega_l - 1)!},$$

$$\Omega' = \prod_l \frac{\omega_l'}{a_l'!\ (\omega_l' - a_l')!}. \tag{2}$$

系统的微观状态数 $\Omega^{(0)}$ 为

$$\Omega^{(0)} = \Omega \cdot \Omega'. \tag{3}$$

平衡状态下系统的最概然分布是在满足式(1)条件下使 $\Omega^{(0)}$ 或 $\ln \Omega^{(0)}$ 为极大的分布．将式(2)和式(3)取对数，利用斯特林公式可得

$$\ln \Omega^{(0)} = \sum_l \left[(\omega_l + a_l)\ln(\omega_l + a_l) - a_l \ln a_l - \omega_l \ln \omega_l\right] + \sum_l \left[\omega_l' \ln \omega_l' - a_l' \ln a_l' - (\omega_l' - a_l')\ln(\omega_l' - a_l')\right].$$

令各 a_l 和 a_l' 有 δa_l 和 $\delta a_l'$ 的变化，$\ln \Omega^{(0)}$ 将有 $\delta \ln \Omega^{(0)}$ 的变化，使 $\ln \Omega^{(0)}$ 为极大的分布$\{a_l\}$和$\{a_l'\}$，必使

$$\delta \ln \Omega^{(0)} = 0,$$

即

$$\delta \ln \Omega^{(0)} = \sum_l \ln \frac{\omega_l + a_l}{a_l} \delta a_l + \sum_l \ln \frac{\omega_l' - a_l'}{a_l'} \delta a_l' = 0.$$

但这些 δa_l 和 $\delta a_l'$ 不完全是独立的，它们必须满足条件

$$\delta N = \sum_l \delta a_l = 0,$$

$$\delta N' = \sum_l \delta a_l' = 0,$$

$$\delta E = \sum_l \varepsilon_l \delta a_l + \sum_l \varepsilon_l' \delta a_l' = 0.$$

用拉格朗日乘子 α、α' 和 β 分别乘这三个式子并从 $\delta \ln \Omega^{(0)}$ 中减去，得

$$
\begin{aligned}
&\delta\ln \Omega^{(0)}-\alpha\delta N-\alpha'\delta N'-\beta\delta E\\
&=\sum_l\left(\ln\frac{\omega_l+a_l}{a_l}-\alpha-\beta\,\varepsilon_l\right)\delta a_l+\\
&\quad\sum_l\left(\ln\frac{\omega_l'-a_l'}{a_l'}-\alpha'-\beta\,\varepsilon_l'\right)\delta a_l'\\
&=0.
\end{aligned}
$$

根据拉格朗日乘子法原理，每个 δa_l 和 $\delta a_l'$ 的系数都等于零，所以得

$$
\ln\frac{\omega_l+a_l}{a_l}-\alpha-\beta\ \varepsilon_l=0,
$$

$$
\ln\frac{\omega_l'-a_l'}{a_l'}-\alpha'-\beta\ \varepsilon_l'=0,
$$

即

$$
a_l=\frac{\omega_l}{e^{\alpha+\beta\,\varepsilon_l}-1},
$$

$$
a_l'=\frac{\omega_l'}{e^{\alpha'+\beta\varepsilon_l'}+1}. \tag{4}
$$

拉格朗日乘子 α、α'和 β 由条件(1)确定．式(4)表明，两种粒子分别遵从玻色分布和费米分布，其中 α 和 α'不同，但 β 相等．

第七章　玻耳兹曼统计

7-1　(原 7.1 题)

试根据公式 $p=-\sum_l a_l \frac{\partial \varepsilon_l}{\partial V}$ 证明，对于非相对论粒子

$$\varepsilon=\frac{p^2}{2m}=\frac{1}{2m}\left(\frac{2\pi\hbar}{L}\right)^2(n_x^2+n_y^2+n_z^2)$$

$$(n_x,\ n_y,\ n_z=0,\ \pm1,\ \pm2,\ \cdots),$$

有

$$p=\frac{2}{3}\frac{U}{V}.$$

上述结论对于玻耳兹曼分布、玻色分布和费米分布都成立.

解　处在边长为 L 的立方体中，非相对论粒子的能量本征值为

$$\varepsilon_{n_xn_yn_z}=\frac{1}{2m}\left(\frac{2\pi\hbar}{L}\right)^2(n_x^2+n_y^2+n_z^2) \tag{1}$$

$$(n_x,\ n_y,\ n_z=0,\ \pm1,\ \pm2,\ \cdots).$$

为书写简便起见，我们将上式简记为

$$\varepsilon_l=aV^{-\frac{2}{3}}, \tag{2}$$

其中 $V=L^3$ 是系统的体积，常量 $a=\frac{(2\pi\hbar)^2}{2m}(n_x^2+n_y^2+n_z^2)$，并以单一指标 l 代表 n_x，n_y，n_z 三个量子数.

由式(2)可得

$$\frac{\partial \varepsilon_l}{\partial V}=-\frac{2}{3}aV^{-\frac{5}{3}}=-\frac{2}{3}\frac{\varepsilon_l}{V}. \tag{3}$$

代入压强公式，有

$$p=-\sum_l a_l\frac{\partial \varepsilon_l}{\partial V}=\frac{2}{3V}\sum_l a_l\varepsilon_l=\frac{2}{3}\frac{U}{V}, \tag{4}$$

式中 $U=\sum_l a_l\varepsilon_l$ 是系统的内能.

上述证明未涉及分布 $\{a_l\}$ 的具体表达式，因此式(4)对玻耳兹曼分布、玻色分布和费米分布都成立.

前面我们利用粒子能量本征值对体积 V 的依赖关系直接求得了系统的压强与内能的关系. 式(4)也可以用其他方法证明. 例如，按照统计物理的一般程序，在求得玻耳兹曼系统的配分函数或玻色(费米)系统的巨配分函数后，根据热力学量的统计表达式可以求得系

统的压强和内能，比较二者也可证明式(4)．见式(7.2.5)和式(7.5.5)及王竹溪《统计物理学导论》§64 式(8)和§65 式(8)．将位力定理用于理想气体也可直接证明式(4)，见 9-10 题式(6)．

需要强调，式(4)只适用于粒子仅有平移运动的情形．如果粒子还有其他的自由度，式(4)中的 U 仅指平动内能．

7-2 （原 7.2 题）

试根据公式 $p=-\sum\limits_l a_l\dfrac{\partial\varepsilon_l}{\partial V}$ 证明，对于极端相对论粒子

$$\varepsilon=cp=c\frac{2\pi\hbar}{L}(n_x^2+n_y^2+n_z^2)^{\frac{1}{2}}$$

$$(n_x,\ n_y,\ n_z=0,\ \pm1,\ \pm2,\ \cdots),$$

有

$$p=\frac{1}{3}\frac{U}{V}.$$

上述结论对于玻耳兹曼分布、玻色分布和费米分布都成立．

解 处在边长为 L 的立方体中，极端相对论粒子的能量本征值为

$$\varepsilon_{n_xn_yn_z}=c\frac{2\pi\hbar}{L}(n_x^2+n_y^2+n_z^2)^{\frac{1}{2}} \tag{1}$$

$$(n_x,\ n_y,\ n_z=0,\ \pm1,\ \pm2,\ \cdots),$$

用指标 l 表示量子数 n_x、n_y、n_z，V 表示系统的体积，$V=L^3$，可将上式简记为

$$\varepsilon_l=aV^{-\frac{1}{3}}, \tag{2}$$

其中

$$a=2\pi\hbar c(n_x^2+n_y^2+n_z^2)^{\frac{1}{2}}.$$

由此可得

$$\frac{\partial\varepsilon_l}{\partial V}=-\frac{1}{3}aV^{-\frac{4}{3}}=-\frac{1}{3}\frac{\varepsilon_l}{V}. \tag{3}$$

代入压强公式，得

$$p=-\sum_l a_l\frac{\partial\varepsilon_l}{\partial V}=\frac{1}{3V}\sum_l a_l\varepsilon_l=\frac{U}{3V}. \tag{4}$$

本题与习题 7-1 结果的差异来自能量本征值与体积 V 函数关系的不同．

式(4)对玻耳兹曼分布、玻色分布和费米分布都适用．

7-3 （原 7.3 题）

当选择不同的能量零点时，粒子第 l 个能级的能量可以取为 ε_l 或 ε_l^*．以 Δ 表示二者之差，$\Delta=\varepsilon_l^*-\varepsilon_l$．试证明相应的配分函数存在以下关系 $Z_1^*=\mathrm{e}^{-\beta\Delta}Z_1$，并讨论由配分函数 Z_1 和 Z_1^* 求得的热力学函数有何差别．

解 当选择不同的能量零点时，粒子能级 l 的能量可以取为 ε_l 或 $\varepsilon_l^* = \varepsilon_l + \Delta$. 显然能级的简并度不受能量零点选择的影响. 相应的配分函数分别为

$$Z_1 = \sum_l \omega_l \mathrm{e}^{-\beta\varepsilon_l}, \tag{1}$$

$$\begin{aligned} Z_1^* &= \sum_l \omega_l \mathrm{e}^{-\beta\varepsilon_l^*} \\ &= \mathrm{e}^{-\beta\Delta} \sum_l \omega_l \mathrm{e}^{-\beta\varepsilon_l} \\ &= \mathrm{e}^{-\beta\Delta} Z_1, \end{aligned} \tag{2}$$

故

$$\ln Z_1^* = \ln Z_1 - \beta\Delta. \tag{3}$$

根据内能、压强和熵的统计表达式(7.1.4)、式(7.1.7)和式(7.1.13)，容易证明

$$U^* = U + N\Delta, \tag{4}$$

$$p^* = p, \tag{5}$$

$$S^* = S, \tag{6}$$

式中 N 是系统的粒子数. 能量零点相差为 Δ 时，内能相差 $N\Delta$. 式(5)和式(6)表明，压强和熵不因能量零点的选择而异. 其他热力学函数请读者自行考虑.

值得注意的是，由式(7.1.3)可知

$$\alpha^* = \alpha - \beta\Delta,$$

所以

$$a_l = \omega_l \mathrm{e}^{-\alpha-\beta\varepsilon_l}$$

与

$$a_l^* = \omega_l \mathrm{e}^{-\alpha^*-\beta\varepsilon_l^*}$$

是相同的. 粒子数的最概然分布不因能量零点的选择而异. 在分析实际问题时可以视方便选择能量的零点.

7-4 (原 7.4 题)

试证明，对于遵从玻耳兹曼分布的定域系统，熵函数可以表示为

$$S = -Nk \sum_s P_s \ln P_s,$$

式中 P_s 是粒子处在量子态 s 的概率，

$$P_s = \frac{\mathrm{e}^{-\alpha-\beta\varepsilon_s}}{N} = \frac{\mathrm{e}^{-\beta\varepsilon_s}}{Z_1},$$

$\sum\limits_s$ 是对粒子的所有量子态求和.

对于满足经典极限条件的非定域系统，熵的表达式有何不同?

解 根据式(6.6.9)，处在能量为 ε_s 的量子态 s 上的平均粒子数为

$$f_s = \mathrm{e}^{-\alpha-\beta\varepsilon_s}. \tag{1}$$

以 N 表示系统的粒子数，粒子处在量子态 s 上的概率为

$$P_s = \frac{\mathrm{e}^{-\alpha-\beta\varepsilon_s}}{N} = \frac{\mathrm{e}^{-\beta\varepsilon_s}}{Z_1}. \tag{2}$$

显然，P_s 满足归一化条件

$$\sum_s P_s=1, \tag{3}$$

式中 $\sum_s$ 是对粒子的所有可能的量子态求和．粒子的平均能量可以表示为

$$E=\sum_s P_s\varepsilon_s. \tag{4}$$

根据式(7.1.13)，定域系统的熵为

$$\begin{aligned} S &= Nk\left(\ln Z_1-\beta\frac{\partial}{\partial\beta}\ln Z_1\right)\\ &= Nk(\ln Z_1+\beta\bar{\varepsilon})\\ &= Nk\sum_s P_s(\ln Z_1+\beta\varepsilon_s)\\ &= -Nk\sum_s P_s\ln P_s. \end{aligned} \tag{5}$$

最后一步用了式(2)，即

$$\ln P_s=-\ln Z_1-\beta\varepsilon_s. \tag{6}$$

式(5)的熵表达式是颇具启发性的．熵是广延量，具有相加性．式(5)意味着一个粒子的熵等于$-k\sum_s P_s\ln P_s$．它取决于粒子处在各个可能状态的概率 P_s．如果粒子处在某个状态 r，即 $P_s=\delta_{sr}$，粒子的熵等于零．反之，当粒子可能处在多个微观状态时，粒子的熵大于零．这与熵是无序度的量度概念是相通的．如果换一个角度考虑，粒子的状态完全确定意味着我们有它完整的信息，粒子以一定的概率处在各个可能的微观状态意味着我们缺乏完整的信息．所以，也可以将熵理解为信息缺乏的量度．9-1 题、9-2 题、9-20 题还将证明，在微正则、正则和巨正则系综理论中，熵也有类似的统计表达式．杰恩斯(Jaynes)提出将熵的统计表达式和最大熵原理作为基本假设而建立整个统计热力学．请参见9-27 题．

对于满足经典极限条件的非定域系统，式(7.1.13′)给出

$$S=Nk\left(\ln Z_1-\beta\frac{\partial}{\partial\beta}\ln Z_1\right)-k\ln N!,$$

上式可表示为

$$S=-Nk\sum_s P_s\ln P_s+S_0, \tag{7}$$

其中

$$S_0=-k\ln N!\ =-Nk(\ln N-1).$$

因为

$$f_s=NP_s,$$

将式(7)用f_s 表示出，并注意

$$\sum_s f_s=N,$$

可得

$$S=-k\sum_s f_s\ln f_s+Nk. \tag{8}$$

这是满足玻耳兹曼分布的非定域系统的熵的一个表达式．请与习题 8-2 的结果比较．

7-5 （原 7.5 题）

固体含有 A、B 两种原子．试证明由于原子在格点上的随机分布引起的混合熵为

$$
\begin{aligned}
S &= k\ln \frac{N!}{(Nx)!\,[N(1-x)]!} \\
&= -Nk[x\ln x+(1-x)\ln(1-x)],
\end{aligned}
$$

其中 N 是总原子数，x 是 A 原子的百分比，$1-x$ 是 B 原子的百分比．注意 $x<1$，上式给出的熵为正值．

解 玻耳兹曼关系给出物质系统某个宏观状态的熵与相应微观状态数 Ω 的关系：

$$S=k\ln \Omega. \tag{1}$$

对于单一化学成分的固体(含某种元素或严格配比的化合物)，Ω 来自晶格振动导致的各种微观状态．对于含有 A、B 两种原子的固体，则还存在由于两种原子在晶格格点上的随机分布所导致的 Ω. 如果近似认为原子在格点上的随机分布与晶格振动没有相互影响，则

$$\Omega=\Omega_{振动}\cdot\Omega_{混合},$$

于是

$$
\begin{aligned}
S &= k\ln \Omega_{振动}+k\ln \Omega_{混合} \\
&= S_{振动}+S_{混合}.
\end{aligned} \tag{2}
$$

本题要计算 $S_{混合}$.

以 N 表示固体所含的总原子数(等于晶体的格点数)，x 表示 A 原子的百分比，$1-x$ 表示 B 原子的百分比，则 A，B 的原子数分别为 Nx 和 $N(1-x)$. 由于 A，B 原子在格点上的随机分布引起的微观状态数为

$$\Omega_{混合}=\frac{N!}{(Nx)!\,[N(1-x)]!}, \tag{3}$$

则

$$
\begin{aligned}
S_{混合} &= k\ln \Omega_{混合} \\
&= k\ln \frac{N!}{(Nx)!\,[N(1-x)]!}.
\end{aligned}
$$

利用斯特林公式，可将上式简化为

$$S_{混合}=-Nk[x\ln x+(1-x)\ln(1-x)]. \tag{4}$$

由于 $x<1$，上式给出的混合熵是正的．

7-6 （原 7.6 题）

晶体含有 N 个原子．原子在晶体中的正常位置如图 7-1 中的“○”所示．当原子离开正常位置而占据图中的“×”位置时，晶体中就出现空位和间隙原子．晶体的这种缺陷称为弗仑克尔缺陷．

（a）假设正常位置和间隙位置都是 N，试证明，由于在晶体中形成 n 个空位和间隙原

子而具有的熵等于

$$S=2k\ln\frac{N!}{n!\,(N-n)!}.$$

(b) 设原子在间隙位置和正常位置的能量差为 u. 试由自由能 $F=nu-TS$ 为极小证明，温度为 T 时，空位和间隙原子数为

$$n\approx N\mathrm{e}^{-\frac{u}{2kT}}\qquad (设\ n\ll N).$$

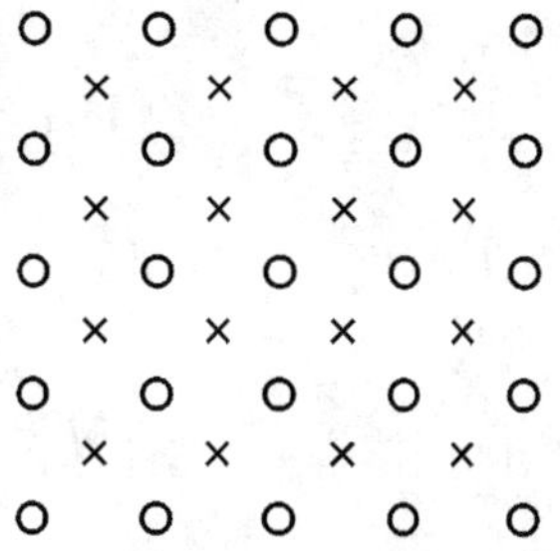

图 7-1

解 固体中原子的相互作用使固体形成规则的晶格结构．晶格的格点是原子的平衡位置．当所有原子都处在其平衡位置时，固体的能量最低．绝对零度下物质将尽可能处在其能量最低的状态．由于量子效应，绝对零度下原子并非静止在格点上，而是在格点附近做零点振动．温度升高时，一方面晶格振动会随温度升高而变得剧烈；另一方面有的原子会离开其正常的格点位置占据间隙位置，有的原子离开正常的格点位置占据晶体表面的格点位置而形成新的一层原子，使固体出现缺陷，前者称为弗仑克尔缺陷，后者称为肖特基缺陷．本题讨论弗仑克尔缺陷，肖特基缺陷将在 7-7 题讨论．

(a) 设晶体含有 N 个原子，晶格中正常的格点位置亦为 N. 当 $N\gg1$ 时可以认为间隙位置与正常位置数目相同．当固体的 N 个正常位置出现 n 个空位时，由于空位位置的不同，可以有$\frac{N!}{n!\,(N-n)!}$个微观状态．同样，由于间隙位置的不同，也可以有$\frac{N!}{n!\,(N-n)!}$个微观状态．因此当固体中出现 n 个空位和 n 个间隙原子时，可能的微观状态数为

$$\Omega=\frac{N!}{n!\,(N-n)!}\cdot\frac{N!}{n!\,(N-n)!},\tag{1}$$

形成弗仑克尔缺陷导致的熵为

$$\begin{aligned}S&=k\ln\Omega\\&=2k\ln\frac{N!}{n!\,(N-n)!}.\end{aligned}\tag{2}$$

(b) 以 u 表示原子处在间隙位置与正常位置的能量差．形成 n 个空位和间隙原子后，固体内能的增加为

$$U=nu.\tag{3}$$

自由能的改变为

$$\begin{aligned}F&=nu-TS\\&=nu-2kT\ln\frac{N!}{n!\,(N-n)!}\\&=nu-2kT[N\ln N-n\ln n-(N-n)\ln(N-n)].\end{aligned}\tag{4}$$

假设形成缺陷后固体的体积不变，温度为 T 时平衡态的自由能为极小要求

$$\frac{\partial F}{\partial n}=0.$$

由式(4)得

$$\frac{\partial F}{\partial n}=u-2kT\ln\frac{N-n}{n}=0,$$

即

$$\ln\frac{N-n}{n}=\frac{u}{2kT},$$

由于 $n\ll N$，上式可以近似为

$$n\approx N\mathrm{e}^{-\frac{u}{2kT}}. \tag{5}$$

实际固体中 u 的典型值约为 1 eV，在 300 K 时，有

$$\frac{n}{N}\approx\mathrm{e}^{-20}=10^{-8.7}.$$

在高温下这个比值会增大.

上述讨论中假设形成缺陷时固体的体积不变. 在这假设下应用了自由能判据，u 也成为与温度无关的常量. 讨论中也忽略了形成缺陷与晶格振动的相互影响. 这些假设都是近似成立的.

7-7 （原 7.7 题）

如果原子脱离晶体内部的正常位置而占据表面上的正常位置，构成新的一层，晶体将出现如图7-2所示的缺陷，称为肖特基缺陷. 以 N 表示晶体中的原子数，n 表示晶体中的缺陷数. 如果忽略晶体体积的变化，试用自由能为极小的条件证明，温度为 T 时，有

$$n\approx N\mathrm{e}^{-\frac{W}{kT}}\qquad（设\ n\ll N），$$

其中 W 为原子在表面位置与正常位置的能量差.

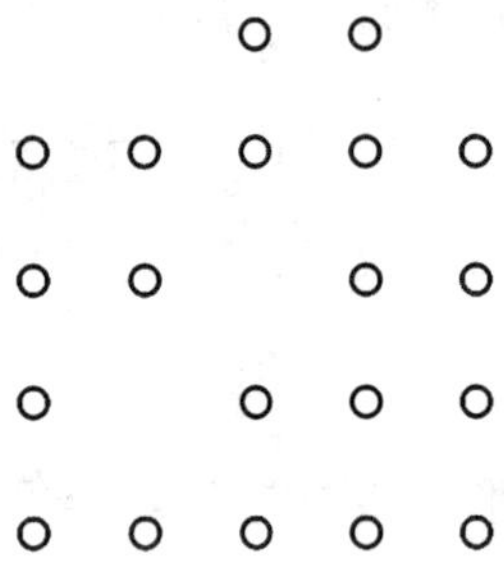

图 7-2

解 当 n 个原子由内部的正常位置转移到表面的正常位置后，在原有的 N 个正常位置中就有 n 个空位. 由于空位位置的不同，可以有

$$\Omega=\frac{N!}{n!\,(N-n)!} \tag{1}$$

个微观状态. 所以形成 n 个肖特基缺陷后固体的熵增为

$$\begin{aligned}S&=k\ln\Omega\\&=k\ln\frac{N!}{n!\,(N-n)!}\\&=k[N\ln N-n\ln n-(N-n)\ln(N-n)].\end{aligned} \tag{2}$$

原子处在内部较之处在表面受到更多近邻原子的作用，因而具有较低的能量. 以 W 表示原子在表面位置与正常位置的能量差. 当形成 n 个肖特基缺陷后内能的增加为

$$U=nW, \tag{3}$$

自由能的改变为

$$\begin{aligned}F&=nW-TS\\&=nW-kT[N\ln N-n\ln n-(N-n)\ln(N-n)].\end{aligned} \tag{4}$$

忽略固体体积的变化，温度为 T 时平衡态自由能最小要求

$$\frac{\partial F}{\partial n}=0,$$

因此有

$$\frac{\partial F}{\partial n}=W-kT\ln\frac{N-n}{n}=0,$$

即

$$\ln\frac{N-n}{n}=\frac{W}{kT}.$$

由于 $n\ll N$，上式可近似为

$$n\approx N\mathrm{e}^{-\frac{W}{kT}}. \tag{5}$$

W 的典型值约为 1 eV，在 $T=300$ K 时，有

$$\frac{n}{N}\approx\mathrm{e}^{-40}\approx10^{-17}.$$

n 的数值随温度升高而增大 .

讨论中得到式(4)时所作的近似与 7-6 题的近似相仿，相应的说明就不重复了 .

7-8 （原 7. 8 题）

稀薄气体由某种原子组成 . 原子两个能级能量之差为

$$\varepsilon_2-\varepsilon_1=\hbar\omega_0.$$

当原子从高能级 ε_2 跃迁到低能级 ε_1 时将伴随着光的发射 . 由于气体中原子的速度分布和多普勒效应，光谱仪观察到的不是单一频率 ω_0 的谱线，而是频率的一个分布，称为谱线的多普勒增宽 . 试求温度为 T 时谱线多普勒增宽的表达式 .

解 我们首先根据在原子跃迁发射光子过程中动量和能量的守恒关系导出多普勒效应 .

为明确起见，假设光谱仪接受沿 z 轴传播的光，原子的质量为 m，初态处在能级 ε_2，速度为 $\boldsymbol{v}_2$. 发射能量为 $\hbar\omega$，动量为 $\hbar\boldsymbol{k}$（平行于 z 轴）的光子后跃迁到能级 ε_1，速度变为 $\boldsymbol{v}_1$. 动量守恒和能量守恒要求

$$m\boldsymbol{v}_1+\hbar\boldsymbol{k}=m\boldsymbol{v}_2, \tag{1}$$

$$\varepsilon_1+\frac{1}{2}mv_1^2+\hbar\omega=\varepsilon_2+\frac{1}{2}mv_2^2. \tag{2}$$

将式(1)平方并除以 $2m$，得

$$\frac{1}{2}mv_1^2+\frac{\hbar^2k^2}{2m}+\hbar\boldsymbol{v}_1\cdot\boldsymbol{k}=\frac{1}{2}mv_2^2,$$

代入式(2)，注意 $\varepsilon_2-\varepsilon_1=\hbar\omega_0$，即有

$$\hbar\omega_0=\hbar\omega-\hbar\boldsymbol{v}_1\cdot\boldsymbol{k}-\frac{\hbar^2k^2}{2m},$$

或

$$\omega_0=\omega-\frac{v_{1z}\omega}{c}-\frac{\hbar\omega^2}{2mc^2}. \tag{3}$$

式(3)右方后两项的大小估计如下：考虑

$$m \sim 10^{-26}\ \text{kg},$$
$$v_{1z} \sim 3\times10^{2}\ \text{m}\cdot\text{s}^{-1},$$
$$\omega \sim 10^{15}\ \text{s}^{-1},$$

即有

$$\frac{v_{1z}}{c} \sim 10^{-6},$$
$$\frac{\hbar\omega}{2mc^2} \sim 10^{-9}.$$

因此右方第三项完全可以忽略，且 ω 与 ω_0的差别很小．将式(3)改写为

$$\omega = \frac{\omega_0}{1-\dfrac{v_{1z}}{c}} \approx \omega_0\left(1+\frac{v_{1z}}{c}\right). \tag{4}$$

式(4)给出多普勒频移．多普勒频移通常表达为：当原子以速度 v 面对观察者运动时，观察者看到的光频是

$$\omega = \omega_0\left(1+\frac{v}{c}\right),$$

其中 ω_0是静止原子发出的光的频率．

根据式(7.3.7)，温度为 T 时，气体中原子速度的 z 分量在 v_z 到 $v_z+\mathrm{d}v_z$ 之间的概率与下式成正比：

$$\mathrm{e}^{-\frac{m}{2kT}v_z^2}\mathrm{d}v_z. \tag{5}$$

将式(4)代入上式可以得到光的频率分布

$$\mathrm{e}^{-\frac{m}{2kT}\frac{c^2(\omega-\omega_0)^2}{\omega_0^2}}\frac{c}{\omega_0}\mathrm{d}\omega. \tag{6}$$

这是以 ω_0为中心的高斯(Gaussian)型分布．可以将式(6)表示为高斯型分布的标准形式：

$$F(\omega) = \frac{1}{(2\pi\delta^2)^{\frac{1}{2}}}\mathrm{e}^{-\frac{(\omega-\omega_0)^2}{2\delta^2}}, \tag{7}$$

其中 $\delta = \omega_0\left(\dfrac{kT}{mc^2}\right)^{\frac{1}{2}}$．函数 $F(\omega)$满足归一化条件：

$$\int F(\omega)\,\mathrm{d}\omega = 1. \tag{8}$$

式(7)可以从实验加以验证．这是实验上验证麦克斯韦速度分布的方法之一．

7-9 (原 7.9 题)

气体以恒定速度沿 z 方向作整体运动．试证明：在平衡状态下分子动量的最概然分布为

$$e^{-\alpha-\frac{\beta}{2m}[p_x^2+p_y^2+(p_z-p_0)^2]}\frac{V\mathrm{d}p_x\mathrm{d}p_y\mathrm{d}p_z}{h^3}.$$

解 气体是非定域系统，由于满足经典极限条件而遵从玻耳兹曼分布．与分布$\{a_l\}$相应的气体的微观状态数为

$$\Omega=\frac{\prod_l \omega_l^{a_l}}{\prod_l a_l!},\tag{1}$$

其对数为

$$\begin{aligned}\ln\Omega&=\sum_l a_l\ln\omega_l-\sum_l\ln a_l!\\&=\sum_l a_l\ln\omega_l-\sum_l a_l(\ln a_l-1).\end{aligned}\tag{2}$$

在气体沿 z 方向作整体运动的情形下，分布必须满足下述条件：

$$\begin{aligned}&\sum_l a_l=N,\\&\sum_l a_l\varepsilon_l=E,\\&\sum_l a_l p_{lz}=p_z,\end{aligned}\tag{3}$$

其中 p_z 是气体在 z 方向的总动量，p_{lz}是处在能级 l 的分子所具有的 z 方向动量．

气体分子的最概然分布是在限制条件(3)下，使 $\ln\Omega$ 为极大的分布．令各 a_l 有 δa_l 的变化，$\ln\Omega$ 将因而有变化

$$\delta\ln\Omega=-\sum_l\ln\frac{a_l}{\omega_l}\delta a_l,$$

限制条件(3)要求

$$\begin{aligned}\delta N&=\sum_l\delta a_l=0,\\\delta E&=\sum_l\varepsilon_l\delta a_l=0,\\\delta p_z&=\sum_l p_{lz}\delta a_l=0.\end{aligned}$$

用拉格朗日乘子 α_1，β 和 γ 乘这三个式子并从 $\delta\ln\Omega$ 中减去，得

$$\begin{aligned}&\delta\ln\Omega-\alpha_1\delta N-\beta\delta E-\gamma\delta p_z\\&=-\sum_l\left(\ln\frac{a_l}{\omega_l}+\alpha_1+\beta\varepsilon_l+\gamma p_{lz}\right)\delta a_l\\&=0.\end{aligned}$$

根据拉格朗日乘子法原理，每个 δa_l 的系数都等于零，所以有

$$\ln\frac{a_l}{\omega_l}+\alpha_1+\beta\varepsilon_l+\gamma p_{lz}=0,$$

或

$$a_l=\omega_l e^{-\alpha_1-\beta\varepsilon_l-\gamma p_{lz}}.\tag{4}$$

可以将式(4)改写为动量的连续分布：在体积 V 内，在动量 p_x 到 $p_x+\mathrm{d}p_x$，p_y 到 p_y+

dp_y，p_z 到 p_z+dp_z 内的分子数为

$$e^{-\alpha_1-\frac{\beta}{2m}(p_x^2+p_y^2+p_z^2)-\gamma p_z}\frac{V dp_x dp_y dp_z}{h^3},\tag{5}$$

或

$$e^{-\alpha-\frac{\beta}{2m}[p_x^2+p_y^2+(p_z-p_0)^2]}\frac{V dp_x dp_y dp_z}{h^3},\tag{6}$$

其中

$$p_0=-\frac{m\gamma}{\beta},$$

$$\begin{aligned}\alpha&=\alpha_1-\frac{m\gamma^2}{2\beta}\\&=\alpha_1-\frac{\beta p_0^2}{2m}.\end{aligned}\tag{7}$$

式中的参量 α，β，p_0 由式(3)确定．由式(3)第一式得

$$\begin{aligned}N&=\iiint_{-\infty}^{+\infty}e^{-\alpha-\frac{\beta}{2m}[p_x^2+p_y^2+(p_z-p_0)^2]}\frac{V dp_x dp_y dp_z}{h^3}\\&=e^{-\alpha}\frac{V}{h^3}\left(\frac{2\pi m}{\beta}\right)^{\frac{3}{2}},\end{aligned}\tag{8}$$

代入式(6)消去 $e^{-\alpha}$，可将气体分子的动量分布表达为

$$N\left(\frac{\beta}{2m\pi}\right)^{\frac{3}{2}}e^{-\frac{\beta}{2m}[p_x^2+p_y^2+(p_z-p_0)^2]}dp_x dp_y dp_z .\tag{9}$$

利用式(9)求 p_z 的平均值，得

$$\begin{aligned}\overline{p}_z&=\left(\frac{\beta}{2m\pi}\right)^{\frac{3}{2}}\iiint_{-\infty}^{+\infty}e^{-\frac{\beta}{2m}[p_x^2+p_y^2+(p_z-p_0)^2]}p_z dp_x dp_y dp_z\\&=p_0.\end{aligned}$$

所以 p_0 是 p_z 的平均值．p_0 与 p_z 的关系为

$$p_z=Np_0.$$

在气体具有恒定的整体速度的情形下，气体的平衡状态不受破坏(参看 § 11.6)，其物态方程仍由 $pV=NkT$ 描述．据此容易证明

$$\beta=\frac{1}{kT}.$$

7-10 （原 7.10 题）

气体以恒定速度 v_0 沿 z 方向作整体运动，求分子的平均平动能量．

解 根据 7-9 题式(9)，以恒定速度 v_0 沿 z 方向作整体运动的气体，其分子的速度分布为

$$N\left(\frac{m}{2\pi kT}\right)^{\frac{3}{2}} e^{-\frac{m}{2kT}[v_x^2+v_y^2+(v_z-v_0)^2]} dv_x dv_y dv_z. \tag{1}$$

分子平动能量的平均值为

$$\begin{aligned}\bar{\varepsilon} &= \left(\frac{m}{2\pi kT}\right)^{\frac{3}{2}} \iiint_{-\infty}^{+\infty} \frac{1}{2}m(v_x^2+v_y^2+v_z^2) e^{-\frac{m}{2kT}[v_x^2+v_y^2+(v_z-v_0)^2]} dv_x dv_y dv_z \\ &= \left(\frac{m}{2\pi kT}\right)^{\frac{1}{2}} \left(\frac{1}{2}m\int_{-\infty}^{+\infty} v_x^2 e^{-\frac{m}{2kT}v_x^2} dv_x + \frac{1}{2}m\int_{-\infty}^{+\infty} v_y^2 e^{-\frac{m}{2kT}v_y^2} dv_y + \right. \\ &\left. \frac{1}{2}m\int_{-\infty}^{+\infty} v_z^2 e^{-\frac{m}{2kT}(v_z-v_0)^2} dv_z\right).\end{aligned}$$

上式头两项积分后分别等于$\frac{1}{2}kT$，第三项的积分等于

$$\begin{aligned}&\left(\frac{m}{2\pi kT}\right)^{\frac{1}{2}} \cdot \frac{1}{2}m\left(\int_{-\infty}^{+\infty} (v_z-v_0)^2 e^{-\frac{m}{2kT}(v_z-v_0)^2} dv_z + \right. \\ &\left. 2v_0\int_{-\infty}^{+\infty} v_z e^{-\frac{m}{2kT}(v_z-v_0)^2} dv_z - v_0^2\int_{-\infty}^{+\infty} e^{-\frac{m}{2kT}(v_z-v_0)^2} dv_z\right) \\ &= \frac{1}{2}kT + mv_0^2 - \frac{1}{2}mv_0^2.\end{aligned}$$

因此，

$$\bar{\varepsilon} = \frac{3}{2}kT + \frac{1}{2}mv_0^2. \tag{2}$$

式(2)表明，气体分子的平动能量等于无规热运动的平均能量$\frac{3}{2}kT$及整体运动能量$\frac{1}{2}mv_0^2$之和.

7-11 （原 7.11 题）

表面活性物质的分子在液面上做二维自由运动，可以看作二维气体. 试写出二维气体中分子的速度分布和速率分布，并求平均速率 $\bar{v}$，最概然速率 v_m 和方均根速率 v_s.

解 参照式(7.3.7)—式(7.3.9)，可以直接写出在液面上做二维运动的表面活性物质分子的速度分布和速率分布. 速度分布为

$$\frac{m}{2\pi kT} e^{-\frac{m}{2kT}(v_x^2+v_y^2)} dv_x dv_y. \tag{1}$$

速率分布为

$$2\pi \frac{m}{2\pi kT} e^{-\frac{m}{2kT}v^2} v dv. \tag{2}$$

平均速率为

$$\bar{v} = \frac{m}{kT}\int_0^{+\infty} e^{-\frac{m}{2kT}v^2} v^2 dv$$

$$=\sqrt{\frac{\pi kT}{2m}}. \tag{3}$$

速率平方的平均值为

$$\overline{v^2}=\frac{m}{kT}\int_0^{+\infty} e^{-\frac{m}{2kT}v^2}v^3\mathrm{d}v$$

$$=\frac{2kT}{m}.$$

因此方均根速率为

$$v_s=\sqrt{\overline{v^2}}=\sqrt{\frac{2kT}{m}}. \tag{4}$$

最概然速率 v_m 由条件

$$\frac{\mathrm{d}}{\mathrm{d}v}(e^{-\frac{mv^2}{2kT}}v)=0$$

确定. 由此可得

$$v_m=\sqrt{\frac{kT}{m}}. \tag{5}$$

值得注意的是，上述 $\bar{v}$、v_s、v_m 三种速率均小于三维气体相应的速率，这是由于二维和三维气体中速率在 v 到 $v+\mathrm{d}v$ 中的分子数分别与速度空间的体积元 $2\pi v\mathrm{d}v$ 和 $4\pi v^2\mathrm{d}v$ 成正比，因而二维气体中大速率分子的相对比例低于三维气体.

7-12 （原 7.12 题）

根据麦克斯韦速度分布律导出两分子的相对速度 $\boldsymbol{v}_r=\boldsymbol{v}_2-\boldsymbol{v}_1$ 和相对速率 $v_r=|\boldsymbol{v}_r|$ 的概率分布，并求相对速率的平均值 $\overline{v_r}$.

解 根据麦克斯韦速度分布律，分子 1 和分子 2 各自处在速度间隔 $\mathrm{d}\boldsymbol{v}_1$ 和 $\mathrm{d}\boldsymbol{v}_2$ 的概率为

$$\mathrm{d}W=\mathrm{d}W_1\cdot\mathrm{d}W_2$$

$$=\left(\frac{m}{2\pi kT}\right)^{\frac{3}{2}}e^{-\frac{mv_1^2}{2kT}}\mathrm{d}\boldsymbol{v}_1\cdot\left(\frac{m}{2\pi kT}\right)^{\frac{3}{2}}e^{-\frac{mv_2^2}{2kT}}\mathrm{d}\boldsymbol{v}_2. \tag{1}$$

上述两个分子的运动也可以用它们的质心运动和相对运动来描述. 以 $\boldsymbol{v}_c$ 表示质心速度、$\boldsymbol{v}_r$ 表示相对速度，则

$$\boldsymbol{v}_c=\frac{m_1\boldsymbol{v}_1+m_2\boldsymbol{v}_2}{m_1+m_2},$$

$$\boldsymbol{v}_r=\boldsymbol{v}_2-\boldsymbol{v}_1. \tag{2}$$

在 $m_1=m_2=m$ 的情形下，上式简化为

$$\boldsymbol{v}_c=\frac{1}{2}(\boldsymbol{v}_1+\boldsymbol{v}_2),$$

$$\boldsymbol{v}_r=\boldsymbol{v}_2-\boldsymbol{v}_1.$$

容易验明，两种描述给出的动能 E_k 相同，即

$$E_k=\frac{1}{2}m_1v_1^2+\frac{1}{2}m_2v_2^2=\frac{1}{2}m'v_c^2+\frac{1}{2}m_\mu v_r^2 . \tag{3}$$

式中

$$m'=m_1+m_2 ,$$

$$m_\mu=\frac{m_1m_2}{m_1+m_2},$$

分别是质心的质量和相对运动的约化质量．在 $m_1=m_2=m$ 的情形下，有

$$m'=2m,$$

$$m_\mu=\frac{m}{2}.$$

根据积分变换公式

$$\mathrm{d}\,\boldsymbol{v}_1\mathrm{d}\,\boldsymbol{v}_2=|J|\,\mathrm{d}\,\boldsymbol{v}_c\mathrm{d}\,\boldsymbol{v}_r , \tag{4}$$

可以证明 $|J|=1$，所以式(1)也可表达为

$$\begin{aligned}\mathrm{d}W&=\left(\frac{m'}{2\pi kT}\right)^{\frac{3}{2}}\mathrm{e}^{-\frac{m'v_c^2}{2kT}}\mathrm{d}\,\boldsymbol{v}_c\cdot\left(\frac{m_\mu}{2\pi kT}\right)^{\frac{3}{2}}\mathrm{e}^{-\frac{m_\mu v_r^2}{2kT}}\mathrm{d}\,\boldsymbol{v}_r\\&=\mathrm{d}W_c\mathrm{d}W_r ,\end{aligned} \tag{5}$$

其中相对速度 $\boldsymbol{v}_r$ 的概率分布为

$$\mathrm{d}W_r=\left(\frac{m_\mu}{2\pi kT}\right)^{\frac{3}{2}}\mathrm{e}^{-\frac{m_\mu v_r^2}{2kT}}\mathrm{d}\,\boldsymbol{v}_r. \tag{6}$$

相对速率的分布为

$$4\pi\left(\frac{m_\mu}{2\pi kT}\right)^{\frac{3}{2}}\mathrm{e}^{-\frac{m_\mu v_r^2}{2kT}}v_r^2\mathrm{d}v_r. \tag{7}$$

式(6)和式(7)可以这样直观地理解：从固定在分子 1 的坐标系观察，分子 2 以约化质量 m_μ、相对速度 $\boldsymbol{v}_r$ 运动，根据麦克斯韦速度和速率分布律就可以直接写出这两个式子．

相对速率 v_r 的平均值为

$$\begin{aligned}\bar{v}_r&=4\pi\left(\frac{m_\mu}{2\pi kT}\right)^{\frac{3}{2}}\int_0^{+\infty}\mathrm{e}^{-\frac{m_\mu v_r^2}{2kT}}v_r^3\mathrm{d}v_r\\&=\sqrt{\frac{8kT}{\pi m_\mu}}\\&=\sqrt{2}\ \bar{v},\end{aligned} \tag{8}$$

式中 $\bar{v}=\sqrt{\frac{8hT}{\pi m}}$ 是气体分子的平均速率．

7-13 （原 7.13 题）

试证明，单位时间内碰到单位面积器壁上，速率介于 v 与 $v+\mathrm{d}v$ 之间的分子数为

$$\mathrm{d}\Gamma(v)=\pi n\left(\frac{m}{2\pi kT}\right)^{\frac{3}{2}}\mathrm{e}^{-\frac{m}{2kT}v^2}v^3\mathrm{d}v.$$

解　参照式(7.3.16)，单位时间内碰到法线方向沿 z 轴的单位面积器壁上，速度在 $dv_x dv_y dv_z$ 范围内的分子数为

$$d\Gamma = fv_z dv_x dv_y dv_z. \tag{1}$$

用速度空间的球坐标，可以将式(1)表示为

$$d\Gamma = fv\cos\theta\, v^2 \sin\theta dv d\theta d\varphi. \tag{2}$$

对 $d\theta$ 和 $d\varphi$ 积分，θ 从 0 到 $\frac{\pi}{2}$，φ 从 0 到 2π，有

$$\int_0^{\frac{\pi}{2}} \sin\theta\cos\theta d\theta \int_0^{2\pi} d\varphi = \pi.$$

因此得单位时间内碰到单位面积器壁上，速率介于 v 与 $v+dv$ 之间的分子数为

$$d\Gamma(v) = \pi n\left(\frac{m}{2\pi kT}\right)^{\frac{3}{2}} e^{-\frac{m}{2kT}v^2} v^3 dv. \tag{3}$$

7-14　(原 7.14 题)

分子从器壁的小孔射出，求在射出的分子束中，分子的平均速率、方均根速率和平均能量.

解　7-13 题式(3)已求得了单位时间内，碰到单位面积器壁上，速率在 v 到 $v+dv$ 范围的分子数为

$$d\Gamma(v) = \pi n\left(\frac{m}{2\pi kT}\right)^{\frac{3}{2}} e^{-\frac{mv^2}{2kT}} v^3 dv. \tag{1}$$

如果器壁有小孔，分子可以通过小孔逸出. 当小孔足够小，对容器内分子的平衡分布影响可以忽略时，单位时间内逸出的分子数就等于碰到小孔面积上的分子数. 因此在射出的分子束中，分子的平均速率为

$$\begin{aligned}\bar{v} &= \frac{\int_0^{+\infty} v d\Gamma(v)}{\int_0^{+\infty} d\Gamma(v)} \\ &= \frac{\int_0^{+\infty} v^4 e^{-\frac{mv^2}{2kT}} dv}{\int_0^{+\infty} v^3 e^{-\frac{mv^2}{2kT}} dv} \\ &= \sqrt{\frac{9\pi kT}{8m}}.\end{aligned} \tag{2}$$

速率平方的平均值为

$$\begin{aligned}\overline{v^2} &= \frac{\int_0^{+\infty} v^5 e^{-\frac{mv^2}{2kT}} dv}{\int_0^{+\infty} v^3 e^{-\frac{mv^2}{2kT}} dv} \\ &= \frac{4kT}{m},\end{aligned} \tag{3}$$

即速率的方均根值为

$$v_s=\sqrt{\overline{v^2}}=\sqrt{\frac{4kT}{m}}. \tag{4}$$

平均动能为

$$\frac{1}{2}m\overline{v^2}=2kT. \tag{5}$$

上述结果表明，分子束中分子的平均速率和平均动能均大于容器内气体分子的相应平均值．原因在于，大速率分子有较大的概率从小孔逸出，使式(1)含有因子 v^3，而平衡态分子速率分布式(7.3.9)中含因子 v^2.

7-15 （补充题）

体积为 V 的容器保持恒定的温度 T，容器内的气体通过面积为 A 的小孔缓慢地漏入周围的真空中，求容器中气体压强降到初始压强的$\frac{1}{\mathrm{e}}$所需的时间．

解 假设小孔很小，分子从小孔逸出不影响容器内气体分子的平衡分布，即分子从小孔逸出的过程形成泻流过程．

以 $N(t)$ 表示在时刻 t 容器内的分子数．根据式(7.3.18)，在 t 到 $t+\mathrm{d}t$ 时间内通过面积为 A 的小孔逸出的分子数为

$$\frac{1}{4}\frac{N(t)}{V}\bar{v}A\mathrm{d}t,$$

其中

$$\bar{v}=\sqrt{\frac{8kT}{\pi m}}$$

是容器内气体分子的平均速率．容器温度保持不变，$\bar{v}$ 也就保持不变．因此，在 $\mathrm{d}t$ 时间内容器中分子数的增量为

$$\mathrm{d}N=-\frac{1}{4}\frac{N(t)}{V}\bar{v}A\mathrm{d}t. \tag{1}$$

将上式改写为

$$\frac{\mathrm{d}N}{N}=-\frac{1}{4}\frac{\bar{v}A}{V}\mathrm{d}t,$$

积分，得

$$N(t)=N_0\mathrm{e}^{-\frac{\bar{v}A}{4V}t}, \tag{2}$$

式中 N_0是初始时刻容器内的分子数．

根据物态方程

$$pV=nkT,$$

在 V，T 保持不变的情形下，气体的压强与分子数密度成正比．所以在时刻 t 气体的压强 $p(t)$ 为

$$p(t)=p_0\mathrm{e}^{-\frac{\bar{v}A}{4V}t}, \tag{3}$$

p_0是初始时刻的压强．当$\frac{\bar{v}A}{4V}t=1$时，容器内的压强将降到初始时刻的$\frac{1}{\mathrm{e}}$，所需时间为

$$t=\frac{4V}{\bar{v}A}. \tag{4}$$

7-16 （原 7.15 题）

承前 5-2 题．

（a）证明在温度均匀的情形下，由压强差引起的能量流与物质流之比

$$\frac{J_u}{J_n}=\frac{L_{un}}{L_{nn}}=2RT.$$

（b）证明在没有净物质流通过小孔，即 $J_n=0$ 时，两边的压强差 Δp 与温度差 ΔT 满足：

$$\frac{\Delta p}{\Delta T}=\frac{1}{2}\frac{p}{T},$$

或

$$\frac{p_1}{\sqrt{T_1}}=\frac{p_2}{\sqrt{T_2}}.$$

解 （a）为明确起见，我们考虑单原子分子气体．7-14 题式(5)已给出通过小孔逸出的分子平均能量为 $2kT$. 在本题讨论的情形下，隔板两侧的气体分子可以从一侧逸出进入另一侧．在两侧温度相同时，逸出分子所携带的平均能量是相同的，均为 $2kT$. 但两侧存在压强差时，单位时间内将有更多的分子从压强高的一侧进入另一侧．以 J_u和 J_n分别表示净能量流和净物质流(单位时间通过小孔的净能量和净物质的量)，则有

$$\frac{J_u}{J_n}=2N_{\mathrm{A}}kT=2RT. \tag{1}$$

（b）将式(1)代入 5-2 题式(6)，并注意对于单原子分子理想气体，有

$$H_{\mathrm{m}}=U_{\mathrm{m}}+RT=\frac{5}{2}RT,$$

则有

$$\frac{\Delta p}{\Delta T}=\frac{\frac{1}{2}RT}{V_{\mathrm{m}}T}=\frac{1}{2}\frac{p}{T}. \tag{2}$$

将式(2)改写为

$$\frac{\mathrm{d}p}{p}=\frac{1}{2}\frac{\mathrm{d}T}{T},$$

积分，即有

$$\frac{p_1}{\sqrt{T_1}}=\frac{p_2}{\sqrt{T_2}}. \tag{3}$$

这意味着，在两侧的压强和温度满足式(3)的情形下，两侧之间不存在净物质流，但存在

能量流．对此的解释是，压强差和温度差都会引起物质的流动，在满足式(3)时，双向的物质流彼此抵消使净物质流为零．但两侧存在温度差时双向物质流中分子平均能量不同，因而存在净能量流．

7-17 （原 7.16 题）

已知粒子遵从经典玻耳兹曼分布，其能量表达式为

$$\varepsilon=\frac{1}{2m}(p_x^2+p_y^2+p_z^2)+ax^2+bx,$$

其中 a，b 是常量，求粒子的平均能量．

解 应用能量均分定理求粒子的平均能量时，需要注意所给能量表达式 ε 中 ax^2 和 bx 两项都是 x 的函数，不能直接将能量均分定理用于 ax^2 项而得出 $\overline{ax^2}=\frac{1}{2}kT$ 的结论．要通过配方将 ε 表达为

$$\varepsilon=\frac{1}{2m}(p_x^2+p_y^2+p_z^2)+a\left(x+\frac{b}{2a}\right)^2-\frac{b^2}{4a}. \tag{1}$$

在式(1)中，仅第四项是 x 的函数，又是平方项．由能量均分定理知

$$\begin{aligned}\bar{\varepsilon}&=\frac{1}{2m}\overline{(p_x^2+p_y^2+p_z^2)}+a\overline{\left(x+\frac{b}{2a}\right)^2}-\frac{b^2}{4a}\\&=2kT-\frac{b^2}{4a}.\end{aligned} \tag{2}$$

7-18 （补充题）

以 $\varepsilon(q_1,\cdots,q_r;\ p_1,\cdots,p_r)$ 表示玻耳兹曼系统中粒子的能量，试证明

$$\overline{x_i\frac{\partial\varepsilon}{\partial x_j}}=\delta_{ij}kT,$$

其中 x_i，x_j 分别是 $2r$ 个广义坐标和动量中的任意一个，上式称为广义能量均分定理．

解 根据玻耳兹曼分布，有

$$\overline{x_i\frac{\partial\varepsilon}{\partial x_j}}=\frac{\int x_i\frac{\partial\varepsilon}{\partial x_j}\mathrm{e}^{-\beta\varepsilon(q,\,p)}\,\mathrm{d}\omega}{\int\mathrm{e}^{-\beta\varepsilon(q,\,p)}\,\mathrm{d}\omega}. \tag{1}$$

式中 $\mathrm{d}\omega=\mathrm{d}q_1\cdots\mathrm{d}q_r\,\mathrm{d}p_1\cdots\mathrm{d}p_r$ 是 μ 空间的体积元．令 $\mathrm{d}\omega=\mathrm{d}x_j\mathrm{d}\omega_{(j)}$，$\mathrm{d}\omega_{(j)}$ 是除 $\mathrm{d}x_j$ 外其余 $2r-1$ 个广义坐标和动量的微分．将式(1)改写为

$$\overline{x_i\frac{\partial\varepsilon}{\partial x_j}}=\frac{\int x_i\frac{\partial\varepsilon}{\partial x_j}\mathrm{e}^{-\beta\varepsilon(q,\,p)}\,\mathrm{d}x_j\mathrm{d}\omega_{(j)}}{\int\mathrm{e}^{-\beta\varepsilon(q,\,p)}\,\mathrm{d}\omega}, \tag{2}$$

并对其中的 $\mathrm{d}x_j$ 进行分部积分，得

$$\int x_i \frac{\partial \varepsilon}{\partial x_j} e^{-\beta\varepsilon} dx_j$$

$$= -\frac{1}{\beta} x_i e^{-\beta\varepsilon} \Big|_{x_j} + \frac{1}{\beta} \int \frac{\partial x_i}{\partial x_j} e^{-\beta\varepsilon} dx_j,$$

其中第一项要将 x_j 的上下限代入．如果 x_j 是粒子的动量，将上下限 $\pm\infty$ 代入后 ε 趋于无穷，使第一项为零；如果 x_j 是粒子的坐标，其上下限是 $\pm\infty$ 或器壁坐标，代入后 ε 也趋于无穷，亦使第一项为零．考虑到 $\frac{\partial x_i}{\partial x_j} = \delta_{ij}$，即有

$$\int x_i \frac{\partial \varepsilon_j}{\partial x_j} e^{-\beta\varepsilon} dx_j = \frac{1}{\beta} \delta_{ij} \int e^{-\beta\varepsilon} dx_j. \tag{3}$$

代回式(2)，得

$$\overline{x_i \frac{\partial \varepsilon}{\partial x_j}} = \delta_{ij} kT. \tag{4}$$

式(4)称为广义能量均分定理．假如 ε 中含有 x_i 的项可以表示为平方项，即

$$\varepsilon(q, p) = a x_i^2 + \varepsilon'(x_1, \cdots, x_{i-1}, x_{i+1}, \cdots, x_{2r}). \tag{5}$$

由式(4)得

$$\overline{a x_i^2} = \frac{1}{2} kT. \tag{6}$$

这正是能量均分定理的结果．应用广义能量均分定理不要求能量为平方项．习题 7-19 和习题 7-20 是两个例子．

7-19 （补充题）

非谐振子的能量为

$$\varepsilon = \frac{1}{2m} p_x^2 + \frac{m\omega^2}{2} x^4,$$

试根据广义能量均分定理求振子的平均能量．

解 根据广义能量均分定理，由习题 7-18 式(4)，有

$$\overline{x \frac{\partial \varepsilon}{\partial x}} = \frac{4m\omega^2}{2} \overline{x^4} = kT,$$

因此振子的平均势能为

$$\frac{1}{2} m\omega^2 \overline{x^4} = \frac{kT}{4}. \tag{1}$$

振子的动能是平方项，平均动能为 $\frac{1}{2}kT$. 所以振子的平均能量为

$$\bar{\varepsilon} = \frac{kT}{2} + \frac{kT}{4} = \frac{3kT}{4}. \tag{2}$$

7-20 （补充题）

已知极端相对论粒子的能量动量关系为

$$\varepsilon=c(p_x^2+p_y^2+p_z^2)^{\frac{1}{2}}.$$

假设由近独立、极端相对论粒子组成的气体满足经典极限条件，试由广义能量均分定理求粒子的平均能量.

解 由极端相对论粒子的能量动量关系

$$\varepsilon=c(p_x^2+p_y^2+p_z^2)^{\frac{1}{2}} \tag{1}$$

可得

$$\frac{\partial\varepsilon}{\partial p_i}=\frac{cp_i}{(p_x^2+p_y^2+p_z^2)^{\frac{1}{2}}},\qquad i=x,\ y,\ z. \tag{2}$$

显然

$$\begin{aligned}&\overline{p_x\frac{\partial\varepsilon}{\partial p_x}+p_y\frac{\partial\varepsilon}{\partial p_y}+p_z\frac{\partial\varepsilon}{\partial p_z}}\\&=c\,\overline{(p_x^2+p_y^2+p_z^2)^{\frac{1}{2}}}\\&=\bar{\varepsilon}.\end{aligned}$$

而根据 7-18 题的广义能量均分定理，有

$$\overline{p_x\frac{\partial\varepsilon}{\partial p_x}}=\overline{p_y\frac{\partial\varepsilon}{\partial p_y}}=\overline{p_z\frac{\partial\varepsilon}{\partial p_z}}=kT, \tag{3}$$

所以

$$\bar{\varepsilon}=3kT. \tag{4}$$

7-21 （原 7.17 题）

气柱的高度为 H，处在重力场中．试证明此气柱的内能和热容为

$$U=U_0+NkT-\frac{NmgH}{\mathrm{e}^{\frac{mgH}{kT}}-1},$$

$$C_V=C_V^0+Nk-\frac{N(mgH)^2\mathrm{e}^{\frac{mgH}{kT}}}{(\mathrm{e}^{\frac{mgH}{kT}}-1)^2}\frac{1}{kT^2}.$$

解 为明确起见，假设气体是单原子分子理想气体．在重力场中分子的能量为

$$\varepsilon=\frac{1}{2m}(p_x^2+p_y^2+p_z^2)+mgz. \tag{1}$$

粒子的配分函数为

$$\begin{aligned}Z_1&=\frac{1}{h^3}\int\cdots\int\mathrm{e}^{-\frac{\beta}{2m}(p_x^2+p_y^2+p_z^2)-\beta mgz}\mathrm{d}x\mathrm{d}y\mathrm{d}z\mathrm{d}p_x\mathrm{d}p_y\mathrm{d}p_z\\&=\frac{1}{h^3}\left(\frac{2\pi m}{\beta}\right)^{\frac{3}{2}}\int\mathrm{d}x\mathrm{d}y\int_0^H\mathrm{e}^{-\beta mgz}\mathrm{d}z\end{aligned}$$

$$=\frac{1}{h^3}\left(\frac{2\pi m}{\beta}\right)^{\frac{3}{2}}A\frac{1}{\beta mg}(1-e^{-\beta mgH}),\tag{2}$$

其中 $A=\int dxdy$ 是气柱的截面积.

气柱的内能为

$$\begin{aligned}U&=-N\frac{\partial}{\partial\beta}\ln Z_1\\&=\frac{3}{2}NkT+NkT-\frac{NmgH}{e^{\beta mgH}-1}\\&=U_0+NkT-\frac{NmgH}{e^{\beta mgH}-1},\end{aligned}\tag{3}$$

式中 $U_0=\frac{3}{2}NkT$.

气体的热容为

$$\begin{aligned}C_V&=\frac{\partial U}{\partial T}\\&=C_V^0+Nk-\frac{1}{kT^2}\frac{N(mgH)^2e^{\beta mgH}}{(e^{\beta mgH}-1)^2}.\end{aligned}\tag{4}$$

上述结果显然也适用于双(多)原子分子气体，只要将 U_0 和 C_V^0 理解为无外场时气体的内能和热容.

当 $\frac{mgH}{kT}\ll 1$ 时，式(4)右方后两项相互消去而有

$$C_V=C_V^0.\tag{5}$$

这意味着，当气柱不高，分子在气柱顶部($z=H$)与底部($z=0$)的重力势能差远小于热运动能量的情形下，气柱的热容与无外场时的热容是相同的.

当 $\frac{mgH}{kT}\gg 1$ 时，式(4)右方第三项趋于零，因此

$$C_V=C_V^0+Nk.\tag{6}$$

这意味着，当气柱很高，分子在气柱顶部与底部的重力势能差远大于热运动能量的情形下，气柱在重力场中具有附加的热容 Nk.

对于 300 K 的空气，相应于 $\frac{mgH}{kT}\approx 1$ 的 H 约为 10^4 m. 因此在通常情形下，式(5)是适用的. 实际上大气温度随高度增加而降低，当气柱很高时，应用玻耳兹曼分布时所作的恒温假设并不成立.

7-22 (原 7.18 题)

试求双原子分子理想气体的振动熵.

解 将双原子分子中原子的相对振动近似看作简谐振动. 以 ω 表示振动的圆频率，振动能级为

$$\varepsilon_n=\left(n+\frac{1}{2}\right)\hbar\omega,\qquad n=0,\ 1,\ 2,\ \cdots \tag{1}$$

振动配分函数为

$$\begin{aligned} Z_1^{\mathrm{v}} &= \sum_{n=0}^{\infty} \mathrm{e}^{-\beta\hbar\omega\left(n+\frac{1}{2}\right)} \\ &= \frac{\mathrm{e}^{-\frac{1}{2}\beta\hbar\omega}}{1-\mathrm{e}^{-\beta\hbar\omega}}, \end{aligned} \tag{2}$$

$$\ln Z_1^{\mathrm{v}}=-\frac{1}{2}\beta\hbar\omega-\ln(1-\mathrm{e}^{-\beta\hbar\omega}).$$

双原子理想气体的熵为

$$\begin{aligned} S^{\mathrm{v}} &= Nk\left(\ln Z_1^{\mathrm{v}}-\beta\frac{\partial}{\partial\beta}\ln Z_1^{\mathrm{v}}\right) \\ &= Nk\left[\frac{\beta\hbar\omega}{\mathrm{e}^{\beta\hbar\omega}-1}-\ln(1-\mathrm{e}^{-\beta\hbar\omega})\right] \\ &= Nk\left[\frac{\frac{\theta_{\mathrm{v}}}{T}}{\mathrm{e}^{\frac{\theta_{\mathrm{v}}}{T}}-1}-\ln\left(1-\mathrm{e}^{-\frac{\theta_{\mathrm{v}}}{T}}\right)\right], \end{aligned} \tag{3}$$

其中 $\theta_{\mathrm{v}}=\dfrac{\hbar\omega}{k}$是振动的特征温度.

7-23 （原 7.19 题）

对于双原子分子，常温下 kT 远大于转动的能级间距. 试求双原子分子理想气体的转动熵.

解 在 kT 远大于转动能级间距的情形下，可以用经典近似求转动配分函数 Z_1^{r}. 根据式(7.5.23)(令其中的 $h_0=h$)，有

$$\begin{aligned} Z_1^{\mathrm{r}} &= \frac{1}{h^2}\int \mathrm{e}^{-\beta\frac{1}{2I}\left(p_\theta^2+\frac{1}{\sin^2\theta}p_\varphi^2\right)}\,\mathrm{d}p_\theta\mathrm{d}p_\varphi\mathrm{d}\theta\mathrm{d}\varphi \\ &= \frac{2I}{\beta\hbar^2}. \end{aligned} \tag{1}$$

双原子分子理想气体的转动熵为

$$\begin{aligned} S &= Nk\left(\ln Z_1^{\mathrm{r}}-\beta\frac{\partial}{\partial\beta}\ln Z_1^{\mathrm{r}}\right) \\ &= Nk\left[\ln\left(\frac{2I}{\beta\hbar^2}\right)+1\right] \\ &= Nk\left(\ln\frac{T}{\theta_{\mathrm{r}}}+1\right). \end{aligned} \tag{2}$$

式中 $\theta_{\mathrm{r}}=\dfrac{\hbar^2}{2Ik}$是转动特征温度，$I=m_\mu r^2$是分子绕质心的转动惯量，$m_\mu=\dfrac{m_1m_2}{m_1+m_2}$是约化质量.

7-24 （补充题）

如果原子基态的自旋角动量 $\boldsymbol{S}$ 和轨道角动量 $\boldsymbol{L}$ 不等于零，自旋-轨道耦合作用将导致原子能级的精细结构．考虑能级的精细结构后，电子运动的配分函数为

$$Z_1^e = \sum_J (2J+1)\,e^{-\frac{\varepsilon_J}{kT}},$$

其中 ε_J 表示精细结构能级，J 是原子的总角动量量子数，$2J+1$ 是能级 ε_J 的简并度．试讨论电子运动对单原子理想气体热力学函数的影响．

解 自旋-轨道耦合来自电子自旋磁矩与电子轨道运动所产生磁场的作用，这是一个相对论效应．在中心力场中运动的电子，其自旋-轨道耦合能量的表达式为

$$\xi(r)\,\boldsymbol{l}\cdot\boldsymbol{S}, \tag{1}$$

式中 $\boldsymbol{l}$ 和 $\boldsymbol{S}$ 分别是电子的轨道角动量和自旋角动量，r 是电子的径向坐标，

$$\xi(r) = \frac{1}{2m^2c^2}\,\frac{1}{r}\,\frac{\mathrm{d}V}{\mathrm{d}r}, \tag{2}$$

其中 $V(r)$ 是电子所处的中心势场．自旋-轨道耦合能量的大小可以估计如下：

令

$$V(r) \approx -\frac{e^2}{r},$$

则

$$\begin{aligned}\xi(r)\,\boldsymbol{l}\cdot\boldsymbol{S} &\sim \frac{e^2\hbar^2}{m^2c^2a^3}\\ &\sim \frac{e^2}{a}\left(\frac{e^2}{\hbar c}\right)^2\\ &\sim 27\ \mathrm{eV}\cdot\left(\frac{1}{137}\right)^2\\ &\sim 1.4\times10^{-3}\ \mathrm{eV},\end{aligned}$$

其中 $a=\frac{\hbar^2}{me^2}$ 是玻尔半径，$\frac{e^2}{\hbar c}$ 是精细结构常数，$\boldsymbol{l}$ 和 $\boldsymbol{S}$ 的大小均估计为 $\hbar$. 由此可知，自旋-轨道耦合能量远小于电子在中心势场中运动的能量，它使中心势场中的能级产生分裂，形成能级的精细结构．

一般来说原子中含有若干个电子．处在内部满壳层的电子的轨道角动量和自旋角动量之和均等于零，因此原子的电子状态主要取决于不满壳层的电子．可以把原子核和内部满壳层的电子看成原子实，不满壳层的电子在原子实产生的势场中运动．此外还存在电子之间的库仑相互作用和前述的自旋-轨道耦合作用．所以不满壳层电子的能量(哈密顿量)可以表示为

$$H=\sum_i\left[\frac{p_i^2}{2m}+V(r_i)\right]+\sum_{i<j}\frac{e^2}{4\pi\varepsilon_0 r_{ij}}+\sum_i \xi(r_i)\,\boldsymbol{l}_i\cdot\boldsymbol{S}_i, \tag{3}$$

其中 i 是不满壳层电子的指标．第一项$\frac{p_i^2}{2m}+V(r_i)$ 是 i 电子的动能及其在原子实势场中的势能，$\sum\limits_i$ 表示对各电子求和．由于 $V(r_i)$ 是球对称的中心势场，所以它只与 $\boldsymbol{r}_i$ 的大小有关，与方向无关，具有旋转不变性．第二项$\frac{e^2}{4\pi\varepsilon_0 r_{ij}}$是 i，j 两个电子的库仑相互作用能量，与两电子的距离 r_{ij} 有关，$\sum\limits_{i<j}$ 表示对各电子对求和．第三项 $\xi(r_i)\,\boldsymbol{l}_i\cdot\boldsymbol{S}_i$ 是 i 电子的自旋-轨道耦合能量，$\sum\limits_i$ 表示对各电子求和．

作为零级近似，暂不考虑式(3)中的后两项，称为单电子近似．在单电子近似下，每一电子在原子实产生的中心势场中独立地运动，其轨道角动量量子数 l_i 是好量子数．轨道角动量的平方等于 $l_i(l_i+1)\hbar^2$. 对于给定的 l_i，轨道角动量在 z 方向的投影为 $m_{l_i}\hbar$, m_{l_i} 的取值为 l_i，l_i-1，…，$-l_i$，共 $2l_i+1$ 个可能值．由于哈密顿量的第一项不含自旋变量，自旋角动量是守恒量．电子自旋角动量的平方为 $s_i(s_i+1)\hbar^2$, $s_i=\frac{1}{2}$；自旋角动量在 z 方向的投影为 $m_s\hbar$，$m_s=\pm\frac{1}{2}$.

如果电子之间的库仑相互作用能量大于自旋-轨道耦合能量，进一步的近似要计入电子之间的库仑相互作用．计入电子间的库仑作用后，对单个电子来说已不存在旋转不变性，l_i 已不是好量子数．但当所有电子共同旋转一个角度 θ 时，各电子对的距离 r_{ij} 是保持不变的，因此哈密顿量(3)的头两项具有整体的旋转不变性．以

$$\boldsymbol{L}=\sum_i \boldsymbol{l}_i \tag{4}$$

表示总的轨道角动量，总轨道角动量量子数 L 是好量子数．总角动量的平方等于 $L(L+1)\hbar^2$，总角动量在 z 方向投影的可能值为 $M_L\hbar$，M_L 的可能值为 L，$L-1$，…，$-L$. 计及库仑作用后，哈密顿量仍不含自旋变量，所以总自旋角动量是守恒量，其平方等于 $S(S+1)\hbar^2$，总自旋在 z 方向的投影为 $M_S\hbar$，M_S 的取值为 S，$S-1$,…，$-S$. 通常用量子数 L，S 来表征原子的电子状态，在给定 L，S 下，由于 M_L 和 M_S 的不同，简并度为 $(2L+1)(2S+1)$.

原子的电子状态也可以用轨道量子数 L，自旋量子数 S，总角动量量子数 J 及其在 z 方向的投影 M_J 表征．J 的可能值为 $L+S$，$L+S-1$，…，$|L-S|$，J 给定后 M_J 的可能值为 J，$J-1$，…，$-J$，共有 $2J+1$ 个可能值．上述两种描述给出的量子态数应该相同．可以证明，

$$\sum_{J=|L-S|}^{L+S}(2J+1)=(2L+1)(2S+1).$$

因为

$$\boldsymbol{J}^2=(\boldsymbol{L}+\boldsymbol{S})^2=\boldsymbol{L}^2+\boldsymbol{S}^2+2\boldsymbol{L}\cdot\boldsymbol{S},$$

即

$$\boldsymbol{L}\cdot\boldsymbol{S}=\frac{1}{2}(\boldsymbol{J}^2-\boldsymbol{L}^2-\boldsymbol{S}^2), \tag{5}$$

所以自旋-轨道耦合能量可以表示为

$$\varepsilon_J=\frac{1}{2}A[J(J+1)-L(L+1)-S(S+1)]\hbar^2, \tag{6}$$

A 是一个常量，视不同原子而异.

由式(6)可知，自旋-轨道耦合能量取决于总角动量量子数 J，轨道角动量量子数 L 和自旋量子数 S，但与 M_J 无关，因此当 L，S，J 给定后，能级 ε_J 的简并度为 $2J+1$. 根据式(7.1.2)，电子运动的配分函数 Z_1^e 为

$$Z_1^e=\sum_J(2J+1)e^{-\frac{\varepsilon_J}{kT}}. \tag{7}$$

如果 kT 远大于所有的 ε_J，即

$$kT\gg\varepsilon_J,$$

式(7)求和中各项均有

$$e^{-\frac{\varepsilon_J}{kT}}\approx 1,$$

使式(7)约化为

$$\begin{aligned}Z_1^e&=\sum_J(2J+1)\\&=(2L+1)(2S+1).\end{aligned} \tag{8}$$

Z_1^e 既然是常量，电子运动对气体内能和热容自然没有贡献. 可以这样理解，在 $kT\gg\varepsilon_J$ 的情形下，这些能级能量的差异不影响电子在其中的分布概率，电子处在这些能级的概率是相同的，且不随温度升高而改变. 气体温度升高时，也不吸收能量，但由式(7.1.13)知，电子运动对气体的熵贡献一个因子

$$Nk\ln[(2L+1)(2S+1)], \tag{9}$$

这是气体可能的微观状态数增加为原来的 $(2L+1)\cdot(2S+1)$ 倍的缘故.

如果 kT 远小于精细结构的能级间距 $\Delta\varepsilon_J$，式(7)的求和可以只保留 $\varepsilon_J=0$ 的最低能级项，这时，有

$$Z_1^e=(2J+1). \tag{10}$$

在这情形下，电子将被冻结在最低能级，对气体的内能和热容也没有贡献，但对熵贡献一个因子

$$Nk\ln(2J+1). \tag{11}$$

前面只讨论了两个极限情形. 如果 kT 与 $\Delta\varepsilon_J$ 可以比拟，电子运动对气体内能、热容和熵的贡献将与温度有关. $\Delta\varepsilon_J$ 的大小取决于原子的结构. 例如，氧原子 O 的基态 $L=1$，$S=1$，J 的可能值为 2，1，0，相邻两精细结构能级差的特征温度为 230 K 和 320 K；Cl 原子的基态 $L=1$，$S=\frac{1}{2}$，J 的可能值为 $\frac{3}{2}$，$\frac{1}{2}$，能级差的特征温度为 1 300 K；Fe 原子 $L=2$，$S=2$，J 的可能值为 4，3，2，1，0，相邻能级差的特征温度在 600 K 至 1 400 K 之间.

最后说明一点. 上述电子角动量之间的耦合方式称为 $L-S$ 耦合. 它适用于电子间的库仑作用能量大于自旋-轨道耦合能量的情形. 在相反的情形下，各电子的轨道与自旋角动量先耦合成单电子的总角动量 j_i，然后各电子再耦合为原子的总角动量 J，称为 $J-J$ 耦合.

对于不太重的元素，电子角动量之间的耦合均属于 $L-S$ 耦合 .

7-25 （补充题）

在温度足够高时，需要计及双原子分子振动的非简谐修正，振动能量的经典表达式为

$$\varepsilon^{v}=\frac{1}{2m_{\mu}}p^{2}+\frac{K}{2}q^{2}-bq^{3}+cq^{4} \qquad (b,\ c \text{ 为正}),$$

式中最后两项是非简谐修正项，其大小远小于前面两项 . 试证明，双原子分子气体的振动内能和热容可表示为

$$U^{v}=NkT+Nk^{2}T^{2}\delta,$$
$$C_{V}^{v}=Nk+2Nk^{2}T\delta,$$

其中

$$\delta=\frac{15}{2}\frac{b^{2}}{K^{3}}-\frac{3c}{K^{2}},$$

并证明两核的平均距离 $\bar{r}$ 与温度有关，

$$\bar{r}=r_{0}+\frac{3b}{K^{2}}kT,$$

r_0是两核的平衡间距 .

解 双原子分子中两原子的相互作用势 V 是两核距离的函数 . 势能曲线$V(r)$的典型形状如图 7-3 的实线所示 . 可以将 $V(r)$ 在其极小点 r_0附近作泰勒展开，有

$$V(r)=V_{0}+\frac{1}{2}K(r-r_{0})^{2}-b(r-r_{0})^{3}+ c(r-r_{0})^{4}+\cdots. \tag{1}$$

注意$\left.\frac{\mathrm{d}V}{\mathrm{d}r}\right|_{r_0}=0$，因而展开式不含一级项，其中 r_0是两核的平衡间距 . 如果忽略展开式的第三、四项，势能曲线将如图 7-3 中的虚线所示，相当于两原子相对作简谐振动 . 令 $q=r-r_0$ 表示两核距离与平衡间距的偏离，则势能可表示为

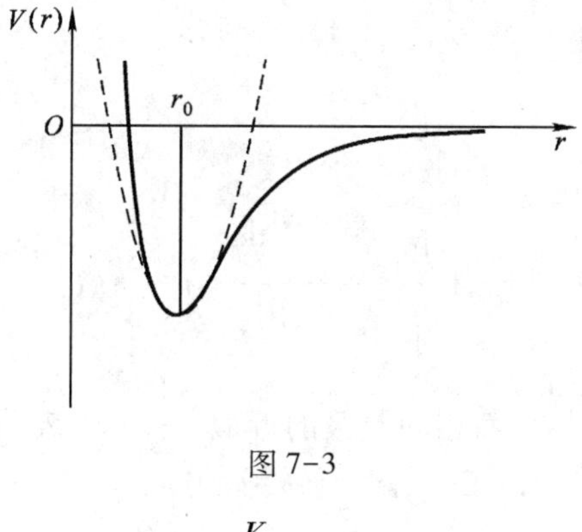

图 7-3

$$V(q)=\frac{K}{2}q^{2}-bq^{3}+cq^{4}. \tag{2}$$

计及非简谐项后，振动配分函数为

$$Z_1^{\mathrm{v}}=\frac{1}{h}\int_{-\infty}^{+\infty}\int_{-\infty}^{+\infty}\mathrm{e}^{-\beta\left(\frac{p^2}{2m_\mu}+\frac{K}{2}q^2-bq^3+cq^4\right)}\mathrm{d}p\mathrm{d}q. \tag{3}$$

由于非简谐修正的能量远小于简谐振动的能量，在对 $\mathrm{d}q$ 的积分中可以对被积函数作近似：

$$\begin{aligned}&\mathrm{e}^{-\beta\left(\frac{K}{2}q^2-bq^3+cq^4\right)}\\&\approx\mathrm{e}^{-\frac{\beta K}{2}q^2}\left(1+\beta bq^3-\beta cq^4+\frac{1}{2}\beta^2b^2q^6\right).\end{aligned}$$

于是振动配分函数近似为

$$\begin{aligned}Z_1^{\mathrm{v}}&=\left(\frac{2\pi m_\mu}{\beta\hbar^2}\right)^{\frac{1}{2}}\int_{-\infty}^{+\infty}\mathrm{e}^{-\frac{\beta K}{2}q^2}\left(1+\beta bq^3-\beta cq^4+\frac{1}{2}\beta^2b^2q^6\right)\mathrm{d}q\\&=\left(\frac{2\pi m_\mu}{\beta\hbar^2}\right)^{\frac{1}{2}}\left(\frac{2\pi}{\beta K}\right)^{\frac{1}{2}}\left(1-\frac{3c}{K^2}\frac{1}{\beta}+\frac{15b^2}{2K^3}\frac{1}{\beta}\right),\end{aligned}$$

则

$$\begin{aligned}\ln Z_1^{\mathrm{v}}&=\ln\left[\frac{2\pi}{h}\left(\frac{m_\mu}{K}\right)^{\frac{1}{2}}\right]-\ln\beta+\ln\left[1+\left(\frac{15b^2}{2K^3}-\frac{3c}{K^2}\right)\frac{1}{\beta}\right]\\&\approx\ln\left[\frac{2\pi}{h}\left(\frac{m_\mu}{K}\right)^{\frac{1}{2}}\right]-\ln\beta+\left(\frac{15b^2}{2K^3}-\frac{3c}{K^2}\right)\frac{1}{\beta}.\end{aligned}$$

振动内能为

$$\begin{aligned}U^{\mathrm{v}}&=-N\frac{\partial}{\partial\beta}\ln Z_1^{\mathrm{v}}\\&=\frac{N}{\beta}+\frac{N\delta}{\beta^2}\\&=NkT+Nk^2T^2\delta.\end{aligned}\tag{4}$$

振动热容量为

$$C_V^{\mathrm{v}}=\left(\frac{\partial U^{\mathrm{v}}}{\partial T}\right)_V=Nk+2Nk^2T\delta, \tag{5}$$

其中

$$\delta=\frac{15b^2}{2K^3}-\frac{3c}{K^2}.$$

两核的平均距离为

$$\bar{r}=r_0+\frac{\int_{-\infty}^{+\infty}q\mathrm{e}^{-\beta V(q)}\mathrm{d}q}{\int_{-\infty}^{+\infty}\mathrm{e}^{-\beta V(q)}\mathrm{d}q}=r_0+\frac{3b}{K^2}kT. \tag{6}$$

在计算式(6)的积分时作了与前面相同量级的近似．式(6)表明，双原子分子的长度随温度增加而增加．值得注意的是，在简谐近似($b=c=0$)下，

$$\bar{r}=r_0,$$

即分子不会发生热伸长．这一结论也适用于晶体．晶体中原子在其平衡位置附近作微振动，简谐近似下晶体也不会发生热膨胀．晶体的热膨胀是原子振动的非简谐性引起的．

前述是经典理论，相应的量子理论请参阅：久保亮五．统计力学[M]．徐振环，译．徐锡申，校．北京：高等教育出版社，1985：第三章习题[B]15.

7-26 （原 7.20 题）

试求爱因斯坦固体的熵．

解 根据式(7.7.2)求得的配分函数，容易求得爱因斯坦固体的熵为

$$
\begin{aligned}
S &= 3Nk\left(\ln Z_1-\beta\frac{\partial}{\partial\beta}\ln Z_1\right)\\
&= 3Nk\left[\frac{\beta\hbar\omega}{e^{\beta\hbar\omega}-1}-\ln(1-e^{-\beta\hbar\omega})\right].
\end{aligned}
$$

7-27 （原 7.21 题，略有改动）

定域系统含有 N 个近独立粒子，每个粒子有两个非简并能级 ε_0 和 $\varepsilon_1(\varepsilon_1>\varepsilon_0)$．求在温度为 T 的热平衡状态下粒子在两能级的分布，以及系统的内能和熵．讨论在低温和高温极限下的结果．

解 首先分析粒子在两能级的分布．配分函数为

$$
\begin{aligned}
Z_1 &= e^{-\beta\varepsilon_0}+e^{-\beta\varepsilon_1}\\
&= e^{-\beta\varepsilon_0}[1+e^{-\beta(\varepsilon_1-\varepsilon_0)}].
\end{aligned}
$$

处在两能级的最概然粒子数分别为

$$
\begin{aligned}
n_0 &= e^{-\alpha-\beta\varepsilon_0}\\
&= \frac{N}{Z_1}e^{-\beta\varepsilon_0}\\
&= \frac{N}{1+e^{-\beta(\varepsilon_1-\varepsilon_0)}}\\
&= \frac{N}{1+e^{-\frac{\theta}{T}}}, \qquad (1)
\end{aligned}
$$

$$
\begin{aligned}
n_1 &= e^{-\alpha-\beta\varepsilon_1}\\
&= \frac{N}{Z_1}e^{-\beta\varepsilon_1}\\
&= \frac{Ne^{-\beta(\varepsilon_1-\varepsilon_0)}}{1+e^{-\beta(\varepsilon_1-\varepsilon_0)}}\\
&= \frac{Ne^{-\frac{\theta}{T}}}{1+e^{-\frac{\theta}{T}}}, \qquad (2)
\end{aligned}
$$

其中 $\theta=\dfrac{\varepsilon_1-\varepsilon_0}{k}$ 是系统的特征温度．式(1)和(2)表明，n_0，n_1 随温度的变化取决于特征温度与温度的比值，如图 7-4 所示．在低温极限 $T\ll\theta$ 下，$n_0\approx N$，$n_1\approx 0$. 粒子冻结在低能级．在高温极限 $T\gg\theta$ 下，$n_0\approx n_1\approx\dfrac{N}{2}$，意味着在高温极限下两能级能量的差异对粒子数分布

已没有可以觉察的影响，粒子以相等的概率处于两个能级上.

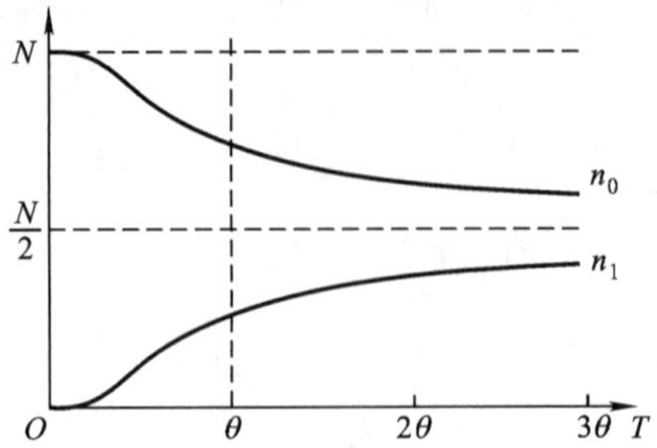

图 7-4

系统的内能为

$$\begin{aligned} U &= -N\frac{\partial}{\partial\beta}\ln Z_1 \\ &= N\varepsilon_0+\frac{N(\varepsilon_1-\varepsilon_0)}{1+e^{\beta(\varepsilon_1-\varepsilon_0)}} \\ &= N\varepsilon_0+\frac{N(\varepsilon_1-\varepsilon_0)}{1+e^{\frac{\theta}{T}}}. \end{aligned} \tag{3}$$

在低温极限 $T\ll\theta$ 下，有

$$U=N\varepsilon_0.$$

在高温极限 $T\gg\theta$ 下，有

$$U\approx\frac{N}{2}(\varepsilon_0+\varepsilon_1).$$

这是容易理解的.

系统的热容为

$$C=Nk\frac{\left(\frac{\theta}{T}\right)^2 e^{-\frac{\theta}{T}}}{\left(1+e^{-\frac{\theta}{T}}\right)^2}. \tag{4}$$

热容随温度的变化如图 7-5 所示. 在低温极限 $T\ll\theta$ 下，有

$$C\approx Nk\left(\frac{\theta}{T}\right)^2 e^{-\frac{\theta}{T}},$$

它趋于零. 在高温极限 $T\gg\theta$ 下，有

$$C\approx\frac{1}{4}Nk\left(\frac{\theta}{T}\right)^2,$$

也趋于零. 这结果也是易于理解的. 值得注意的是，C 随温度的变化有一个尖峰，其位置由

$$\frac{\partial C}{\partial T}=0$$

确定(大致在 $T\sim\theta$ 附近). 热容这一尖峰称为热容的肖特基反常(解释见后).

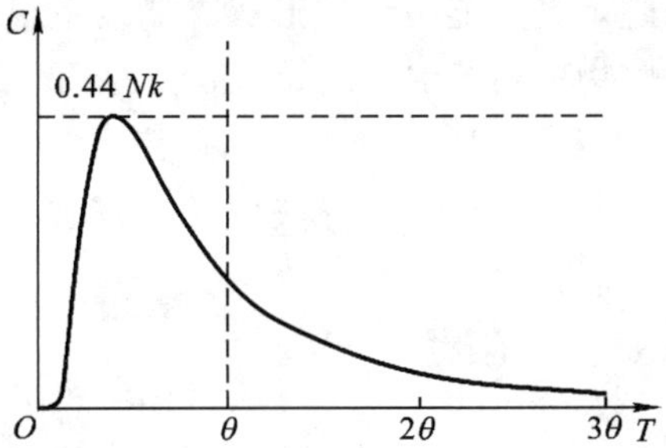

图 7-5

系统的熵为

$$
\begin{aligned}
S &= Nk\left(\ln Z_1 - \beta\frac{\partial}{\partial\beta}\ln Z_1\right)\\
&= Nk\left\{\ln\left[1+e^{-\beta(\varepsilon_1-\varepsilon_0)}\right]+\frac{\beta(\varepsilon_1-\varepsilon_0)}{1+e^{\beta(\varepsilon_1-\varepsilon_0)}}\right\}.
\end{aligned}
\tag{5}
$$

S 随温度的变化如图 7-6 所示. 在低温极限下,

$$S\approx 0.$$

高温极限下,

$$S=Nk\ln 2.$$

二能级系统是经常遇到的物理模型, §7.8 介绍的顺磁性固体和 §7.9 介绍的核自旋系统是熟知的例子. §7.8 着重讨论了顺磁性固体的磁性, §7.9 则将核自旋系统看作孤立系统而讨论其可能出现的负温状态. 处在外磁场 $\mathscr{B}$ 中的磁矩 $\boldsymbol{\mu}$ 具有势能 $-\boldsymbol{\mu}\cdot\mathscr{B}$. 对于自旋为 $\frac{1}{2}$ 的粒子, 能量为 $\mp\mu\mathscr{B}$. 如果磁矩间的相互作用能量远小于磁矩在外磁场中的能量, 就形成二能级系统. 核磁子 μ_N 很小, 使核自旋系统通常满足这一要求. 在顺磁性固体中, 许多情形下磁性原子(离子)被非磁性离子包围而处于稀释状态, 也满足这一要求. 讨论固体中的二能级系统时往往假设二能级系统与固体的其他热运动(如晶格振动)近似独立. 低温下晶格振动的热容按 T^3 律随温度降低而减小(参阅 §9.7). 实验发现顺磁性固体的热容

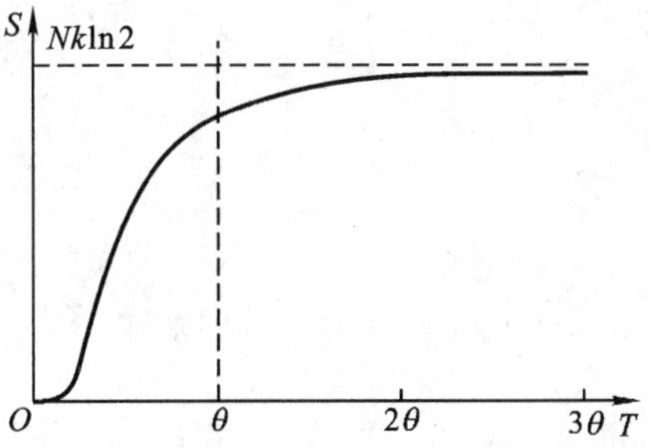

图 7-6

在按 T^3 律减少的同时，出现了一个当时出乎意料的尖峰，这被称为肖特基反常．如前所述，尖峰是处在外磁场中的磁矩发生能级分裂形成二能级系统引起的．除了磁性系统外，二能级结构也存在于其他一些物理系统中．例如，能级的精细结构使 NO 分子的基态存在特征温度为 178 K 的二能级结构，从而影响其热力学特性．参阅：Landau，Lifshitz. *Statistical Physics*. §50. 二能级系统更是激光和量子光学领域的一个基本物理模型，不过其中讨论的不是热力学平衡状态．

7-28 （原 7.22 题）

以 n 表示晶体中原子的密度．设原子的总角动量量子数为 1. 在外磁场 $\mathscr{B}$ 下原子磁矩可以有三种不同的取向，即平行、垂直及平行于外磁场，假设磁矩之间的相互作用可以忽略，试求温度为 T 时晶体的磁化强度 $\mathscr{M}$ 及其在弱场高温极限和强场低温极限下的近似值．

解 以 μ 表示原子磁矩的大小．磁矩因其在外磁场中的不同取向具有的势能为 $-\mu\mathscr{B}$，0，$+\mu\mathscr{B}$．根据式(7.1.2)，粒子配分函数为

$$\begin{aligned} Z_1 &= \sum_l \overline{\omega}_l l^{-\beta\varepsilon_l} \\ &= e^{\beta\mu\mathscr{B}} + 1 + e^{-\beta\mu\mathscr{B}} \\ &= 1 + 2\cosh(\beta\mu\mathscr{B}). \end{aligned} \tag{1}$$

根据式(7.1.6)和式(2.7.19)，晶体的磁化强度为

$$\begin{aligned} \mathscr{M} &= \frac{n}{\beta}\frac{\partial}{\partial\mathscr{B}}\ln Z_1 \\ &= n\mu\frac{2\sinh(\beta\mu\mathscr{B})}{1+2\cosh(\beta\mu\mathscr{B})}. \end{aligned} \tag{2}$$

在弱场高温极限下 $\beta\mu\mathscr{B} \ll 1$，有 $\sinh(\beta\mu\mathscr{B}) \approx \beta\mu\mathscr{B}$，$\cosh(\beta\mu\mathscr{B}) \approx 1$. 所以

$$\mathscr{M} = \frac{2}{3}\frac{n\mu^2}{kT}\mathscr{B} = \chi\mathscr{H}, \tag{3}$$

上式是居里定律，磁化率 $\chi = \dfrac{2}{3}\dfrac{n\mu^2}{kT}\mu_0$.

在强场低温极限下 $\beta\mu\mathscr{B} \gg 1$，有 $\sinh(\beta\mu\mathscr{B}) \approx \cosh(\beta\mu\mathscr{B}) \approx \dfrac{1}{2}e^{\beta\mu\mathscr{B}}$，所以磁化强度

$$\mathscr{M} \approx n\mu, \tag{4}$$

磁化强度达到饱和．

7-29 （补充题）

顺磁固体 $(Gd)_2(SO_4)_3 \cdot 8H_2O$ 的顺磁性来自 Gd^{3+} 离子．Gd^{3+} 离子基态的谱项为 $^8S_{\frac{7}{2}}$（$L=0$，$J=S=\dfrac{7}{2}$）．试求在高温和低温极限下 $(Gd)_2(SO_4)_3 \cdot 8H_2O$ 的磁化率．

解 原子物理课讲过，电子自旋磁矩 $\boldsymbol{\mu}_S$ 与自旋角动量 $\boldsymbol{S}$ 之比为

$$\frac{\boldsymbol{\mu}_S}{\boldsymbol{S}}=-\frac{e}{m}, \tag{1}$$

而电子轨道磁矩$\boldsymbol{\mu}_L$与轨道角动量$\boldsymbol{L}$之比为

$$\frac{\boldsymbol{\mu}_L}{\boldsymbol{L}}=-\frac{e}{2m}. \tag{2}$$

如果原子的自旋角动量和轨道角动量都不为零，原子磁矩是自旋磁矩与轨道磁矩之和．以$\boldsymbol{J}$表示原子的总角动量，

$$\boldsymbol{J}=\boldsymbol{L}+\boldsymbol{S}.$$

原子的磁矩可以表示为

$$\boldsymbol{\mu}=g\left(-\frac{e}{2m}\right)\boldsymbol{J}, \tag{3}$$

式中

$$g=1+\frac{J(J+1)+S(S+1)-L(L+1)}{2J(J+1)}, \tag{4}$$

称为朗德g因子．J，L和S分别是总角动量、轨道角动量和自旋角动量的量子数．

原子磁矩在z方向的投影为

$$\mu_z=g\left(-\frac{e}{2m}\right)m_J\hbar, \tag{5}$$

m_J的可能值为

$$-J,\ -J+1,\ \cdots,\ J-1,\ J.$$

处在z方向外磁场$\mathscr{B}$中，原子(离子)的势能为

$$\varepsilon_{m_J}=-\boldsymbol{\mu}\cdot\boldsymbol{\mathscr{B}}=g\mu_B\mathscr{B}m_J, \tag{6}$$

其中$\mu_B=\frac{e\hbar}{2m}$是玻尔磁子．因此在外磁场中顺磁性固体的配分函数为

$$\begin{aligned}Z_1&=\sum_{m_J=-J}^{J}e^{-\beta\varepsilon_{m_J}}\\&=e^{-\eta J}+e^{-\eta(J-1)}+\cdots+e^{\eta J},\end{aligned} \tag{7}$$

式中$\eta=\beta g\mu_B\mathscr{B}$. 式(7)是等比级数，其和为

$$\begin{aligned}Z_1&=\frac{e^{-\eta J}-e^{\eta(J+1)}}{1-e^{\eta}}\\&=\frac{e^{-\eta\left(J+\frac{1}{2}\right)}-e^{\eta\left(J+\frac{1}{2}\right)}}{e^{-\frac{\eta}{2}}-e^{\frac{\eta}{2}}}\\&=\frac{\sinh\left[\left(J+\frac{1}{2}\right)\eta\right]}{\sinh\left(\frac{1}{2}\eta\right)},\end{aligned} \tag{8}$$

则有

$$\ln Z_1=\ln\sinh\left[\left(J+\frac{1}{2}\right)\eta\right]-\ln\sinh\left(\frac{1}{2}\eta\right).$$

根据式(7.8.2)，顺磁性固体的磁化强度 $\mathscr{M}$ 为

$$\begin{aligned}\mathscr{M}&=\frac{n}{\beta}\frac{\partial}{\partial\mathscr{B}}\ln Z_1\\&=\frac{n}{\beta}\left(\frac{\partial}{\partial\eta}\ln Z_1\right)\frac{\partial\eta}{\partial\mathscr{B}}\\&=ng\mu_{\mathrm{B}}\frac{\partial}{\partial\eta}\ln Z_1\\&=ng\mu_{\mathrm{B}}\left\{\frac{\left(J+\frac{1}{2}\right)\cosh\left[\left(J+\frac{1}{2}\right)\eta\right]}{\sinh\left[\left(J+\frac{1}{2}\right)\eta\right]}-\frac{\frac{1}{2}\cosh\left(\frac{1}{2}\eta\right)}{\sinh\left(\frac{1}{2}\eta\right)}\right\}\\&=ng\mu_{\mathrm{B}}\left\{\left(J+\frac{1}{2}\right)\coth\left[\left(J+\frac{1}{2}\right)\eta\right]-\frac{1}{2}\coth\left(\frac{1}{2}\eta\right)\right\},\end{aligned}\tag{9}$$

式中 n 是磁性原子(离子)的数密度，双曲余切函数为

$$\coth y=\frac{\mathrm{e}^{y}+\mathrm{e}^{-y}}{\mathrm{e}^{y}-\mathrm{e}^{-y}}.$$

在 $y\gg1$ 时，$\mathrm{e}^{y}\gg\mathrm{e}^{-y}$，故

$$\coth y\approx1.$$

在 $y\ll1$ 时可以将 e^{y} 和 e^{-y} 作级数展开而有

$$\begin{aligned}\coth y&\approx\frac{2+y^2+\cdots}{2y+\frac{1}{3}y^3+\cdots}\\&\approx\frac{1}{y}+\frac{1}{3}y.\end{aligned}$$

所以在低温极限 $y=\frac{g\mu_{\mathrm{B}}\mathscr{B}}{kT}\gg1$ 下，有

$$\mathscr{M}=ng\mu_{\mathrm{B}}J.\tag{10}$$

在高温极限 $y=\frac{g\mu_{\mathrm{B}}\mathscr{B}}{kT}\ll1$ 下，有

$$\mathscr{M}=\frac{ng^2\mu_{\mathrm{B}}^2\mathscr{B}}{3kT}J(J+1).\tag{11}$$

高温极限和低温极限的实际温度范围由 $g\mu_{\mathrm{B}}\mathscr{B}$ 与 kT 的比值确定．对于题中的 Gd^{3+} 离子，有

$$L=0,\ g=2,$$

说明 Gd^{3+} 离子的磁矩来自电子的自旋．如果 $\mathscr{B}=1\ \mathrm{T}(10^4\ \mathrm{G})$，则

$$\begin{aligned}g\mu_{\mathrm{B}}\mathscr{B}&\approx2\times9.27\times10^{-24}\times1\ \mathrm{J}\\&=1.9\times10^{-23}\ \mathrm{J}.\end{aligned}$$

在 300 K 下，有

$$kT=4\times10^{-21}\ \mathrm{J},$$

相当于高温极限．在 10^{-2} K 下，有

$$kT \approx 10^{-25}\ \mathrm{J},$$

则相当于低温极限．

7-30 （原 7.23 题）

双原子理想气体分子具有固有的电偶极矩 d_0，在电场 $\mathscr{E}$ 下转动能量的经典表达式为

$$\varepsilon^{\mathrm{r}} = \frac{1}{2I}\left(p_\theta^2 + \frac{1}{\sin^2\theta} p_\varphi^2\right) - d_0\mathscr{E}\cos\theta.$$

证明在经典近似下转动配分函数 Z_1^{r} 为

$$Z_1^{\mathrm{r}} = \frac{I}{\beta\hbar^2}\ \frac{\mathrm{e}^{\beta d_0\mathscr{E}} - \mathrm{e}^{-\beta d_0\mathscr{E}}}{\beta d_0\mathscr{E}}.$$

解　分子的电偶极矩定义为

$$d = \sum_i e_i r_i, \tag{1}$$

式中 $\sum\limits_i$ 表示对分子中的电荷求和．所有的原子和具有对称形状的分子，例如 H_2，O_2，CH_4 等，正电荷和负电荷对称分布，都没有固有的电偶极矩．不对称的分子，例如 HCl，HBr，H_2O 等，则具有固有的电偶极矩．上述三种分子的固有电偶极矩大小依次为 1.03×10^{-18} 静电单位·厘米①，0.79×10^{-18} 静电单位·厘米，1.84×10^{-18} 静电单位·厘米．

以 d_0 表示分子的固有电偶极矩，分子在外电场 $\boldsymbol{\mathscr{E}}$ 中的势能为

$$-\boldsymbol{d}_0\cdot\boldsymbol{\mathscr{E}} = -d_0\mathscr{E}\cos\theta. \tag{2}$$

在均匀电场中势能的正负和大小取决于电偶极矩的取向．式(2)与磁矩在外磁场中的势能具有相同的形式，不过它们有一个重要的区别，磁矩在外磁场中的取向是量子化的（空间量子化），而电偶极矩的取向则可以连续改变．更由于双原子分子的转动特征温度很低，可以用经典统计理论讨论这个问题．

计及分子在外电场中的势能，双原子分子转动能量的经典表达式为

$$\varepsilon^{\mathrm{r}} = \frac{1}{2I}\left(p_\theta^2 + \frac{1}{\sin^2\theta} p_\varphi^2\right) - d_0\mathscr{E}\cos\theta. \tag{3}$$

转动配分函数为

$$\begin{aligned} Z_1^{\mathrm{r}} &= \frac{1}{h^2}\int \mathrm{e}^{-\beta\varepsilon^{\mathrm{r}}}\,\mathrm{d}\theta\mathrm{d}\varphi\mathrm{d}p_\theta\mathrm{d}p_\varphi \\ &= \frac{1}{h^2}\int_0^{\pi}\mathrm{d}\theta\int_0^{2\pi}\mathrm{d}\varphi\int_{-\infty}^{+\infty}\mathrm{d}p_\varphi\int_{-\infty}^{+\infty}\mathrm{d}p_\theta\,\mathrm{e}^{-\beta\left[\frac{1}{2I}\left(p_\theta^2+\frac{1}{\sin^2\theta}p_\varphi^2\right)-d_0\mathscr{E}\cos\theta\right]}. \end{aligned} \tag{4}$$

注意到

$$\int_{-\infty}^{+\infty}\mathrm{d}p_\theta\,\mathrm{e}^{-\frac{\beta}{2I}p_\theta^2} = \left(\frac{2\pi I}{\beta}\right)^{\frac{1}{2}},$$

---

① 相关测量实验年代较早，本书中仍使用此单位．

$$\int_{-\infty}^{+\infty} \mathrm{d}p_\varphi \mathrm{e}^{-\frac{\beta}{2I\sin^2\theta}p_\varphi^2} = \left(\frac{2\pi I}{\beta}\right)^{\frac{1}{2}} \sin\theta,$$

$$\int_0^\pi \mathrm{e}^{\beta d_0 \mathscr{E}\cos\theta} \sin\theta \mathrm{d}\theta = \frac{1}{\beta d_0 \mathscr{E}}(\mathrm{e}^{\beta d_0 \mathscr{E}} - \mathrm{e}^{-\beta d_0 \mathscr{E}}),$$

$$\int_0^{2\pi} \mathrm{d}\varphi = 2\pi,$$

便得

$$\begin{aligned} Z_1^{\mathrm{r}} &= \frac{1}{h^2} \cdot \frac{4\pi^2 I}{\beta} \cdot \frac{1}{\beta d_0 \mathscr{E}}(\mathrm{e}^{\beta d_0 \mathscr{E}} - \mathrm{e}^{-\beta d_0 \mathscr{E}}) \\ &= \frac{I}{\beta \hbar^2} \cdot \frac{\mathrm{e}^{\beta d_0 \mathscr{E}} - \mathrm{e}^{-\beta d_0 \mathscr{E}}}{\beta d_0 \mathscr{E}} \\ &= \frac{2I}{\beta \hbar^2} \cdot \frac{1}{\beta d_0 \mathscr{E}} \sinh(\beta d_0 \mathscr{E}). \end{aligned} \tag{5}$$

7-31 (原 7.24 题)

承上题. 试证明在高温极限($\beta d_0 \mathscr{E} \ll 1$)下，单位体积的电偶极矩(电极化强度)为

$$\mathscr{P} = \frac{n d_0^2}{3kT} \mathscr{E}.$$

解 根据 7-30 题式(5)，有

$$Z_1^{\mathrm{r}} = \frac{2I}{\beta \hbar^2} \frac{1}{\beta d_0 \mathscr{E}} \sinh(\beta d_0 \mathscr{E}). \tag{1}$$

参照式(2.7.19)，计及电介质在外电场中的势能时，微功的表达式为

$$\text{đ}W = -V\mathscr{P} \mathrm{d}\mathscr{E}. \tag{2}$$

根据式(7.1.6)，单位体积的电偶极矩为

$$\begin{aligned} \mathscr{P} &= \frac{n}{\beta} \frac{\partial}{\partial \mathscr{E}} \ln Z_1^{\mathrm{r}} \\ &= n d_0 \left[\coth(\beta d_0 \mathscr{E}) - \frac{1}{\beta d_0 \mathscr{E}}\right]. \end{aligned} \tag{3}$$

势能 $d_0 \mathscr{E}$ 与热运动能量 kT 的比值估计如下：d_0的典型大小为 10^{-18} 静电单位 · cm，如果电场为 500 静电伏 · cm^{-1}①，则

$$d_0 \mathscr{E} \approx 5 \times 10^{-23}\ \mathrm{J}.$$

300 K 下 $kT \sim 4 \times 10^{-21}$ J. 所以常温下 $\beta d_0 \mathscr{E} \ll 1$，相当于高温极限. 根据 7-29 题的讨论，在 $y \ll 1$时，有

$$\coth y \approx \frac{1}{y} + \frac{1}{3} y,$$

所以

① 相关实验年代较早，本书中仍使用此单位.

$$\mathscr{P}=\frac{nd_0^2}{3kT}\mathscr{E}, \tag{4}$$

上式称为朗之万定律.

值得注意，式(4)与7-29题式(11)具有完全相似的形式，原因在于在高温极限下磁矩取向量子化的影响已不显著.

第八章　玻色统计和费米统计

8-1　（原 8.1 题）

试证明，对于理想玻色或费米系统，玻耳兹曼关系成立，即

$$S=k\ln\Omega.$$

解　对于理想费米系统，与分布$\{a_l\}$相应的系统的微观状态数为[式(6.5.4)]

$$\Omega=\prod_l\frac{\omega_l!}{a_l!\ (\omega_l-a_l)!},\tag{1}$$

取对数，并应用斯特林近似公式，得[式(6.7.7)]

$$\ln\Omega=\sum_l\left[\omega_l\ln\omega_l-a_l\ln a_l-(\omega_l-a_l)\ln(\omega_l-a_l)\right].\tag{2}$$

另一方面，根据式(8.1.10)，理想费米系统的熵为

$$\begin{aligned}S&=k\left(\ln\Xi-\alpha\frac{\partial}{\partial\alpha}\ln\Xi-\beta\frac{\partial}{\partial\beta}\ln\Xi\right)\\&=k(\ln\Xi+\alpha\overline{N}+\beta U)\\&=k\left[\ln\Xi+\sum_l(\alpha+\beta\varepsilon_l)a_l\right],\end{aligned}\tag{3}$$

其中费米巨配分函数的对数为[式(8.1.13)]

$$\ln\Xi=\sum_l\omega_l\ln(1+e^{-\alpha-\beta\varepsilon_l}).\tag{4}$$

由费米分布

$$a_l=\frac{\omega_l}{e^{\alpha+\beta\varepsilon_l}+1}$$

易得

$$1+e^{-\alpha-\beta\varepsilon_l}=\frac{\omega_l}{\omega_l-a_l}\tag{5}$$

和

$$\alpha+\beta\varepsilon_l=\ln\frac{\omega_l-a_l}{a_l}.\tag{6}$$

将式(5)代入式(4)可将费米巨配分函数表示为

$$\ln\Xi=\sum_l\omega_l\ln\frac{\omega_l}{\omega_l-a_l}.\tag{7}$$

将式(6)和式(7)代入式(3)，有

$$S=k\sum_l\left(\omega_l\ln\frac{\omega_l}{\omega_l-a_l}+a_l\ln\frac{\omega_l-a_l}{a_l}\right)$$

$$=k\sum_{l}\left[\omega_l\ln\omega_l-a_l\ln a_l-(\omega_l-a_l)\ln(\omega_l-a_l)\right].\tag{8}$$

比较式(8)和式(2)，知

$$S=k\ln\Omega.\tag{9}$$

对于理想玻色系统，证明是类似的．请读者自行证明．

8-2 （原8.2题）

试证明，理想玻色和费米系统的熵可分别表示为

$$S_{\text{B. E.}}=-k\sum_{s}\left[f_s\ln f_s-(1+f_s)\ln(1+f_s)\right],$$

$$S_{\text{F. D.}}=-k\sum_{s}\left[f_s\ln f_s+(1-f_s)\ln(1-f_s)\right],$$

其中f_s为量子态s上的平均粒子数．$\sum\limits_{s}$表示对粒子的所有量子态求和．同时证明，当$f_s\ll1$时，有

$$S_{\text{B. E.}}\approx S_{\text{F. D.}}\approx S_{\text{M. B.}}=-k\sum_{s}(f_s\ln f_s-f_s).$$

解 我们先讨论理想费米系统的情形．根据8-1题式(8)，理想费米系统的熵可以表示为

$$\begin{aligned}S_{\text{F. D.}}&=k\sum_{l}\left[\omega_l\ln\omega_l-a_l\ln a_l-(\omega_l-a_l)\ln(\omega_l-a_l)\right]\\&=-k\sum_{l}\left[(\omega_l-a_l)\ln\frac{\omega_l-a_l}{\omega_l}+a_l\ln\frac{a_l}{\omega_l}\right]\\&=-k\sum_{l}\omega_l\left[\left(1-\frac{a_l}{\omega_l}\right)\ln\left(1-\frac{a_l}{\omega_l}\right)+\frac{a_l}{\omega_l}\ln\frac{a_l}{\omega_l}\right],\end{aligned}\tag{1}$$

式中$\sum\limits_{l}$表示对粒子各能级求和．以$f_s=\dfrac{a_l}{\omega_l}$表示在能量为$\varepsilon_l$的量子态$s$上的平均粒子数，并将对能级$l$求和改为对量子态$s$求和，注意到

$$\sum_{l}\omega_l\sim\sum_{s},$$

上式可改写为

$$S_{\text{F. D.}}=-k\sum_{s}\left[f_s\ln f_s+(1-f_s)\ln(1-f_s)\right].\tag{2}$$

由于$f_s\leqslant1$，计及前面的负号，式(2)的两项都是非负的．

对于理想玻色气体，通过类似的步骤可以证明

$$S_{\text{B. E.}}=-k\sum_{s}\left[f_s\ln f_s-(1+f_s)\ln(1+f_s)\right].\tag{3}$$

对于玻色系统$f_s\geqslant0$，计及前面的负号，式(3)求和中第一项可以取负值，第二项是非负的．由于绝对数值上第二项大于第一项，熵不会取负值．

在$f_s\ll1$的情形下，式(2)和式(3)中的

$$\pm(1\mp f_s)\ln(1\mp f_s)\approx\pm(1\mp f_s)(\mp f_s)\approx-f_s,$$

所以，在$f_s\ll1$的情形下，有

$$S_{\text{B. E.}} \approx S_{\text{F. D.}} \approx -k \sum_s (f_s \ln f_s - f_s). \tag{4}$$

注意到 $\sum_s f_s = N$，上式也可表示为

$$S_{\text{B. E.}} \approx S_{\text{F. D.}} \approx -k \sum_s f_s \ln f_s + Nk. \tag{5}$$

上式与 7-4 题式(8)一致，这是理所当然的．

8-3 （原 8.3 题）

求弱简并理想费米（玻色）气体的压强和熵．

解 式(8.2.8)已给出弱简并费米（玻色）气体的内能为

$$U = \frac{3}{2}NkT\left[1 \pm \frac{1}{2^{\frac{5}{2}}}\frac{1}{g}\frac{N}{V}\left(\frac{h^2}{2\pi mkT}\right)^{\frac{3}{2}}\right] \tag{1}$$

（式中上面的符号适用于费米气体，下面的符号适用于玻色气体，下同）．利用理想气体压强与内能的关系（见习题 7-1）

$$p = \frac{2}{3}\frac{U}{V}, \tag{2}$$

可直接求得弱简并气体的压强为

$$p = nkT\left[1 \pm \frac{1}{2^{\frac{5}{2}}}\frac{1}{g}n\left(\frac{h^2}{2\pi mkT}\right)^{\frac{3}{2}}\right], \tag{3}$$

式中 $n = \frac{N}{V}$ 是粒子数密度．

由式(1)可得弱简并气体的定容热容为

$$\begin{aligned} C_V &= \left(\frac{\partial U}{\partial T}\right)_V \\ &= \frac{3}{2}Nk\left[1 \mp \frac{1}{2^{\frac{7}{2}}}\frac{1}{g}n\left(\frac{h^2}{2\pi mkT}\right)^{\frac{3}{2}}\right], \end{aligned} \tag{4}$$

参照热力学中熵的积分表达式(2.4.5)，可将熵表示为

$$S = \int \frac{C_V}{T}\mathrm{d}T + S_0(V). \tag{5}$$

将式(4)代入，得弱简并气体的熵为

$$S = \frac{3}{2}Nk\ln T \mp Nk\frac{1}{2^{\frac{7}{2}}}\frac{1}{g}n\left(\frac{h^2}{2\pi mkT}\right)^{\frac{3}{2}} + S_0(V). \tag{6}$$

式中的函数 $S_0(V)$ 可通过下述条件确定：在

$$n\lambda^3 = \frac{N}{V}\left(\frac{h^2}{2\pi mkT}\right)^{\frac{3}{2}} \ll 1$$

的极限条件下，弱简并气体趋于经典理想气体．将上述极限下的式(6)与式(7.6.2)比较（注意补上简并度 g），可确定 $S_0(V)$，从而得弱简并费米（玻色）气体的熵为

$$S=Nk\left\{\ln\left[ng\left(\frac{2\pi mkT}{h^2}\right)^{\frac{3}{2}}\right]+\frac{5}{2}\pm\frac{1}{2^{\frac{7}{2}}}\frac{1}{g}\left(\frac{h^2}{2\pi mkT}\right)^{\frac{3}{2}}\right\}. \tag{7}$$

弱简并气体的热力学函数也可以按照费米(玻色)统计的一般程序求得：先求出费米(玻色)理想气体巨配分函数的对数 $\ln \Xi$，然后根据式(8.1.6)、式(8.1.8)和式(8.1.10)求内能、压强和熵．在求巨配分函数的对数时可利用弱简并条件作相应的近似．关于费米(玻色)理想气体巨配分函数的计算请参阅：王竹溪．统计物理学导论[M].2 版．北京：高等教育出版社，1965，§65 和 §64.

8-4 （原 8.4 题）

试证明，在热力学极限下均匀的二维理想玻色气体不会发生玻色-爱因斯坦凝聚．

解 如 §8.3 所述，令玻色气体降温到某有限温度 T_C，气体的化学势将趋于-0. 在 $T<T_C$ 时将有宏观量级的粒子凝聚在 $\varepsilon=0$ 的基态，称为玻色-爱因斯坦凝聚．临界温度 T_C 由条件

$$\int_0^{+\infty}\frac{D(\varepsilon)\,\mathrm{d}\varepsilon}{\mathrm{e}^{\frac{\varepsilon}{kT_C}}-1}=n \tag{1}$$

确定．

将二维自由粒子的状态密度[习题 6-3 式(4)]

$$D(\varepsilon)\,\mathrm{d}\varepsilon=\frac{2\pi L^2}{h^2}m\,\mathrm{d}\varepsilon$$

代入式(1)，得

$$\frac{2\pi L^2}{h^2}m\int_0^{+\infty}\frac{\mathrm{d}\varepsilon}{\mathrm{e}^{\frac{\varepsilon}{kT_C}}-1}=n. \tag{2}$$

二维理想玻色气体的凝聚温度 T_C 由式(2)确定．令 $x=\frac{\varepsilon}{kT_C}$，上式可改写为

$$\frac{2\pi L^2}{h^2}mkT_C\int_0^{+\infty}\frac{\mathrm{d}x}{\mathrm{e}^x-1}=n. \tag{3}$$

在计算式(3)的积分时可将被积函数展开，有

$$\begin{aligned}\frac{1}{\mathrm{e}^x-1}&=\frac{1}{\mathrm{e}^x(1-\mathrm{e}^{-x})}\\&=\mathrm{e}^{-x}(1+\mathrm{e}^{-x}+\mathrm{e}^{-2x}+\cdots),\end{aligned}$$

则

$$\begin{aligned}\int_0^{+\infty}\frac{\mathrm{d}x}{\mathrm{e}^x-1}&=1+\frac{1}{2}+\frac{1}{3}+\cdots\\&=\sum_{n=1}^{\infty}\frac{1}{n}.\end{aligned} \tag{4}$$

式(4)的级数是发散的，这意味着在有限温度下二维理想玻色气体的化学势不可能趋于零．换句话说，在有限温度下二维理想玻色气体不会发生玻色-爱因斯坦凝聚．

8-5 （原 8.5 题）

约束在磁光陷阱中的理想原子气体，在三维谐振势场

$$V=\frac{1}{2}m(\omega_x^2x^2+\omega_y^2y^2+\omega_z^2z^2)$$

中运动．如果原子是玻色子，试证明：在 $T\leqslant T_C$ 时将有宏观量级的原子凝聚在能量为

$$\varepsilon_0=\frac{\hbar}{2}(\omega_x+\omega_y+\omega_z)$$

的基态，在 $N\to\infty$，$\bar{\omega}\to 0$，$N\bar{\omega}^3$ 保持有限的热力学极限下，临界温度 T_C 由下式确定：

$$N=1.202\times\left(\frac{kT_C}{\hbar\bar{\omega}}\right)^3,$$

其中 $\bar{\omega}=(\omega_x\omega_y\omega_z)^{\frac{1}{3}}$．温度为 T 时凝聚在基态的原子数 N_0 与总原子数 N 之比为

$$\frac{N_0}{N}=1-\left(\frac{T}{T_C}\right)^3.$$

解　约束在磁光陷阱中的原子，在三维谐振势场中运动，其能量可表达为

$$\varepsilon=\left(\frac{p_x^2}{2m}+\frac{1}{2}m\omega_x^2x^2\right)+\left(\frac{p_y^2}{2m}+\frac{1}{2}m\omega_y^2y^2\right)+\left(\frac{p_z^2}{2m}+\frac{1}{2}m\omega_z^2z^2\right), \tag{1}$$

这是三维谐振子的能量（哈密顿量）．根据式（6.2.4），三维谐振子能量的可能值为

$$\varepsilon_{n_x,n_y,n_z}=\hbar\omega_x\left(n_x+\frac{1}{2}\right)+\hbar\omega_y\left(n_y+\frac{1}{2}\right)+\hbar\omega_z\left(n_z+\frac{1}{2}\right),$$

$$n_x,\ n_y,\ n_z=0,\ 1,\ 2,\ \cdots \tag{2}$$

如果原子是玻色子，根据玻色分布，温度为 T 时处在量子态 n_x，n_y，n_z 上的粒子数为

$$a_{n_x,n_y,n_z}=\frac{1}{e^{\frac{1}{kT}\left[\hbar\omega_x\left(n_x+\frac{1}{2}\right)+\hbar\omega_y\left(n_y+\frac{1}{2}\right)+\hbar\omega_z\left(n_z+\frac{1}{2}\right)-\mu\right]}-1}. \tag{3}$$

处在任一量子态上的粒子数均不应为负值，所以原子气体的化学势必低于最低能级的能量，即

$$\mu<\varepsilon_0\equiv\frac{\hbar}{2}(\omega_x+\omega_y+\omega_z). \tag{4}$$

化学势 μ 由

$$N=\sum_{n_x,\ n_y,\ n_z}\frac{1}{e^{\frac{1}{kT}[\hbar(n_x\omega_x+n_y\omega_y+n_z\omega_z)+\varepsilon_0-\mu]}-1} \tag{5}$$

确定．化学势随温度降低而升高，当温度降到某临界值 T_C 时，μ 将趋于 ε_0．临界温度 T_C 由下式确定：

$$N=\sum_{n_x,\ n_y,\ n_z}\frac{1}{e^{\frac{\hbar}{kT_C}(n_x\omega_x+n_y\omega_y+n_z\omega_z)}-1}, \tag{6}$$

或

$$N=\sum_{\tilde{n}_x,\ \tilde{n}_y,\ \tilde{n}_z}\frac{1}{e^{\tilde{n}_x+\tilde{n}_y+\tilde{n}_z}-1}, \tag{7}$$

其中

$$\tilde{n}_i=\frac{\hbar\omega_i}{kT_{\mathrm{C}}}n_i(i=x,\ y,\ z).$$

在$\frac{\hbar\omega_i}{kT_{\mathrm{C}}}\ll 1$的情形下，可以将$\tilde{n}_i$看作连续变量而将式(7)的求和用积分代替．注意到在$\mathrm{d}\tilde{n}_x\mathrm{d}\tilde{n}_y\mathrm{d}\tilde{n}_z$范围内，粒子可能的量子态数为

$$\left(\frac{kT_{\mathrm{C}}}{\hbar\bar{\omega}}\right)^3\mathrm{d}\tilde{n}_x\mathrm{d}\tilde{n}_y\mathrm{d}\tilde{n}_z,$$

即有

$$N=\left(\frac{kT_{\mathrm{C}}}{\hbar\bar{\omega}}\right)^3\int\frac{\mathrm{d}\tilde{n}_x\mathrm{d}\tilde{n}_y\mathrm{d}\tilde{n}_z}{\mathrm{e}^{\tilde{n}_x+\tilde{n}_y+\tilde{n}_z}-1},\tag{8}$$

式中$\bar{\omega}=(\omega_x\omega_y\omega_z)^{\frac{1}{3}}$.

为了计算式(8)中的积分，将式中的被积函数改写为

$$\begin{aligned}\frac{1}{\mathrm{e}^{\tilde{n}_x+\tilde{n}_y+\tilde{n}_z}-1}&=\frac{1}{\mathrm{e}^{\tilde{n}_x+\tilde{n}_y+\tilde{n}_z}\left[1-\mathrm{e}^{-(\tilde{n}_x+\tilde{n}_y+\tilde{n}_z)}\right]}\\&=\mathrm{e}^{-(\tilde{n}_x+\tilde{n}_y+\tilde{n}_z)}\sum_{l=0}^{\infty}\mathrm{e}^{-l(\tilde{n}_x+\tilde{n}_y+\tilde{n}_z)}.\end{aligned}$$

积分等于

$$\begin{aligned}&\int\frac{\mathrm{d}\tilde{n}_x\mathrm{d}\tilde{n}_y\mathrm{d}\tilde{n}_z}{\mathrm{e}^{\tilde{n}_x+\tilde{n}_y+\tilde{n}_z}-1}\\&=\sum_{l=1}^{\infty}\int_0^{+\infty}\mathrm{e}^{-l\tilde{n}_x}\mathrm{d}\tilde{n}_x\int_0^{+\infty}\mathrm{e}^{-l\tilde{n}_y}\mathrm{d}\tilde{n}_y\int_0^{+\infty}\mathrm{e}^{-l\tilde{n}_z}\mathrm{d}\tilde{n}_z\\&=\sum_{l=1}^{\infty}\frac{1}{l^3}\\&=1.202.\end{aligned}$$

所以式(8)给出

$$kT_{\mathrm{C}}=\hbar\bar{\omega}\left(\frac{N}{1.202}\right)^{\frac{1}{3}}.\tag{9}$$

式(9)意味着，在$N\to\infty$，$\bar{\omega}\to 0$而$N\bar{\omega}^3$保持有限的极限情形下，kT_{C}取有限值．上述极限称为该系统的热力学极限．

在$T\leqslant T_{\mathrm{C}}$时，凝聚在基态的粒子数$N_0$由下式确定：

$$N-N_0=1.202\left(\frac{kT}{\hbar\bar{\omega}}\right)^3,$$

上式可改写为

$$\frac{N_0}{N}=1-\left(\frac{T}{T_{\mathrm{C}}}\right)^3.\tag{10}$$

式(9)和式(10)是理想玻色气体的结果．实验上实现玻色凝聚的气体，原子之间存在弱相互作用，其特性与理想玻色气体有差异．互作用为斥力或吸力时气体的特性也不同．关于

互作用玻色气体的凝聚请参阅：Dalfovo. Rev. Mod. Phys. [J]. 1999：71(465).

8-6 （原 8.6 题）

承前 8-5 题，如果 $\omega_z \gg \omega_x$，ω_y，则在 $kT \ll \hbar\omega_z$ 的情形下，原子在 z 方向的运动将冻结在基态做零点振动，于是形成二维原子气体．试证明 $T<T_C$ 时原子的二维运动中将有宏观量级的原子凝聚在能量为 $\varepsilon_0=\frac{\hbar}{2}(\omega_x+\omega_y)$ 的基态，在 $N\to\infty$，$\bar{\omega}\to 0$，$N\bar{\omega}^2$ 保持有限的热力学极限下，临界温度 T_C 由下式确定：

$$N=1.645\left(\frac{kT_C}{\hbar\bar{\omega}}\right)^2,$$

其中 $\bar{\omega}=(\omega_x\omega_y)^{\frac{1}{2}}$. 温度为 T 时凝聚在基态的原子数 N_0 与总原子数 N 之比为

$$\frac{N_0}{N}=1-\left(\frac{T}{T_C}\right)^2.$$

解 在 $\omega_z \gg \omega_x$，ω_y 的情形下，原子沿 z 方向将被冻结在基态并做零点振动，于是形成二维原子气体．与 8-5 题相似，在 $T<T_C$ 时将有宏观量级的原子凝聚在能量为 $\varepsilon_0=\frac{\hbar}{2}(\omega_x+\omega_y)$ 的基态．临界温度 T_C 由下式确定：

$$\begin{aligned}N&=\left(\frac{kT_C}{\hbar\bar{\omega}}\right)^2\int_0^{+\infty}\frac{\mathrm{d}\tilde{n}_x\mathrm{d}\tilde{n}_y}{\mathrm{e}^{\tilde{n}_x+\tilde{n}_y}-1}\\&=1.645\left(\frac{kT_C}{\hbar\bar{\omega}}\right)^2,\end{aligned}\tag{1}$$

其中

$$\bar{\omega}=(\omega_x\omega_y)^{\frac{1}{2}},$$

$$\int_0^{+\infty}\frac{\mathrm{d}\tilde{n}_x\mathrm{d}\tilde{n}_y}{\mathrm{e}^{\tilde{n}_x+\tilde{n}_y}-1}=\sum_{l=1}^{\infty}\frac{1}{l^2}=1.645.\tag{2}$$

在 $N\to\infty$，$\bar{\omega}\to 0$ 而 $N\bar{\omega}^2$ 保持有限的热力学极限下 kT_C 为有限值，有

$$kT_C=\hbar\bar{\omega}\left(\frac{N}{1.645}\right)^{\frac{1}{2}}.\tag{3}$$

$T\leqslant T_C$ 时凝聚在基态的原子数 N_0 与总原子数 N 之比由下式确定：

$$N-N_0=1.645\left(\frac{kT}{\hbar\bar{\omega}}\right)^2,$$

或

$$\frac{N_0}{N}=1-\left(\frac{T}{T_C}\right)^2.\tag{4}$$

低维理想玻色气体玻色凝聚的理论分析请参看 8-5 题所引 Dalfovo 及其所引文献．低维玻色凝聚已在实验上得到实现，见 Görlirz. Phys. Rev. Lett. [J]. 2001：87(130402).

8-7 （原 8.7 题）

计算温度为 T 时，在体积 V 内光子气体的平均总光子数，并据此估算

(a) 温度为 1 000 K 的平衡辐射.

(b) 温度为 3 K 的宇宙背景辐射中光子的数密度.

解 式(8.4.5)和式(8.4.6)已给出在体积 V 内，在 ω 到 $\omega+d\omega$ 的圆频率范围内光子的量子态数为

$$D(\omega)d\omega=\frac{V}{\pi^2c^3}\omega^2 d\omega. \tag{1}$$

温度为 T 时平均光子数为

$$\overline{N}(\omega, T)d\omega=\frac{D(\omega)d\omega}{e^{\frac{\hbar\omega}{kT}}-1}. \tag{2}$$

因此温度为 T 时，在体积 V 内光子气体的平均光子数为

$$\overline{N}(T)=\frac{V}{\pi^2c^3}\int_0^{+\infty}\frac{\omega^2 d\omega}{e^{\frac{\hbar\omega}{kT}}-1}. \tag{3}$$

引入变量 $x=\frac{\hbar\omega}{kT}$，上式可表示为

$$\begin{aligned}\overline{N}(T)&=\frac{V}{\pi^2c^3}\left(\frac{kT}{\hbar}\right)^3\int_0^{+\infty}\frac{x^2dx}{e^x-1}\\&=2.404\frac{k^3}{\pi^2c^3\hbar^3}VT^3,\end{aligned}$$

或

$$n(T)=2.404\frac{k^3}{\pi^2c^3\hbar^3}T^3. \tag{4}$$

在 1 000 K 下，有

$$n\approx 2\times 10^{16}\ m^{-3}.$$

在 3 K 下，有

$$n\approx 5.5\times 10^{8}\ m^{-3}.$$

8-8 （原 8.8 题）

试根据普朗克公式证明平衡辐射内能密度按波长的分布为

$$u(\lambda, T)d\lambda=\frac{8\pi hc}{\lambda^5}\frac{d\lambda}{e^{\frac{hc}{\lambda kT}}-1},$$

并据此证明，使辐射内能密度取极大的波长 λ_m 满足方程 $\left(x=\frac{hc}{\lambda_m kT}\right)$

$$5e^{-x}+x=5.$$

这个方程的数值解为 $x=4.9651$. 因此

$$\lambda_m T=\frac{hc}{4.9651k},$$

λ_m 随温度增加向短波方向移动.

解 式(8.4.7)给出平衡辐射内能按圆频率的分布为

$$u(\omega, T)\mathrm{d}\omega=\frac{1}{\pi^2c^3}\frac{\hbar\omega^3}{\mathrm{e}^{\frac{\hbar\omega}{kT}}-1}\mathrm{d}\omega. \tag{1}$$

根据圆频率与波长熟知的关系 $\omega=\frac{2\pi c}{\lambda}$，有

$$|\mathrm{d}\omega|=\frac{2\pi c}{\lambda^2}|\mathrm{d}\lambda|. \tag{2}$$

如果将式(1)改写为内能按波长的分布，可得

$$u(\lambda, T)\mathrm{d}\lambda=-\frac{8\pi hc}{\lambda^5}\frac{\mathrm{d}\lambda}{\mathrm{e}^{\frac{hc}{\lambda kT}}-1}. \tag{3}$$

令 $x=\frac{hc}{\lambda kT}$，使 $u(\lambda, T)$ 取极大的波长 λ_m 由下式确定：

$$\frac{\mathrm{d}}{\mathrm{d}x}\left(\frac{x^5}{\mathrm{e}^x-1}\right)=0. \tag{4}$$

由式(4)易得

$$5-5\mathrm{e}^{-x}=x. \tag{5}$$

这方程可以用数值方法或图解方法求解. 图解方法如下：以 x 为横坐标，y 为纵坐标，画出两条曲线

$$y=1-\mathrm{e}^{-x},$$

$$y=\frac{x}{5},$$

如图 8-1 所示. 两条曲线的交点就是方程(5)的解，其数值约为 4.97. 精确的数值解给出 $x=4.9651$. 所以使 $u(\lambda, T)$ 为极大的 λ_m 满足

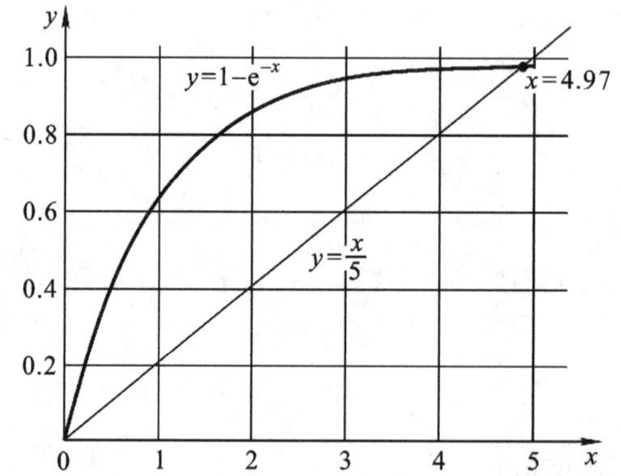

图 8-1

$$\lambda_m T=\frac{hc}{4.965\,1k}$$
$$=2.898\times10^{-3}\ \mathrm{m\cdot K}. \tag{6}$$

右方是常量，说明 λ_m 随温度的增加向短波方向移动，称为维恩位移定律．

值得注意，式(6)确定的使 $u(\lambda, T)$ 为极大的 λ_m 与式(8.4.11)给出的使$u(\omega, T)$为极大的 ω_m 并不相同．原因是 $u(\lambda, T)$是单位波长间隔的内能密度，$u(\omega, T)$是单位频率间隔的内能密度．λ_m 与 ω_m 分别由

$$\frac{d}{dx}\left(\frac{x^5}{e^x-1}\right)=0$$

和

$$\frac{d}{dx}\left(\frac{x^3}{e^x-1}\right)=0 \tag{7}$$

确定，其中

$$x=\frac{\hbar\omega}{kT}=\frac{hc}{\lambda kT}.$$

由这两个方程解得 x_m 显然不同．

8-9 (原 8.9 题)

按波长分布太阳辐射能的极大值在 $\lambda\approx480$ nm 处．假设太阳是黑体，求太阳表面的温度．

解 由上题式(6)知

$$\lambda_m T=2.898\times10^{-3}\ \mathrm{m\cdot K}.$$

假设太阳是黑体，太阳表面温度的近似值为

$$T=\frac{2.898\times10^{-3}}{480\times10^{-9}}\ \mathrm{K}\approx6\ 000\ \mathrm{K}.$$

8-10 (原 8.10 题)

试根据热力学公式 $S=\int\frac{C_V}{T}dT$ 及光子气体的热容求光子气体的熵．

解 式(8.4.10)给出光子气体的内能为

$$U=\frac{\pi^2k^4}{15c^3\hbar^3}VT^4. \tag{1}$$

由此易得其定容热容为

$$C_V=\left(\frac{\partial U}{\partial T}\right)_V=\frac{4\pi^2k^4}{15c^3\hbar^3}VT^3. \tag{2}$$

根据热力学关于均匀系统熵的积分表达式(2.4.5)，有

$$S=\int\left[\frac{C_V}{T}dT+\left(\frac{\partial p}{\partial T}\right)_V dV\right]+S_0, \tag{3}$$

积分沿任意一条积分路线进行．如果取积分路线为由(0, V)到(T, V)的直线，即有

$$S=\frac{4\pi^2k^4V}{15c^3\hbar^3}\int_0^T T^2dT=\frac{4\pi^2k^4V}{45c^3\hbar^3}T^3, \tag{4}$$

其中已取积分常量 S_0 为零.

如果取其他积分路线，例如由(0, 0)至(T, V)的直线，结果如何？请读者自行考虑.

8-11 (原 8.11 题)

试计算平衡辐射中单位时间碰到单位面积器壁上的光子所携带的能量，由此即得平衡辐射的通量密度 J_u. 计算 6 000 K 和1 000 K时 J_u 的值.

解 根据式(8.4.3)和式(6.2.15)，在单位体积内，动量大小在 p 到 $p+\mathrm{d}p$，动量方向在 θ 到 $\theta+\mathrm{d}\theta$，φ 到 $\varphi+\mathrm{d}\varphi$ 范围内，平衡辐射的光子数为

$$\frac{2}{h^3}\frac{p^2\sin\theta\mathrm{d}p\mathrm{d}\theta\mathrm{d}\varphi}{\mathrm{e}^{\beta cp}-1},\tag{1}$$

其中已利用式(8.4.2)将动量为 p 的光子能量表示为 cp，因子 2 是计及光子自旋在动量方向的两个可能投影而引入的.

以 $\mathrm{d}A$ 表示法线方向沿 z 轴的器壁的面积元. 以 $\mathrm{d}\Gamma\mathrm{d}A\mathrm{d}t$ 表示在 $\mathrm{d}t$ 时间内碰到 $\mathrm{d}A$ 面积上，动量大小在 p 到 $p+\mathrm{d}p$，方向在 θ 到 $\theta+\mathrm{d}\theta$，φ 到 $\varphi+\mathrm{d}\varphi$ 范围的光子数. 它等于以 $\mathrm{d}A$ 为底，以$c\cos\theta\mathrm{d}t$为高，动量在 $\mathrm{d}p\mathrm{d}\theta\mathrm{d}\varphi$ 范围内的光子数. 因此单位时间($\mathrm{d}t=1$)内，碰到单位面积($\mathrm{d}A=1$)的器壁上(或穿过单位面积)，动量在 $\mathrm{d}p\mathrm{d}\theta\mathrm{d}\varphi$ 范围内的光子所携带的能量为

$$\frac{2}{h^3}\frac{p^2\sin\theta\mathrm{d}p\mathrm{d}\theta\mathrm{d}\varphi}{\mathrm{e}^{\beta cp}-1}\cdot c\cos\theta\cdot cp.\tag{2}$$

对式(2)积分，p 从 0 到$+\infty$，θ 从 0 到$\frac{\pi}{2}$，φ 从 0 到 2π，即得到辐射动量密度 J_u 为

$$\begin{aligned}J_u&=\frac{2c^2}{h^3}\int_0^{+\infty}\frac{p^3\mathrm{d}p}{\mathrm{e}^{\beta cp}-1}\cdot\int_0^{\frac{\pi}{2}}\sin\theta\cos\theta\mathrm{d}\theta\cdot\int_0^{2\pi}\mathrm{d}\varphi\\&=\frac{2\pi c^2}{h^3}\int_0^{+\infty}\frac{p^3\mathrm{d}p}{\mathrm{e}^{\beta cp}-1}.\end{aligned}$$

令 $x=\beta cp$，上式可表示为

$$\begin{aligned}J_u&=\frac{2\pi c^2}{h^3}\cdot\left(\frac{1}{\beta c}\right)^4\int_0^{+\infty}\frac{x^3\mathrm{d}x}{\mathrm{e}^x-1}\\&=\frac{2\pi c^2}{h^3}\left(\frac{kT}{c}\right)^4\cdot 6\cdot\frac{\pi^4}{90}\end{aligned}$$

或

$$J_u=\frac{\pi^2k^4}{60c^2\hbar^3}T^4.\tag{3}$$

在 6 000 K，有

$$J_u=7.14\times10^7\ \mathrm{J\cdot m^{-2}};$$

在 1 000 K，有

$$J_u=0.55\times10^5\ \mathrm{J\cdot m^{-2}}.$$

8-12 （补充题）

写出二维空间中平衡辐射的普朗克公式，并据此求平均总光子数、内能和辐射通量密度.

解 根据式(6.2.14)，二维空间中在面积 A 内，在 p_x 到 $p_x+\mathrm{d}p_x$，p_y 到 $p_y+\mathrm{d}p_y$ 的动量范围内，光子可能的量子态数为

$$\frac{2A\mathrm{d}p_x\mathrm{d}p_y}{h^2}. \tag{1}$$

换到平面极坐标，并对辐角积分，可得在面积 A 内，动量大小在 p 到 $p+\mathrm{d}p$ 范围内，光子的量子态数为

$$\frac{4\pi A}{h^2}p\mathrm{d}p. \tag{2}$$

再利用光子的能量动量关系 $\varepsilon=cp$ 和能量频率关系 $\varepsilon=\hbar\omega$，可得二维空间中在面积 A 内，在 ω 到 $\omega+\mathrm{d}\omega$ 的频率范围内的光子的量子态数为

$$D(\omega)\mathrm{d}\omega=\frac{A}{\pi c^2}\omega\mathrm{d}\omega. \tag{3}$$

根据玻色分布和式(3)，可得温度为 T 时二维平衡辐射在面积 A 内，在 ω 到 $\omega+\mathrm{d}\omega$ 的频率范围内的光子数为

$$N(\omega,\ T)\mathrm{d}\omega=\frac{A}{\pi c^2}\frac{\omega}{\mathrm{e}^{\beta\hbar\omega}-1}\mathrm{d}\omega. \tag{4}$$

对频率积分，得温度为 T 时二维平衡辐射的总光子数为

$$\begin{aligned}N(T)&=\int_0^{+\infty}N(\omega,\ T)\mathrm{d}\omega\\&=\frac{A}{\pi c^2}\int_0^{+\infty}\frac{\omega}{\mathrm{e}^{\beta\hbar\omega}-1}\mathrm{d}\omega\\&=\frac{A}{\pi c^2}\left(\frac{1}{\beta\hbar}\right)^2\int_0^{+\infty}\frac{x\mathrm{d}x}{\mathrm{e}^x-1}\\&=\frac{\pi A}{6c^2\hbar^2}k^2T^2.\end{aligned} \tag{5}$$

温度为 T 时在面积 A 内，在 ω 到 $\omega+\mathrm{d}\omega$ 的频率范围内，二维平衡辐射的能量为

$$u(\omega,\ T)\mathrm{d}\omega=\frac{A}{\pi c^2}\frac{\hbar\omega^2}{\mathrm{e}^{\beta\hbar\omega}-1}\mathrm{d}\omega. \tag{6}$$

这是二维平衡辐射的普朗克公式．对频率积分，得温度为 T 时二维辐射场的内能为

$$\begin{aligned}u(T)&=\frac{A}{\pi c^2}\int_0^{+\infty}\frac{\hbar\omega^2}{\mathrm{e}^{\beta\hbar\omega}-1}\mathrm{d}\omega\\&=\frac{A\hbar}{\pi c^2}\left(\frac{1}{\beta\hbar}\right)^3\int_0^{+\infty}\frac{x^2\mathrm{d}x}{\mathrm{e}^x-1}\\&=\frac{2.404A}{\pi c^2\hbar^2}k^3T^3.\end{aligned} \tag{7}$$

参照式(2.6.7)或 8-11 题，可得二维辐射场的辐射通量密度 J_u 与内能密度的关系为

$$J_u=\frac{c}{2\pi}u=\frac{1.202}{\pi^2 c\hbar^2}k^3T^3. \tag{8}$$

应当说明，随着人工微结构材料研究的进展，目前已有可能研制出低维的光学微腔．参阅：E. Yablonovitch. Jour. Mod. Opt.[J]. 1994：41(173)；章蓓．光学微腔．见：阎守胜，甘子钊．介观物理[M]. 北京：北京大学出版社，1995(276). 不过光学微腔中辐射场的模式分布与式(3)所表达的自由空间中的模式分布是不同的．

8-13 （原 8.12 题）

室温下某金属中自由电子气体的数密度 $n=6\times10^{28}\ \mathrm{m^{-3}}$，某半导体中导电电子的数密度为 $n=10^{20}\ \mathrm{m^{-3}}$，试验证这两种电子气体是否为简并气体．

解 根据 § 8.5，在 $e^{\alpha}\gg1$，即 $n\lambda^3\ll1$ 的情形下费米气体满足非简并性条件，遵从玻耳兹曼分布；反之，在 $e^{\alpha}\ll1$，即 $n\lambda^3\gg1$ 的情形下，气体形成强简并的费米气体．

$$n\lambda^3=n\left(\frac{h^2}{2\pi mkT}\right)^{\frac{3}{2}}, \tag{1}$$

将 $T=300$ K，$n=6\times10^{28}\ \mathrm{m^{-3}}$代入，得

$$n\lambda^3\approx10^3\gg1, \tag{2}$$

说明该金属中的自由电子形成强简并的费米气体．将 $T=300$ K，$n=10^{20}\ \mathrm{m^{-3}}$代入，得

$$n\lambda^3\approx10^{-5}\ll1,$$

所以该半导体中的导电电子是非简并气体，可以用玻耳兹曼统计讨论．

金属中自由电子数密度的估计见 § 8.5，半导体中导电电子数密度的估计请参阅习题 8-28.

8-14 （原 8.13 题）

银的导电电子数密度为 $5.9\times10^{28}\ \mathrm{m^{-3}}$. 试求 0 K 时电子气体的费米能量、费米速率和简并压．

解 根据式(8.5.6)和式(8.5.8)，0 K 下金属中自由电子气体的费米能量（电子的最大能量）、费米速率（电子的最大速率）和电子气体的压强取决于电子气体的密度 n.

式(8.5.6)给出

$$\mu(0)=\frac{\hbar^2}{2m}(3\pi^2 n)^{\frac{2}{3}}. \tag{1}$$

将 $m=9.1\times10^{-31}$ kg，$\hbar=1.05\times10^{-34}$ J · s，$n=5.9\times10^{28}\ \mathrm{m^{-3}}$代入，即得

$$\mu(0)=0.876\times10^{-18}\ \mathrm{J}=5.6\ \mathrm{eV}. \tag{2}$$

费米速率 v_F 等于

$$v_F=\sqrt{\frac{2\mu(0)}{m}}=1.4\times10^6\ \mathrm{m\cdot s^{-1}}. \tag{3}$$

式(8.5.8)给出 0 K 下电子气体的压强为

$$p(0)=\frac{2}{5}n\mu(0)\approx2.1\times10^{10}\ \mathrm{Pa}. \tag{4}$$

8-15 （原 8.14 题）

试求绝对零度下自由电子气体中电子的平均速率.

解 根据式(8.5.4)，绝对零度下自由电子气体中电子动量(大小)的分布为

$$\begin{aligned} &f=1, \quad p\leqslant p_{\mathrm{F}}, \\ &f=0, \quad p>p_{\mathrm{F}}, \end{aligned} \tag{1}$$

其中 p_{F} 是费米动量，即 0 K 时电子的最大动量. 据此，电子的平均动量为

$$\bar{p}=\frac{\dfrac{8\pi V}{h^3}\displaystyle\int_0^{p_{\mathrm{F}}}p^3\mathrm{d}p}{\dfrac{8\pi V}{h^3}\displaystyle\int_0^{p_{\mathrm{F}}}p^2\mathrm{d}p}=\frac{\dfrac{1}{4}p_{\mathrm{F}}^4}{\dfrac{1}{3}p_{\mathrm{F}}^3}=\frac{3}{4}p_{\mathrm{F}}. \tag{2}$$

因此电子的平均速率为

$$\bar{v}=\frac{\bar{p}}{m}=\frac{3}{4}\frac{p_{\mathrm{F}}}{m}=\frac{3}{4}v_{\mathrm{F}}. \tag{3}$$

8-16 （原 8.15 题）

试证明，在绝对零度下自由电子的碰壁数可表示为

$$\Gamma=\frac{1}{4}n\bar{v},$$

其中 $n=\dfrac{N}{V}$是电子的数密度，$\bar{v}$ 是平均速率.

解 绝对零度下电子速率分布为

$$\begin{aligned} &f=1, \quad v\leqslant v_{\mathrm{F}}, \\ &f=0, \quad v>v_{\mathrm{F}}. \end{aligned} \tag{1}$$

式中 v_{F} 是 0 K 时电子的最大速率，即费米速率. 单位体积中速度在 $\mathrm{d}v\mathrm{d}\theta\mathrm{d}\varphi$ 间隔的电子数为

$$\frac{2m^3}{h^3}v^2\sin\theta\mathrm{d}v\mathrm{d}\theta\mathrm{d}\varphi \qquad (v\leqslant v_{\mathrm{F}}). \tag{2}$$

单位时间内上述速度间隔的电子碰到法线沿 z 轴的单位面积器壁上的数量为

$$\mathrm{d}\Gamma=\frac{2m^3}{h^3}v\cos\theta\cdot v^2\sin\theta\mathrm{d}v\mathrm{d}\theta\mathrm{d}\varphi. \tag{3}$$

将上式积分，v 从 0 到 v_{F}，θ 从 0 到$\dfrac{\pi}{2}$，φ 从 0 到 2π，得 0 K 时电子气体的碰壁数为

$$\begin{aligned} \Gamma &=\frac{2m^3}{h^3}\int_0^{v_{\mathrm{F}}}v^3\mathrm{d}v\int_0^{\frac{\pi}{2}}\sin\theta\cos\theta\mathrm{d}\theta\int_0^{2\pi}\mathrm{d}\varphi \\ &=\frac{2m^3}{h^3}\cdot\frac{1}{4}v_{\mathrm{F}}^4\cdot\frac{1}{2}\cdot 2\pi \\ &=\frac{\pi}{2}\frac{m^3}{h^3}v_{\mathrm{F}}^4. \end{aligned} \tag{4}$$

但由式(2)知单位体积内的电子数 n 为

$$n=\frac{2m^3}{h^3}\int_0^{v_F}v^2\mathrm{d}v\int_0^{\pi}\sin\theta\mathrm{d}\theta\int_0^{2\pi}\mathrm{d}\varphi$$
$$=\frac{2m^3}{h^3}\frac{1}{3}v_F^3\cdot2\cdot2\pi$$
$$=\frac{8\pi}{3}\frac{m^3}{h^3}v_F^3. \tag{5}$$

所以

$$\Gamma=\frac{n}{4}\cdot\frac{3}{4}v_F=\frac{1}{4}n\bar{v}.$$

最后一步用了 8-15 题式(3).

8-17 (原 8.16 题)

已知声速 $a=\sqrt{\left(\frac{\partial p}{\partial\rho}\right)_S}$ [式(1.8.8)]，试证明在 0 K 理想费米气体中 $a=\frac{v_F}{\sqrt{3}}$.

解 式(1.8.8)已给出声速 a 为

$$a=\sqrt{\left(\frac{\partial p}{\partial\rho}\right)_S}, \tag{1}$$

式中的偏导数是熵保持不变条件下的偏导数. 根据能斯特定理，0 K 下物质系统的熵是一个绝对常数，因此 0 K 下物理量的函数关系满足熵为不变的条件.

根据式(8.5.8)和式(8.5.6)，0 K 下理想费米气体的压强为

$$p=\frac{2}{5}n\mu(0)$$
$$=\frac{2}{5}(3\pi^2)^{\frac{2}{3}}\frac{\hbar^2}{2m}(n)^{\frac{5}{3}}$$
$$=\frac{2}{5}(3\pi^2)^{\frac{2}{3}}\frac{\hbar^2}{2m}\frac{1}{m^{\frac{5}{3}}}(\rho)^{\frac{5}{3}}. \tag{2}$$

故

$$\left(\frac{\partial p}{\partial\rho}\right)_S=\frac{2}{3}\frac{\hbar^2}{2m}(3\pi^2n)^{\frac{2}{3}}\frac{1}{m}=\frac{p_F^2}{3m^2},$$

即

$$a=\frac{p_F}{\sqrt{3}m}=\frac{v_F}{\sqrt{3}}. \tag{3}$$

8-18 (原 8.17 题)

等温压缩系数 κ_T 和绝热压缩系数 κ_S 的定义分别为

$$\kappa_T=-\frac{1}{V}\left(\frac{\partial V}{\partial p}\right)_T$$

和

$$\kappa_S=-\frac{1}{V}\left(\frac{\partial V}{\partial p}\right)_S.$$

试证明，对于 0 K 的理想费米气体，有

$$\kappa_T(0)=\kappa_S(0)=\frac{3}{2}\frac{1}{n\mu(0)}.$$

解 根据式(8.5.6)和式(8.5.4)，0 K 下理想费米气体的压强为

$$p=\frac{2}{5}n\mu(0)=\frac{2}{5}\frac{\hbar^2}{2m}(3\pi^2)^{\frac{2}{3}}\left(\frac{N}{V}\right)^{\frac{5}{3}}. \tag{1}$$

在温度保持为 0 K 的条件下，p 对 V 的偏导数等于

$$\left(\frac{\partial p}{\partial V}\right)_T=\frac{2}{3}\frac{\hbar^2}{2m}(3\pi^2)^{\frac{2}{3}}\left(\frac{N}{V}\right)^{\frac{2}{3}}\left(-\frac{N}{V^2}\right).$$

由式(A.5)知

$$\left(\frac{\partial V}{\partial p}\right)_T=\frac{1}{\left(\frac{\partial p}{\partial V}\right)_T}=\frac{3}{2}\frac{(-V^2)}{\frac{\hbar^2}{2m}(3\pi^2)^{\frac{2}{3}}\left(\frac{N}{V}\right)^{\frac{2}{3}}N}. \tag{2}$$

所以 0 K 下

$$\kappa_T=-\frac{1}{V}\left(\frac{\partial V}{\partial p}\right)_T=\frac{3}{2}\frac{V}{\frac{\hbar^2}{2m}(3\pi^2)^{\frac{2}{3}}\left(\frac{N}{V}\right)^{\frac{5}{3}}}=\frac{3}{2}\frac{1}{n\mu(0)}. \tag{3}$$

根据能斯特定理，$T=0$ 的等温线与 $S=0$ 的等熵线是重合的，因此 0 K 下

$$\left(\frac{\partial V}{\partial p}\right)_T=\left(\frac{\partial V}{\partial p}\right)_S.$$

由此可知

$$\kappa_S=-\frac{1}{V}\left(\frac{\partial V}{\partial p}\right)_S=\frac{3}{2}\frac{1}{n\mu(0)}. \tag{4}$$

式(4)也可以从另一角度理解．式(2.2.14)和式(2.2.12)给出

$$\frac{\kappa_S}{\kappa_T}=\frac{C_V}{C_p} \tag{5}$$

和

$$C_p-C_V=\frac{VT\alpha^2}{\kappa_T}. \tag{6}$$

由式(6)知，0 K 下

$$C_p=C_V,$$

所以式(5)给出 0 K 下

$$\kappa_S=\kappa_T.$$

8-19 （原 8.18 题）

试求在极端相对论条件下自由电子气体在 0 K 时的费米能量、内能和简并压．

解 极端相对论条件下，粒子的能量动量关系为

$$\varepsilon = cp.$$

根据习题 6-4 式(2)，在体积 V 内，在 ε 到 $\varepsilon+\mathrm{d}\varepsilon$ 的能量范围内，极端相对论粒子的量子态数为

$$D(\varepsilon)\mathrm{d}\varepsilon = \frac{8\pi V}{(ch)^3}\varepsilon^2\mathrm{d}\varepsilon. \tag{1}$$

式中已考虑到电子自旋在动量方向的两个可能投影而将习题 6-4 式(2)的结果乘以因子 2.

0 K 下自由电子气体的分布为

$$f(\varepsilon) = \begin{cases} 1, & \mu \leqslant \mu(0); \\ 0, & \mu > \mu(0). \end{cases} \tag{2}$$

费米能量 $\mu(0)$ 由下式确定：

$$N = \frac{8\pi V}{(ch)^3}\int_0^{\mu(0)} \varepsilon^2\mathrm{d}\varepsilon = \frac{8\pi V}{(ch)^3}\cdot\frac{1}{3}\mu^3(0),$$

故

$$\mu(0) = \left(\frac{3n}{8\pi}\right)^{\frac{1}{3}} ch. \tag{3}$$

0 K 下电子气体的内能为

$$\begin{aligned} U &= \int_0^{\mu(0)} \varepsilon D(\varepsilon)\mathrm{d}\varepsilon \\ &= \frac{8\pi V}{(ch)^3}\int_0^{\mu(0)} \varepsilon^3\mathrm{d}\varepsilon \\ &= \frac{8\pi V}{(ch)^3}\cdot\frac{1}{4}\mu^4(0) \\ &= \frac{3}{4}N\mu(0). \end{aligned} \tag{4}$$

根据习题 7-2 式(4)，电子气体的压强为

$$p = \frac{1}{3}\frac{U}{V} = \frac{1}{4}n\mu(0). \tag{5}$$

8-20 （原 8.19 题）

假设自由电子在二维平面上运动，面密度为 n. 试求 0 K 时二维电子气体的费米能量、内能和简并压．

解 根据 6-3 题式(4)，在面积 A 内，在 ε 到 $\varepsilon+\mathrm{d}\varepsilon$ 的能量范围内，二维自由电子的量子态数为

$$D(\varepsilon)\mathrm{d}\varepsilon = \frac{4\pi A}{h^2}m\mathrm{d}\varepsilon. \tag{1}$$

式中已考虑到电子自旋在动量方向的两个可能投影而将 6-3 题式(4)的结果乘以 2.

0 K 下自由电子的分布为

$$f(\varepsilon)=\begin{cases}1, & \mu\leqslant\mu(0);\\0, & \mu>\mu(0).\end{cases}\tag{2}$$

费米能量 $\mu(0)$ 由下式确定:

$$N=\frac{4\pi A}{h^2}m\int_0^{\mu(0)}\mathrm{d}\varepsilon=\frac{4\pi A}{h^2}m\mu(0),$$

即

$$\mu(0)=\frac{h^2}{4\pi m}\frac{N}{A}=\frac{h^2}{4\pi m}n.\tag{3}$$

0 K 下二维自由电子气体的内能为

$$U=\frac{4\pi A}{h^2}m\int_0^{\mu(0)}\varepsilon\mathrm{d}\varepsilon=\frac{4\pi A}{h^2}\frac{m}{2}\mu^2(0)=\frac{N}{2}\mu(0).\tag{4}$$

仿照习题 7-1 可以证明，对于二维的非相对论粒子，气体压强与内能的关系为

$$p=\frac{U}{A}.\tag{5}$$

因此 0 K 下二维自由电子气体的压强为

$$p=\frac{1}{2}n\mu(0).\tag{6}$$

8-21 (原 8.20 题)

已知 0 K 时铜中自由电子气体的化学势

$$\mu(0)=7.04\ \mathrm{eV},$$

试求 300 K 时的一级修正值.

解 根据式(8.5.17)，温度为 T 时金属中自由电子气体的化学势为

$$\mu(T)=\mu(0)\left\{1-\frac{\pi^2}{12}\left[\frac{kT}{\mu(0)}\right]^2\right\},$$

300 K 下化学势 $\mu(T)$ 对 $\mu(0)$ 的一级修正为

$$\begin{aligned}-\frac{\pi^2}{12}\left[\frac{kT}{\mu(0)}\right]^2\mu(0)&=-1.12\times10^{-5}\mu(0)\\&=-7.88\times10^{-5}\ \mathrm{eV}.\end{aligned}$$

这数值很小，不过值得注意，它是负的，这意味着金属中自由电子气体的化学势随温度升高而减小. 这一点可以从图 8-2 直接看出. 图中画出了在不同温度下电子分布函数 $f(\varepsilon)$ 随 ε 的变化. 0 K 时电子占据了能量 ε 从 0 到 $\mu(0)$ 的每一个量子态，而 $\varepsilon>\mu(0)$ 的状态则全部未被占据，如图中的 T_0 线所示. 温度升高时热激发使一些电子从能量低于 μ 的状态跃迁到能量高于 μ 的状态. 温度愈高，热激发的电子愈多，如图中的 T_1 线和 T_2 线所示($T_1<T_2$). 费米分布

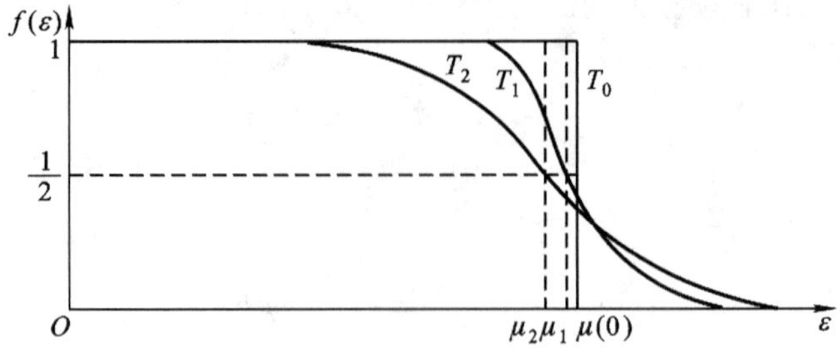

图 8-2

$$f=\frac{1}{e^{\frac{\varepsilon-\mu}{kT}}+1}$$

要求在任何温度下 $\varepsilon=\mu$ 的状态 $f=\frac{1}{2}$，即占据概率为$\frac{1}{2}$. 从图8-2可以看出，化学势 μ 必然随温度升高而减少，即 $\mu_2<\mu_1<\mu(0)$.

8-22 （原 8.21 题）

试根据热力学公式 $S=\int\frac{C_V}{T}\mathrm{d}T$，求低温下金属中自由电子气体的熵.

解 式(8.5.19)给出低温下金属中自由电子气体的定容热容为

$$C_V=Nk\frac{\pi^2}{2}\frac{kT}{\mu(0)}. \tag{1}$$

根据热力学关于均匀系统熵的积分表达式(2.4.5)，有

$$S=\int\left[\frac{C_V}{T}\mathrm{d}T+\left(\frac{\partial p}{\partial T}\right)_V\mathrm{d}V\right]+S_0. \tag{2}$$

取积分路线为(0, V)至(T, V)的直线，即有

$$S=\frac{\pi^2}{2}\frac{Nk^2}{\mu(0)}\int_0^T\mathrm{d}T=Nk\frac{\pi^2}{2}\frac{kT}{\mu(0)}, \tag{3}$$

其中已取积分常量 S_0 为零.

8-23 （补充题）

试求低温下金属中自由电子气体巨配分函数的对数，从而求电子气体的内能、压强和熵.

解 根据式(8.1.13)，自由电子气体巨配分函数的对数可表达为

$$\begin{aligned}\ln\Xi&=\sum_l\omega_l\ln(1+e^{-\alpha-\beta\varepsilon_l})\\&=\frac{4\pi V}{h^3}(2m)^{\frac{3}{2}}\int_0^{+\infty}\varepsilon^{\frac{1}{2}}\ln(1+e^{-\alpha-\beta\varepsilon})\,\mathrm{d}\varepsilon\\&=\frac{4\pi V}{h^3}\left(\frac{2m}{\beta}\right)^{\frac{3}{2}}\int_0^{+\infty}x^{\frac{1}{2}}\ln(1+e^{-\alpha-x})\,\mathrm{d}x,\end{aligned} \tag{1}$$

其中第二步用了式(6.2.17)，第三步作了变数变换 $\beta\varepsilon=x$.

将上式的积分分为两段：

$$\ln\Xi=\frac{4\pi V}{h^3}\left(\frac{2m}{\beta}\right)^{\frac{3}{2}}\left[\int_0^{-\alpha}x^{\frac{1}{2}}\ln(1+\mathrm{e}^{-\alpha-x})\mathrm{d}x+\int_{-\alpha}^{+\infty}x^{\frac{1}{2}}\ln(1+\mathrm{e}^{-\alpha-x})\mathrm{d}x\right].\tag{2}$$

在第一个积分中将对数函数改写为

$$\begin{aligned}&\ln(1+\mathrm{e}^{-\alpha-x})\\&=\ln\mathrm{e}^{-\alpha-x}+\ln(1+\mathrm{e}^{\alpha+x})\\&=-(\alpha+x)+\ln(1+\mathrm{e}^{\alpha+x})\\&=-(\alpha+x)+\ln(1+\mathrm{e}^{-\xi}),\end{aligned}$$

其中 $\xi=-(\alpha+x)$. 在第二个积分中作变数变换 $\xi=\alpha+x$，式(2)可改写为

$$\ln\Xi=\frac{4\pi V}{h^3}\left(\frac{2m}{\beta}\right)^{\frac{3}{2}}\left[\frac{4}{15}(-\alpha)^{\frac{5}{2}}+I_1+I_2\right],\tag{3}$$

其中

$$\begin{aligned}I_1&=\int_0^{-\alpha}\ln(1+\mathrm{e}^{-\xi})(-\alpha-\xi)^{\frac{1}{2}}\mathrm{d}\xi,\\I_2&=\int_0^{+\infty}\ln(1+\mathrm{e}^{-\xi})(-\alpha+\xi)^{\frac{1}{2}}\mathrm{d}\xi.\end{aligned}\tag{4}$$

在低温 $-\alpha=\frac{\mu}{kT}\gg1$ 的情形下，I_1 和 I_2 可近似为

$$\begin{aligned}I_1\approx I_2&\approx\int_0^{+\infty}\ln(1+\mathrm{e}^{-\xi})(-\alpha)^{\frac{1}{2}}\mathrm{d}\xi\\&=(-\alpha)^{\frac{1}{2}}\int_0^{+\infty}\sum_{n=1}^{\infty}\frac{(-1)^{n-1}}{n}\mathrm{e}^{-n\xi}\mathrm{d}\xi\\&=(-\alpha)^{\frac{1}{2}}\sum_{n=1}^{\infty}\frac{(-1)^n}{n^2}\\&=\frac{\pi^2}{12}(-\alpha)^{\frac{1}{2}}.\end{aligned}\tag{5}$$

于是

$$\ln\Xi=\frac{16\pi V}{15h^3}\left(\frac{2m}{\beta}\right)^{\frac{3}{2}}(-\alpha)^{\frac{5}{2}}\left(1+\frac{5\pi^2}{8\alpha^2}\right).\tag{6}$$

根据费米统计中热力学量的统计表达式(见§8.1)可得

$$\overline{N}=-\frac{\partial}{\partial\alpha}\ln\Xi=\frac{8\pi V}{3h^3}\left(\frac{2m}{\beta}\right)^{\frac{3}{2}}(-\alpha)^{\frac{3}{2}}\left(1+\frac{\pi^2}{8\alpha^2}\right),\tag{7}$$

$$U=-\frac{\partial}{\partial\beta}\ln\Xi=\frac{3}{2\beta}\ln\Xi,\tag{8}$$

$$p=\frac{1}{\beta}\frac{\partial}{\partial V}\ln\Xi=\frac{1}{\beta V}\ln\Xi,\tag{9}$$

$$S = k\left(\ln \Xi - \alpha \frac{\partial}{\partial \alpha}\ln \Xi - \beta \frac{\partial}{\partial \beta}\ln \Xi\right)$$

$$= k\left(\frac{5}{2}\ln \Xi + \alpha \overline{N}\right). \tag{10}$$

由于低温下$-\alpha = \frac{\mu}{kT} \gg 1$，在第一级近似中可以略去式(7)的第二项而有(令$\overline{N} = N$)

$$N = \frac{8\pi V}{3h^3}\left(\frac{2m}{\beta}\right)^{\frac{3}{2}}(-\alpha)^{\frac{3}{2}},$$

即

$$-\alpha = \frac{\hbar^2}{2m}\left(3\pi^2 \frac{N}{V}\right)^{\frac{2}{3}}\beta = \frac{\mu(0)}{kT}. \tag{11}$$

计及式(7)的第二项，可将式(7)改写为

$$-\alpha = \frac{\hbar^2}{2m}\left(3\pi^2 \frac{N}{V}\right)^{\frac{2}{3}}\beta\left(1 + \frac{\pi^2}{8\alpha^2}\right)^{-\frac{2}{3}}$$

$$= \frac{\hbar^2}{2m}\left(3\pi^2 \frac{N}{V}\right)^{\frac{2}{3}}\beta\left(1 - \frac{\pi^2}{12\alpha^2}\right).$$

再将上式中第二项的$-\alpha$用第一级近似代入，得

$$-\alpha = \frac{\mu(0)}{kT}\left\{1 - \frac{\pi^2}{12}\left[\frac{kT}{\mu(0)}\right]^2\right\}, \tag{12}$$

或

$$\mu = \mu(0)\left\{1 - \frac{\pi^2}{12}\left[\frac{kT}{\mu(0)}\right]^2\right\}. \tag{13}$$

式(13)与式(8.5.17)一致.

用式(7)除式(6)，并将式(12)代入可将$\ln \Xi$表示为N，T，$\mu(0)$的函数：

$$\ln \Xi = \frac{2}{5}N\frac{\mu(0)}{kT}\left\{1 - \frac{\pi^2}{12}\left[\frac{kT}{\mu(0)}\right]^2\right\}\left\{1 + \frac{\pi^2}{2}\left[\frac{kT}{\mu(0)}\right]^2\right\}$$

$$= \frac{2}{5}N\frac{\mu(0)}{kT}\left\{1 + \frac{5\pi^2}{12}\left[\frac{kT}{\mu(0)}\right]^2\right\}, \tag{14}$$

代回式(8)，式(9)，式(10)即得

$$U = \frac{3}{5}N\mu(0)\left\{1 + \frac{5\pi^2}{12}\left[\frac{kT}{\mu(0)}\right]^2\right\}, \tag{15}$$

$$p = \frac{2}{5}n\mu(0)\left\{1 + \frac{5\pi^2}{12}\left[\frac{kT}{\mu(0)}\right]^2\right\}, \tag{16}$$

$$S = Nk\frac{\pi^2}{2}\frac{kT}{\mu(0)}. \tag{17}$$

上述结果分别与式(8.5.18)，7-1题式(4)和8-22题式(3)一致.

8-24 （补充题）

金属中的自由电子在外磁场下显示微弱的顺磁性．这是泡利(Pauli)根据费米分布首先从理论上预言的，称为泡利顺磁性．试根据费米分布导出 0 K 金属中自由电子的磁化率．

解 §7.8 和 7-28 题、7-29 题讨论的顺磁性固体，其顺磁性来自磁性离子的磁矩在外磁场作用下的取向．离子磁矩是其不满壳层的束缚电子的轨道磁矩与自旋磁矩之和，磁性离子是定域的，遵从玻耳兹曼分布．泡利顺磁性则来自金属中自由电子的自旋磁矩在外磁场作用下的取向，电子是高度简并的，遵从费米分布，受泡利不相容原理约束．因此两者显示很不相同的特性．

电子自旋磁矩大小等于玻尔磁子 μ_B. 在外磁场 $\mathscr{B}$ 作用下，磁矩可以平行或反平行于外磁场 $\mathscr{B}$. 磁矩平行于外磁场的电子，其能量为

$$\varepsilon=\frac{p^2}{2m}-\mu_B\mathscr{B}. \tag{1}$$

磁矩反平行于外磁场的电子，能量为

$$\varepsilon=\frac{p^2}{2m}+\mu_B\mathscr{B}. \tag{2}$$

处在外磁场中的电子，其动量仍然是守恒量．单位体积内两种磁矩取向的电子，在 p 到 $p+\mathrm{d}p$ 动量范围内的状态数均为$\dfrac{4\pi p^2\mathrm{d}p}{h^3}$，将式(1)和式(2)代入，得单位体积内两种磁矩取向的电子在能量 ε 到 $\varepsilon+\mathrm{d}\varepsilon$ 范围内的状态数分别为

$$D_+(\varepsilon)\,\mathrm{d}\varepsilon=\frac{2\pi}{h^3}(2m)^{\frac{3}{2}}(\varepsilon+\mu_B\mathscr{B})^{\frac{1}{2}}\mathrm{d}\varepsilon \tag{3}$$

和

$$D_-(\varepsilon)\,\mathrm{d}\varepsilon=\frac{2\pi}{h^3}(2m)^{\frac{3}{2}}(\varepsilon-\mu_B\mathscr{B})^{\frac{1}{2}}\mathrm{d}\varepsilon. \tag{4}$$

图 8-3 以 ε 为纵坐标，$D_+(\varepsilon)$和 $D_-(\varepsilon)$为横坐标，画出了不存在外磁场[图(a)]和存在外磁场[图(b)，图(c)]的情形下状态密度随 ε 的变化．

0 K 下电子层可能占据能量最低的状态．不存在外磁场时，两种磁矩取向的电子能量是相同的，电子的分布将如图 8-3(a)所示．加入外磁场后，如果电子的占据情况不变，电子的分布将如图 8-3(b)所示．但是这种分布不是平衡状态．由于达到平衡后电子尽可

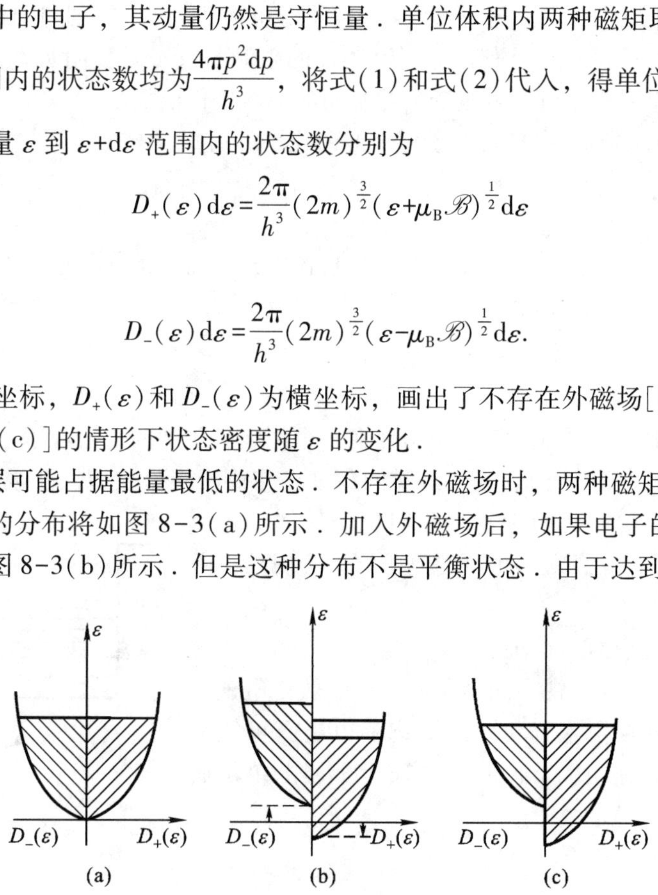

图 8-3

能占据最低能态，原来磁矩逆磁场取向的部分电子将改变其磁矩取向，使分布如图 8-3(c)所示．在图 8-3(c)的分布中两种磁矩取向的电子具有相同的最大能量．这最大能量就是处在外磁场中电子气体的费米能量．后面的数值估计指出$\mu_B\mathscr{B}\ll\mu(0)$．因此外磁场对费米能量的影响很小，可以忽略．图8-3(c)的分布显示，有更多的电子磁矩顺外磁场方向，使金属表现出顺磁性．磁化强度$\mathscr{M}$(单位体积的磁矩)可以估计如下：磁矩取向发生改变的电子数为$\mu_B\mathscr{B}\times\frac{1}{2}D[\mu(0)]$．其中每个电子磁矩的改变为$2\mu_B$．因此金属的磁化强度为

$$\mathscr{M}=\mu_B^2\mathscr{B}D[\mu(0)]. \tag{5}$$

式中$D[\mu(0)]=\frac{4\pi}{h^3}(2m)^{\frac{3}{2}}\mu^{\frac{1}{2}}(0)$．上式可改写为

$$\mathscr{M}=n\mu_B\cdot\frac{3}{2}\frac{\mu_B\mathscr{B}}{\mu(0)}. \tag{6}$$

对于$\mathscr{B}=1$ T(10^4 G)，$\mu_B\mathscr{B}\sim10^{-23}$ J，而$\mu(0)\sim10^{-18}$ J，所以

$$\frac{\mu_B\mathscr{B}}{\mu(0)}\sim10^{-5}.$$

由此可知，泡利顺磁性很弱，这是泡利不相容原理的结果．与顺磁性固体中所有磁性离子对顺磁性都有贡献不同，由于泡利不相容原理的限制，仅费米面附近宽度为$\mu_B\mathscr{B}$范围内的电子在外磁场作用下分布发生改变，对金属的顺磁性作出贡献.

以χ_0表示 0 K 下金属中自由电子气体的磁化率．由式(6)知

$$\chi_0=\frac{3}{2}\frac{n\mu_B^2}{\mu(0)}. \tag{7}$$

由于一般温度下金属中电子气体的分布与 0 K 时差异很小，金属泡利顺磁性的磁化率对温度只有很微弱的依赖关系．

8-25 （补充题）

金属中的自由电子可以近似看作为处在一个恒定势阱中的自由粒子．图 8-4 示意地表示 0 K 时处在势阱中的电子．χ表示势阱的深度，它等于将处在最低能级$\varepsilon=0$的电子移到金属外所需的最小功．$\mu(0)$表示 0 K 时电子气体的化学势．如果将处在费米能级$\varepsilon=\mu(0)$的电子移到金属外，所需的最小功为

$$W=\chi-\mu(0),$$

W称为功函数．W的大小视不同金属而异，一般是电子伏的量级．高温下处在费米分布中高能态的电子有可能从金属表面逸出．试证明，单位时间内通过金属的单位面积发射的热电流密度为

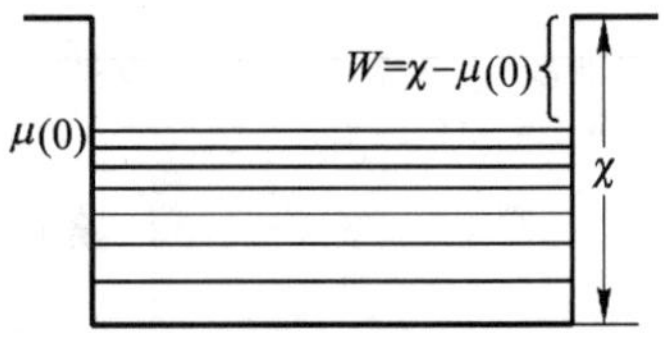

图 8-4

$$J=AT^2e^{\frac{-W}{kT}}.$$

上式称为理查森(Richardson)公式．

解 费米分布给出，单位体积内，动量在 $\mathrm{d}p_x\mathrm{d}p_y\mathrm{d}p_z$ 范围内的电子数为

$$\mathrm{d}n=\frac{2}{h^3}\frac{\mathrm{d}p_x\mathrm{d}p_y\mathrm{d}p_z}{\mathrm{e}^{\beta\left[\frac{1}{2m}(p_x^2+p_y^2+p_z^2)-\mu\right]}+1},\tag{1}$$

单位时间内，碰到法线沿 z 轴的金属表面的单位面积上，动量在 $\mathrm{d}p_x\mathrm{d}p_y\mathrm{d}p_z$ 范围内电子数为

$$v_z\mathrm{d}n=\frac{2}{h^3}\frac{v_z\mathrm{d}p_x\mathrm{d}p_y\mathrm{d}p_z}{\mathrm{e}^{\beta\left[\frac{1}{2m}(p_x^2+p_y^2+p_z^2)-\mu\right]}+1}.\tag{2}$$

将上式改写为

$$v_z\mathrm{d}n=\frac{2}{h^3}\frac{\mathrm{d}p_x\mathrm{d}p_y\mathrm{d}\varepsilon_z}{\mathrm{e}^{\beta\left[\frac{1}{2m}(p_x^2+p_y^2)+\varepsilon_z-\mu\right]}+1},\tag{3}$$

其中 $\varepsilon_z=\frac{p_z^2}{2m}$是电子在 z 方向的平动能量．电子要摆脱金属的束缚发射到体外，它在垂直于表面的方向上具有的动能必须大于χ，即

$$\varepsilon_z>\chi.\tag{4}$$

将式(3)乘以电子的电荷$-e$，积分即得单位时间内通过金属表面单位面积发射的热电流为

$$\begin{aligned}J&=(-e)\frac{2}{h^3}\int_{-\infty}^{+\infty}\mathrm{d}p_x\int_{-\infty}^{+\infty}\mathrm{d}p_y\int_{\chi}^{+\infty}\frac{\mathrm{d}\varepsilon_z}{\mathrm{e}^{\beta\left[\frac{1}{2m}(p_x^2+p_y^2)+\varepsilon_z-\mu\right]}+1}\\&=\frac{2(-e)kT}{h^3}\int_{-\infty}^{+\infty}\mathrm{d}p_x\int_{-\infty}^{+\infty}\mathrm{d}p_y\ln(1+\mathrm{e}^{-\theta}),\end{aligned}\tag{5}$$

其中

$$\theta=\frac{1}{kT}\left[W+\frac{1}{2m}(p_x^2+p_y^2)\right].\tag{6}$$

上式已考虑到$\mu(T)$与$\mu(0)$相差很小，而令$\chi-\mu(T)\approx W$. 一般情形下 $\theta\gg1$，可以令

$$\ln(1+\mathrm{e}^{-\theta})\approx\mathrm{e}^{-\theta},$$

而有

$$\begin{aligned}J&=\frac{2kT(-e)}{h^3}\mathrm{e}^{\frac{-W}{kT}}\iint_{-\infty}^{+\infty}\mathrm{e}^{-\frac{1}{2mkT}(p_x^2+p_y^2)}\mathrm{d}p_x\mathrm{d}p_y\\&=-\frac{4\pi me}{h^3}(kT)^2\mathrm{e}^{-\frac{W}{kT}}.\end{aligned}\tag{7}$$

由于 W 是电子伏的量级，要在高温(例如 10^3 K)才有可观的热发射电子．

8-26 （原 8.22 题）

由 N 个自旋极化的粒子组成的理想费米气体处在径向频率为 ω_r，轴向频率为 $\lambda\omega_r$的磁光陷阱内，粒子的能量(哈密顿量)为

$$\varepsilon=\frac{1}{2m}(p_x^2+p_y^2+p_z^2)+\frac{m}{2}\omega_r^2(x^2+y^2+\lambda^2z^2).$$

试求 0 K 时费米气体的化学势(以费米温度表示)和粒子的平均能量. 假设 $N=10^5$, $\omega_r=3\ 800\ \text{s}^{-1}$, $\lambda^2=8$, 求出数值结果.

解 由式(6.2.4)知, 粒子的能量本征值为

$$\varepsilon_{n_x,n_y,n_z}=\hbar\omega_r(n_x+n_y+\lambda n_z),$$
$$n_x,\ n_y,\ n_z=0,\ 1,\ 2,\ \cdots \tag{1}$$

式中已将能量零点取为 $\hbar\omega_r\left(1+\dfrac{\lambda}{2}\right)$.

理想费米气体的化学势 $\mu(T,\ N)$ 由下式确定:

$$N=\sum_{n_x,\ n_y,\ n_z}\frac{1}{e^{\beta[\hbar\omega_r(n_x+n_y+\lambda n_z)-\mu]}+1}. \tag{2}$$

如果 N 足够大使大量粒子处在高激发能级、粒子的平均能量远大于 $\hbar\omega_r$, 或者温度足够高使 $kT\gg\hbar\omega_r$, 式(2)的求和可以改写为对能量的积分. 令

$$\varepsilon_x=n_x\hbar\omega_r,\qquad \varepsilon_y=n_y\hbar\omega_r,\qquad \varepsilon_z=\lambda n_z\hbar\omega_r,$$
$$d\varepsilon_x=\hbar\omega_r,\qquad d\varepsilon_y=\hbar\omega_r,\qquad d\varepsilon_z=\lambda\hbar\omega_r,$$

式(2)可表达为

$$N=\frac{1}{\lambda(\hbar\omega_r)^3}\int\frac{d\varepsilon_x d\varepsilon_y d\varepsilon_z}{e^{\beta(\varepsilon_x+\varepsilon_y+\varepsilon_z-\mu)}+1}. \tag{3}$$

引入新的积分变量 $\varepsilon=\varepsilon_x+\varepsilon_y+\varepsilon_z$, 可进一步将式(2)改写为

$$N=\frac{1}{\lambda(\hbar\omega_r)^3}\int\frac{d\varepsilon}{e^{\beta(\varepsilon-\mu)}+1}\int d\varepsilon_x\int d\varepsilon_y, \tag{4}$$

式中被积函数只是变量 ε 的函数, 与 ε_x 和 ε_y 无关. 对一定的 ε, $d\varepsilon_x$ 和 $d\varepsilon_y$ 的积分等于以 ε_x 轴、ε_y 轴和 $\varepsilon_x+\varepsilon_y=\varepsilon$ 三条直线为边界的三角形面积, 如图 8-5 所示, 这面积等于 $\dfrac{1}{2}\varepsilon^2$. 所以式(4)可表达为

$$N=\int\frac{D(\varepsilon)d\varepsilon}{e^{\beta(\varepsilon-\mu)}+1}, \tag{5}$$

其中

$$D(\varepsilon)d\varepsilon=\frac{1}{2\lambda(\hbar\omega_r)^3}\varepsilon^2 d\varepsilon. \tag{6}$$

它是能量在 ε 到 $\varepsilon+d\varepsilon$ 范围内粒子的状态数.

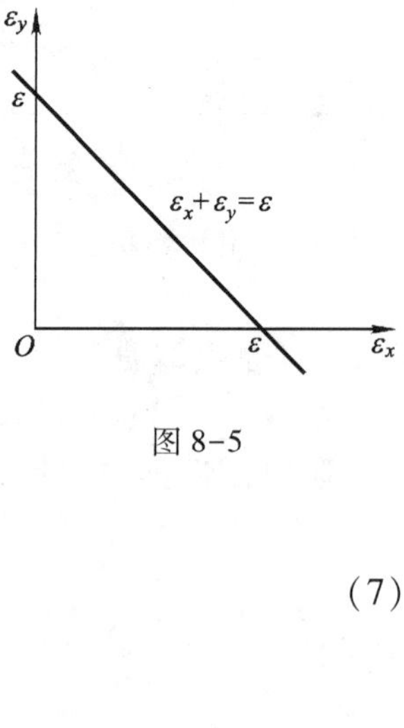

图 8-5

0 K 时系统尽可能处在能量最低的状态. 由于泡利原理的限制, 粒子将从能量为零的状态开始, 每一量子态填充一个粒子, 到能量为 $\mu(0)$ 的状态止. $\mu(0)$ 由下式确定:

$$N=\frac{1}{2\lambda(\hbar\omega_r)^3}\int_0^{\mu(0)}\varepsilon^2 d\varepsilon=\frac{1}{2\lambda(\hbar\omega_r)^3}\frac{\mu^3(0)}{3}.$$

由此可得

$$\mu(0)=\hbar\omega_r(6\lambda N)^{\frac{1}{3}}. \tag{7}$$

0 K 时费米气体的能量为

$$
\begin{aligned}
E &= \int_0^{\mu(0)} D(\varepsilon)\varepsilon \mathrm{d}\varepsilon \\
&= \frac{1}{2\lambda(\hbar\omega_r)^3}\int_0^{\mu(0)} \varepsilon^3 \mathrm{d}\varepsilon \\
&= \frac{1}{2\lambda(\hbar\omega_r)^3}\frac{\mu^4(0)}{4} \\
&= \frac{3}{4}N\mu(0).
\end{aligned} \tag{8}
$$

粒子的平均能量为

$$
\bar{\varepsilon} = \frac{3}{4}\mu(0). \tag{9}
$$

对于题中给的数据，可得

$$
\hbar\omega_r = 30\ \text{nK},
$$

$$
T_{\mathrm{F}} = \frac{\mu(0)}{k} = 3.5\ \mu\text{K},
$$

$$
\frac{E}{k} = 2.7\ \mu\text{K}.
$$

8-27 （原 8.23 题）

承上题，试求低温极限 $T \ll T_{\mathrm{F}}$ 和高温极限 $T \gg T_{\mathrm{F}}$ 下，磁光陷阱中理想费米气体的化学势、内能和热容．

解 首先讨论低温极限 $T \ll T_{\mathrm{F}}$ 的情形．根据式(8.5.13)和式(8.5.14)，积分

$$
I = \int_0^{+\infty} \frac{\eta(\varepsilon)}{\mathrm{e}^{\frac{\varepsilon-\mu}{kT}}+1}\mathrm{d}\varepsilon, \tag{1}
$$

在低温极限下可展开为

$$
I = \int_0^{\mu} \eta(\varepsilon)\mathrm{d}\varepsilon + \frac{\pi^2}{6}(kT)^2\eta'(\mu) + \cdots. \tag{2}
$$

对于磁光陷阱中的理想费米气体，有

$$
N = \int_0^{+\infty} \frac{c\varepsilon^2 \mathrm{d}\varepsilon}{\mathrm{e}^{\frac{\varepsilon-\mu}{kT}}+1}, \tag{3}
$$

其中 $c = \dfrac{1}{2\lambda(\hbar\omega_r)^3}$. 上式确定费米气体的化学势．利用式(1)，式(2)可得

$$
N = \frac{c}{3}\mu^3\left[1 + \pi^2\left(\frac{kT}{\mu}\right)^2\right],
$$

因此

$$
\begin{aligned}
\mu &= \left(\frac{3N}{c}\right)^{\frac{1}{3}}\left[1 + \pi^2\left(\frac{kT}{\mu}\right)^2\right]^{-\frac{1}{3}} \\
&\approx \mu(0)\left\{1 - \frac{\pi^2}{3}\left[\frac{kT}{\mu(0)}\right]^2\right\}.
\end{aligned} \tag{4}
$$

气体的内能为

$$U=\int_0^{+\infty}\frac{c\varepsilon^3\mathrm{d}\varepsilon}{\mathrm{e}^{\frac{\varepsilon-\mu}{kT}}+1},$$

利用式(1)，式(2)可得

$$\begin{aligned}U&=\frac{C}{4}\mu^4\left[1+2\pi^2\left(\frac{kT}{\mu}\right)^2\right]\\&\approx\frac{C}{4}\mu^4(0)\left\{1-\frac{\pi^2}{3}\left[\frac{kT}{\mu(0)}\right]^2\right\}^4\cdot\left\{1+2\pi^2\left[\frac{kT}{\mu(0)}\right]^2\right\}\\&\approx\frac{3}{4}N\mu(0)\left\{1-\frac{4\pi^2}{3}\left[\frac{kT}{\mu(0)}\right]^2\right\}\left\{1+2\pi^2\left[\frac{kT}{\mu(0)}\right]^2\right\}\\&\approx\frac{3}{4}N\mu(0)\left\{1+\frac{2}{3}\pi^2\left[\frac{kT}{\mu(0)}\right]^2\right\}.\end{aligned}\tag{5}$$

热容为

$$C=\frac{\mathrm{d}U}{\mathrm{d}T}=Nk\pi^2\frac{kT}{\mu(0)}.\tag{6}$$

在高温极限 $T\gg T_{\mathrm{F}}$ 的情形下，有

$$\mathrm{e}^{\alpha}=\mathrm{e}^{-\frac{\mu}{kT}}\approx\mathrm{e}^{-\frac{T_{\mathrm{F}}}{T}}\approx1.\tag{7}$$

磁光陷阱内的费米气体是非简并的，遵从玻耳兹曼分布．按照玻耳兹曼统计求热力学函数的一般程序，先求粒子配分函数

$$\begin{aligned}Z_1&=\int_0^{+\infty}D(\varepsilon)\mathrm{e}^{-\beta\varepsilon}\mathrm{d}\varepsilon\\&=\frac{1}{2\lambda(\hbar\omega_r)^3}\int_0^{+\infty}\mathrm{e}^{-\beta\varepsilon}\varepsilon^2\mathrm{d}\varepsilon\\&=\frac{1}{2\lambda(\hbar\omega_r)^3}\frac{2}{\beta^3}.\end{aligned}\tag{8}$$

内能为

$$U=-N\frac{\partial}{\partial\beta}\ln Z_1=3NkT.\tag{9}$$

上式与能量均分定理的结果相符．

根据式(7.6.7)，气体的化学势为

$$\mu=-kT\ln\frac{Z_1}{N}=-kT\ln\left\{6\left[\frac{kT}{\mu(0)}\right]^3\right\}.\tag{10}$$

最后一步用了式(8)和 8-25 题式(7)．

实验已观察到处在磁光陷阱内的费米气体在温度低于费米温度时所显示的费米简并性和费米压强．见：DeMarco，Jin. Science[J]. 1999，285(1703)；Truscott. Science[J]. 2001，291(2570).

8-28 （补充题）

在高纯度的半导体中电子的能量本征值形成图 8-6 所示的能带结构．0 K 时价带中的状态完全被电子占据，而导带中的状态则完全未被占据．价带与导带之间有能量为 ε_g 的能隙，称为禁带，其中不存在电子的可能状态．0 K 下具有这种能带结构的晶体形成绝缘体．在较高温度下，价带中有些电子因热激发会跃迁到导带，而在价带留下空穴．跃迁到导带的电子和价带中的空穴都参与导电，晶体就形成半导体．这样的半导体称为本征半导体．

试证明，温度为 T 时本征半导体中电子和空穴的浓度 n_e 和 n_h 为

$$n_e=n_h=2\left(\frac{2\pi mkT}{h^2}\right)^{\frac{3}{2}}e^{-\frac{\varepsilon_g}{2kT}}.$$

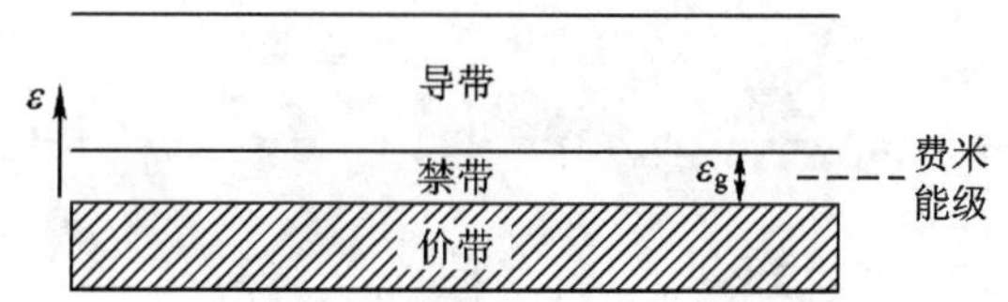

图 8-6

解 电子是费米子，遵从费米分布

$$f_e=\frac{1}{e^{\beta(\varepsilon-\varepsilon_F)}+1},\tag{1}$$

式中我们将化学势记为 ε_F，称为费米能级，并将能量零点取在价带顶．在通常的本征半导体中，禁带宽度 ε_g 是电子伏的量级．我们在后面会看到，费米能级大致在禁带中央，所以一般情形下，对于处在导带的电子，条件 $\varepsilon-\varepsilon_F\gg kT$ 是满足的，于是式(1)可以近似为

$$f_e=e^{\frac{\varepsilon_F-\varepsilon}{kT}}.\tag{2}$$

假设跃迁到导带中的电子可以看作有效质量为 m_e 的自由粒子，其状态密度由式(6.2.17)描述，即单位体积中，能量在 ε 到 $\varepsilon+d\varepsilon$ 间电子的状态数为

$$D(\varepsilon)d\varepsilon=\frac{4\pi}{h^3}(2m_e)^{\frac{3}{2}}(\varepsilon-\varepsilon_g)^{\frac{1}{2}}d\varepsilon.\tag{3}$$

导带中电子的浓度(单位体积中的导带电子数)为

$$\begin{aligned}n_e&=\frac{4\pi}{h^3}(2m_e)^{\frac{3}{2}}e^{\frac{\varepsilon_F}{kT}}\int_{\varepsilon_g}^{+\infty}(\varepsilon-\varepsilon_g)^{\frac{1}{2}}e^{-\frac{\varepsilon}{kT}}d\varepsilon\\&=2\left(\frac{2\pi m_e kT}{h^2}\right)^{\frac{3}{2}}e^{\frac{\varepsilon_F-\varepsilon_g}{kT}}.\end{aligned}\tag{4}$$

空穴的分布 f_h 可根据下式由电子的分布 f_e 得出：

$$f_h=1-f_e,$$

即

$$f_h=1-\frac{1}{e^{\beta(\varepsilon-\varepsilon_F)}+1}$$

$$=\frac{1}{e^{\beta(\varepsilon_F-\varepsilon)}+1}$$

$$\approx e^{\frac{\varepsilon-\varepsilon_F}{kT}}, \tag{5}$$

式中的 ε 是价带中电子的能量．由于能量零点取在价带顶，式(5)中的 ε 是负的，必有 $\varepsilon_F-\varepsilon\gg kT$，因而可作式中第二步的近似．可以想见，从价带跃迁到导带的电子主要来自价带顶附近，这就是说，空穴也在价带顶附近．假设价带顶附近的空穴可以看成有效质量为 m_h 的自由粒子，其状态密度亦由式(6.2.17)描述，即单位体积内能量在 ε 到 $\varepsilon+d\varepsilon$ 间的空穴状态数为

$$D(\varepsilon)d\varepsilon=\frac{4\pi}{h^3}(2m_h)^{\frac{3}{2}}(-\varepsilon)^{\frac{1}{2}}d\varepsilon. \tag{6}$$

空穴的浓度则为

$$n_h=\frac{4\pi}{h^3}(2m_h)^{\frac{3}{2}}e^{-\frac{\varepsilon_F}{kT}}\int_0^{-\infty}e^{\frac{\varepsilon}{kT}}(-\varepsilon)^{\frac{1}{2}}d\varepsilon$$

$$=\frac{4\pi}{h^3}(2m_h)^{\frac{3}{2}}e^{-\frac{\varepsilon_F}{kT}}\int_0^{+\infty}e^{\frac{-\varepsilon'}{kT}}\varepsilon'^{\frac{1}{2}}d\varepsilon'$$

$$=2\left(\frac{2\pi m_h kT}{h^2}\right)^{\frac{3}{2}}e^{-\frac{\varepsilon_F}{kT}}. \tag{7}$$

上式第二步将积分变量作了变换 $\varepsilon'=-\varepsilon$.

如前所述，价带中的空穴是电子从价带跃迁到导带后留下的，二者的浓度应该相同，即 $n_h=n_e$. 利用这一条件可以确定费米能级的数值．令式(4)与式(7)相等，即有

$$\varepsilon_F=\frac{1}{2}\varepsilon_g+\frac{3}{4}kT\ln\frac{m_h}{m_e}. \tag{8}$$

如果 $m_e=m_h$，即有

$$\varepsilon_F=\frac{1}{2}\varepsilon_g. \tag{9}$$

一般来说，费米能级 ε_F 与温度有关，但也大致在禁带中央，这证实了前面讨论中所作的假设．在式(9)适用的情形下

$$n_e=n_g=2\left(\frac{2\pi mkT}{h^2}\right)^{\frac{3}{2}}e^{-\frac{\varepsilon_g}{2kT}}. \tag{10}$$

锗的 $\varepsilon_g=0.7$ eV，假设 m 等于电子的质量，由上式可以算得

$$n_e=n_h=1.6\times10^{20}\ \text{m}^{-3}.$$

8-29 (原 8.24 题)

关于原子核半径 R 的经验公式给出

$$R=(1.3\times10^{-15}\ \text{m})\cdot A^{\frac{1}{3}},$$

式中 A 是原子核所含核子数．假设质子数和中子数相等，均为$\frac{A}{2}$，试计算二者在核内的密

度 n. 如果将核内的质子和中子看作简并费米气体，试求二者的 $\mu(0)$ 以及核子在核内的平均能量．核子质量 $m_n=1.67\times10^{-27}$ kg.

解 根据核半径的经验公式

$$R=(1.3\times10^{-15}\ \mathrm{m})\cdot A^{\frac{1}{3}},$$

假设核内质子数和中子数相等，均为 $\frac{A}{2}$，则二者的密度均为

$$n=\frac{\frac{A}{2}}{\frac{4}{3}\pi(1.3\times10^{-15}\ \mathrm{m})^3A}\approx0.05\times10^{45}\ \mathrm{m}^{-3}.$$

如果将核内的质子和中子看作简并费米气体，根据式(8.5.6)，费米能量 $\mu(0)$ 为

$$\begin{aligned}\mu(0)&=\frac{\hbar^2}{2m}(3\pi^2n)^{\frac{2}{3}}\\&=0.43\times10^{-11}\ \mathrm{J}\\&\approx27\ \mathrm{MeV}.\end{aligned}$$

由式(8.5.7)知，核子在核内的平均能量为

$$\begin{aligned}\bar{\varepsilon}&=\frac{3}{5}\mu(0)\\&=0.26\times10^{-11}\ \mathrm{J}\\&\approx16\ \mathrm{MeV}.\end{aligned}$$

核的费米气体模型是 20 世纪 30 年代提出的核模型．它在定性描述原子核的粗略性质方面取得了一定的成功．核的费米气体模型把核子看作约束在核内的无相互作用的自由粒子．从核子散射实验知道，核子之间存在很强的相互作用，其中包含非常强的排斥心．将核子看作核内无相互作用的自由粒子，可以这样理解：排斥心的半径约为 0.4×10^{-15} m，核内核子之间的平均距离约为 2.4×10^{-15} m，因此原子核的“最密集”体积与实际体积之比约为 $\left(\frac{0.4}{2.4}\right)^3\approx\frac{1}{100}$，这样核子实际上“感受”到的只是相互作用中较弱的“尾巴”部分．其次，由于泡利原理的限制，大多数核子(特别是处在费米面深处低能态的粒子)发生碰撞时，其状态很难发生改变，仅在费米面附近的少数核子有可能在碰撞时状态改变．作为一个初步近似，费米气体模型忽略了核子之间的相互作用．

8-30 (原 8.25 题，略有改动)

^{3}He 是费米子，其自旋为 $\frac{1}{2}$. 在液 ^{3}He 中原子有很强的相互作用．根据朗道的正常费米液体理论，可以将液 ^{3}He 看作由与原子数目相同的 ^{3}He 准粒子构成的费米液体．已知 ^{3}He 原子的质量为 5.01×10^{-27} kg，液 ^{3}He 的密度为 81 kg · m^{-3}，在 0.1 K 以下的定容热容为 $C_V=2.89NkT$. 试估算 ^{3}He 准粒子的有效质量 m^*.

解 我们首先粗略地介绍一下朗道-费米液体理论的有关概念．

如§8.5所述，在0 K理想费米气体处在基态时，粒子占满了动量空间中半径为费米动量p_F的费米球：

$$p_F=(3\pi^2 n)^{\frac{1}{3}}\hbar, \tag{1}$$

$p>p_F$的状态则完全未被占据．气体处在低激发态时，有少量粒子跃迁到$p>p_F$的状态，而在费米球中留下空穴．p_F的大小取决于气体的数密度n.

朗道假设，如果在理想费米气体中逐渐加入粒子间的相互作用，理想费米气体将过渡为费米液体，气体的粒子过渡为液体的准粒子．液体中的准粒子数与原来气体或液体中的实际粒子数相同．对于均匀系统，准粒子的状态仍可由动量$\boldsymbol{p}$和自旋$\boldsymbol{S}$描述．在0 K费米液体处在基态时，准粒子占满了动量空间中半径为p_F的费米球，p_F仍由式(1)确定，但n是液体的粒子数密度．费米液体处在低激发态时，有少量准粒子跃迁到$p>p_F$的状态，而在费米球中留下空穴．

以$f(p)\mathrm{d}\omega$表示单位体积中动量在$\boldsymbol{p}$到$\boldsymbol{p}+\mathrm{d}\boldsymbol{p}$的准粒子数．在自旋量子数为$\frac{1}{2}$的情形下，有

$$\mathrm{d}\omega=\frac{2\mathrm{d}\boldsymbol{p}}{h^3}.$$

$f(p)$满足归一化条件

$$\int f(p)\,\mathrm{d}\omega=n. \tag{2}$$

由于费米液体的准粒子之间存在相互作用，单个粒子的能量$\varepsilon(p)$与其他准粒子所处的状态有关，即与准粒子的分布有关．因此，与理想费米气体不同，费米液体的能量不能表达为单个准粒子的能量之和，即

$$\frac{E}{V}\neq\int\varepsilon(p)f(p)\,\mathrm{d}\omega, \tag{3}$$

而是分布函数$f(p)$的泛函．准粒子能量$\varepsilon(p)$由下式定义：

$$\frac{\delta E}{V}=\int\varepsilon(p)\,\delta f(p)\,\mathrm{d}\omega, \tag{4}$$

或

$$\varepsilon(p)=\frac{\partial\left(\dfrac{\delta E}{V}\right)}{\partial\left[\delta f(p)\right]}. \tag{5}$$

上式的意义是，准粒子能量$\varepsilon(p)$等于增加一个动量为p的粒子所引起的系统能量的增加．$\varepsilon(p)$既与液体中准粒子的分布有关，也是分布函数$f(p)$的泛函．

8-2题曾得到处在平衡状态的理想费米气体的熵的表达式

$$S=-kV\int\Big\{f(p)\ln f(p)+ \\ [1-f(p)]\ln[1-f(p)]\Big\}\mathrm{d}\omega, \tag{6}$$

式中的两项可以分别理解为由于粒子具有分布$f(p)$和空穴具有分布$1-f(p)$所导致的熵．

式(6)不仅适用于平衡态，也适用于非平衡态．如果$f(p)$是某非平衡态下粒子的分布，相应的熵也由式(6)表达．在总粒子数、总能量和体积给定的情形下，平衡态的分布(费米分布)使式(6)的熵取最大值①．

根据前述朗道的假设，费米液体的准粒子与理想费米气体的粒子存在一一对应的关系．将式(6)中的$f(p)$理解为费米液体中准粒子的分布，费米液体的熵亦可由式(6)表达．在总粒子数、总能量和体积给定的情形下，平衡态的分布使式(6)的熵取最大值．可以证明，平衡态的分布具有下述形式：

$$f(p)=\frac{1}{\mathrm{e}^{\frac{\varepsilon(p)-\mu}{kT}}+1}. \tag{7}$$

这是平衡态下费米液体中准粒子的分布函数，$\frac{1}{kT}$和$\frac{\mu}{kT}$是拉氏乘子．显然，T和μ分别是费米液体的温度和化学势．需要强调，虽然式(7)形式上与费米分布相似，但由于$\varepsilon(p)$是分布函数$f(p)$的泛函，式(7)实际上是分布函数$f(p)$的一个复杂的隐函数表达式．

以$f^{(0)}(p)$，$\varepsilon^{(0)}(p)$和$\mu(0)$分别表示0 K时的分布函数、准粒子能量和化学势．由式(7)可知，$f^{(0)}(p)$是一个阶跃函数：

$$f^{(0)}(p)=\begin{cases}1, & \varepsilon^{(0)}(p)\leqslant\mu(0);\\ 0, & \varepsilon^{(0)}(p)>\mu(0).\end{cases} \tag{8}$$

上式给出0 K时费米液体准粒子的动量分布，与前述的图像一致．

在接近0 K的低温下，分布函数应与阶跃分布$f^{(0)}(p)$接近．作为一级近似，可以用$f^{(0)}(p)$近似地确定准粒子的能量$\varepsilon(p)$．这意味着$\varepsilon(p)$简单地成为p的确定的函数$\varepsilon^{(0)}(p)$．对于$p\approx p_{\mathrm{F}}$的动量值，可以将函数$\varepsilon^{(0)}(p)$按$p-p_{\mathrm{F}}$作泰勒展开，即

$$\varepsilon^{(0)}(p)-\mu(0)=v_{\mathrm{F}}(p-p_{\mathrm{F}}), \tag{9}$$

其中

$$v_{\mathrm{F}}=\left[\frac{\partial\varepsilon^{(0)}(p)}{\partial p}\right]_{p_{\mathrm{F}}} \tag{10}$$

是准粒子在费米面的速度．对于理想费米气体，有

$$\varepsilon(p)=\frac{p^2}{2m},\quad v_{\mathrm{F}}=\frac{p_{\mathrm{F}}}{m}.$$

可以类似地引入准粒子有效质量m^*的概念，定义

$$m^*=\frac{p_{\mathrm{F}}}{v_{\mathrm{F}}}, \tag{11}$$

并将$\mu(0)$和$p\sim p_{\mathrm{F}}$处的$\varepsilon^{(0)}(p)$简单地记为

$$\mu(0)=\frac{p_{\mathrm{F}}^2}{2m^*}, \tag{12}$$

$$\varepsilon^{(0)}(p)=\frac{p^2}{2m^*}\quad(p\approx p_{\mathrm{F}}). \tag{13}$$

---

① Landau, Lifshitz. Statistical Physics I[M]. 3rd ed. §55.

如§8.5所述，仅费米面附近的电子对理想费米气体的低温热容有贡献，其表达式为［式(8.5.19)和式(8.5.6)］

$$\frac{C_V}{Nk}=\frac{\pi^2}{2}\frac{kT}{\mu(0)}=\frac{\pi^2}{\hbar^2}\frac{mkT}{(3\pi^2 n)^{\frac{2}{3}}}. \tag{14}$$

根据费米液体与理想费米气体的相似性，可以直接写出低温下费米液体的热容为

$$\frac{C_V}{Nk}=\frac{\pi^2}{2}\frac{kT}{\mu(0)}=\frac{\pi^2}{\hbar^2}\frac{m^* kT}{(3\pi^2 n)^{\frac{2}{3}}}, \tag{15}$$

其中 m^* 是费米液体准粒子的有效质量．将题中所给液 ^{3}He 的实测数据代入，注意 ^{3}He 的质量密度 $\rho=nm$（m 是 ^{3}He 原子的质量），可得 ^{3}He 准粒子的有效质量约为

$$m^* \approx 3m. \tag{16}$$

关于朗道-费米液体理论，请参看《量子统计物理学》（北京大学物理系）§5.5和Lifshitz, Pitaevskii. *Statistical Physics* Ⅱ. §1，§2.

第九章　系 综 理 论

9-1　(原 9.1 题)

试证明在微正则系综理论中熵可表示为

$$S=-k\sum_s \rho_s \ln \rho_s$$

其中 $\rho_s=\dfrac{1}{\Omega}$ 是系统处在状态 s 的概率，Ω 是系统可能的微观状态数.

解　将 $\rho_s=\dfrac{1}{\Omega}$ 代入

$$S=-k\sum_s \rho_s \ln \rho_s \tag{1}$$

得

$$S=-k\sum_s \frac{1}{\Omega}\ln \frac{1}{\Omega}$$

因为 $\sum\limits_s \rho_s=\sum\limits_s \dfrac{1}{\Omega}=1$，故有

$$S=-k\ln \frac{1}{\Omega}=k\ln \Omega \tag{2}$$

式(2)正是玻耳兹曼关系.

9-2　(原 9.2 题)

证明在正则分布中熵可表示为

$$S=-k\sum_s \rho_s \ln \rho_s,$$

其中 $\rho_s=\dfrac{1}{Z}\mathrm{e}^{-\beta E_s}$ 是系统处在能量为 E_s 的状态 s 的概率.

解　根据正则分布式(9.4.4)，系统处在能量为 E_s 的状态 s 上的概率 ρ_s 为

$$\rho_s=\frac{1}{Z}\mathrm{e}^{-\beta E_s}, \tag{1}$$

其中配分函数

$$Z=\sum_s \mathrm{e}^{-\beta E_s}. \tag{2}$$

显然，ρ_s 满足归一化条件

$$\sum_s \rho_s=1. \tag{3}$$

式(9.5.4)给出正则分布中熵的表达式为

$$
\begin{aligned}
S &= k\left(\ln Z-\beta \frac{\partial}{\partial\beta}\ln Z\right)\\
&= k(\ln Z+\beta U)\\
&= k \sum_s \rho_s(\ln Z+\beta E_s).
\end{aligned}
\tag{4}
$$

由式(1)知

$$
\ln \rho_s = -(\ln Z+\beta E_s),
$$

所以，S 可表示为

$$
S=-k \sum_s \rho_s \ln \rho_s. \tag{5}
$$

9-3 （原 9.3 题）

试应用正则分布求单原子分子理想气体的物态方程、内能、熵和化学势 .

解 单原子分子气体只需考虑分子的平动，平动能量是准连续的，可以应用经典统计理论处理 .

由 N 个单原子分子组成的理想气体，其能量的经典表达式为

$$
E=\sum_{i=1}^{3N} \frac{p_i^2}{2m}. \tag{1}
$$

根据式(9.4.9)，配分函数 Z 为

$$
\begin{aligned}
Z &= \frac{1}{N!\ h^{3N}} \int \mathrm{e}^{-\beta \sum\limits_{i=1}^{3N}\frac{p_i^2}{2m}} \mathrm{d}q_1\cdots\mathrm{d}q_{3N}\mathrm{d}p_1\cdots\mathrm{d}p_{3N}\\
&= \frac{V^N}{N!\ h^{3N}} \prod_{i=1}^{3N} \int \mathrm{e}^{-\beta\frac{p_i^2}{2m}}\mathrm{d}p_i\\
&= \frac{V^N}{N!}\left(\frac{2\pi m}{\beta h^2}\right)^{\frac{3N}{2}}.
\end{aligned}
\tag{2}
$$

气体的压强为[式(9.5.3)]

$$
p=\frac{1}{\beta}\frac{\partial}{\partial V}\ln Z=\frac{N}{\beta}\frac{\partial}{\partial V}\ln V=\frac{NkT}{V},
$$

或

$$
pV=NkT, \tag{3}
$$

这就是物态方程 . 气体的内能为[式(9.5.1)]

$$
U=-\frac{\partial}{\partial\beta}\ln Z=-\frac{3N}{2}\frac{\partial}{\partial\beta}\ln\frac{1}{\beta}=\frac{3N}{2}kT. \tag{4}
$$

气体的熵为[式(9.5.4)]

$$
\begin{aligned}
S &= k\left(\ln Z - \beta\frac{\partial}{\partial\beta}\ln Z\right) \\
&= k(\ln Z + \beta U) \\
&= \frac{3}{2}Nk\ln T + Nk\ln\frac{V}{N} + Nk\left[\ln\left(\frac{2\pi mk}{h^2}\right)^{\frac{3}{2}} + \frac{5}{2}\right].
\end{aligned} \tag{5}
$$

上述式(3)、式(4)和式(5)分别与热力学中式(1.3.11)、式(1.7.4)和式(1.15.4)相当．在热力学中物态方程要根据实验结果确定，内能和熵函数所含热容也要由实验测定，熵函数还含一个待定的熵常量，由实测的蒸气压常量确定①．统计物理根据理想气体分子向相互作用可以忽略而写出系统能量的表达式(1)．求出配分函数后通过微分就直接得到三个基本的热力学函数，其中仅含一些基本的物理常量，且得到的熵函数是绝对熵．单原子分子理想气体是最简单的例子，这个例子显示正则系综理论求热力学函数的一般程序．

一个分子的化学势

$$
\begin{aligned}
\mu &= \left(\frac{\partial F}{\partial N}\right)_{T,V} = -kT\frac{\partial}{\partial N}\ln Z \\
&= -kT\left[N\ln V - N(\ln N - 1) + \frac{3N}{2}\ln\left(\frac{2\pi m}{\beta h^2}\right)\right] \\
&= kT\ln\frac{N}{V}\left(\frac{h^2}{2\pi mkT}\right)^{3/2}
\end{aligned}
$$

9-4 （原 9.4 题）

试根据正则系综理论的涨落公式求单原子和双原子分子理想气体的能量相对涨落．

解　式(9.5.7)给出了能量的相对涨落公式

$$
\frac{\overline{(E-\overline{E})^2}}{(\overline{E})^2} = \frac{kT^2C_V}{(\overline{E})^2}. \tag{1}
$$

对于单原子分子理想气体，有

$$
C_V = \frac{3}{2}Nk,
$$

所以

$$
\frac{\overline{(E-\overline{E})^2}}{(\overline{E})^2} = \frac{2}{3N}. \tag{2}
$$

双原子分子理想气体有

$$
C_V = \frac{5}{2}Nk,
$$

所以

① 参阅王竹溪．热力学简程[M]．北京：高等教育出版社，1964：§58.

$$\frac{\overline{(E-\overline{E})^2}}{(\overline{E})^2}=\frac{2}{5N}. \tag{3}$$

能量相对涨落与系统的粒子数成反比．对于宏观的系统，能量的相对涨落是很小的．

9-5 （原 9.5 题）

体积为 V 的容器内盛有 A，B 两种组元的单原子分子混合理想气体，其原子数分别为 N_A 和 N_B，温度为 T. 试应用正则系综理论求混合理想气体的物态方程、内能和熵．

解 与 9-3 题类似，单原子分子混合理想气体也可以用经典统计理论处理．由 N_A 个 A 原子和 N_B 个 B 原子组成的单原子分子混合理想气体，其能量的经典表达式为

$$E=\sum_{i=1}^{3N_A}\frac{p_{Ai}^2}{2m_A}+\sum_{j=1}^{3N_B}\frac{p_{Bj}^2}{2m_B}, \tag{1}$$

式中 m_A 和 m_B 分别是 A 原子和 B 原子的质量．

配分函数为

$$\begin{aligned}Z&=\frac{1}{N_A!\ N_B!\ h^{3N_A}h^{3N_B}}\int e^{-\beta(E_A+E_B)}d\Omega_A d\Omega_B\\&=\frac{1}{N_A!\ h^{3N_A}}\int e^{-\beta E_A}d\Omega_A\cdot\frac{1}{N_B!\ h^{3N_B}}\int e^{-\beta E_B}d\Omega_B\\&=\frac{V^{N_A}}{N_A!}\left(\frac{2\pi m_A}{\beta h^2}\right)^{\frac{3N_A}{2}}\cdot\frac{V^{N_B}}{N_B!}\left(\frac{2\pi m_B}{\beta h^2}\right)^{\frac{3N_B}{2}}\\&=Z_A\cdot Z_B.\end{aligned} \tag{2}$$

配分函数是两组元的配分函数之积．取对数，有

$$\ln Z=\ln Z_A+\ln Z_B. \tag{3}$$

配分函数的对数是两组元的配分函数对数之和．

根据式(9.5.3)，式(9.5.1)和式(9.5.4)，混合理想气体的压强为

$$p=\frac{1}{\beta}\frac{\partial}{\partial V}\ln Z=(N_A+N_B)\frac{kT}{V}, \tag{4}$$

或

$$pV=(N_A+N_B)kT. \tag{4'}$$

式(4)表达混合理想气体的分压定律．混合理想气体的内能为

$$U=-\frac{\partial}{\partial\beta}\ln Z=\frac{3}{2}(N_A+N_B)kT. \tag{5}$$

式(5)指出，混合理想气体的内能是各组元分内能之和．混合理想气体的熵为

$$\begin{aligned}S&=k\left(\ln Z-\beta\frac{\partial}{\partial\beta}\ln Z\right)\\&=k(\ln Z+\beta U)\\&=N_Ak\ln\left[\frac{V}{N_A}\left(\frac{2\pi m_AkT}{h^2}\right)^{\frac{3}{2}}\right]+\frac{5}{2}Nk+\\&\quad N_Bk\ln\left[\frac{V}{N_A}\left(\frac{2\pi m_BkT}{h^2}\right)^{\frac{3}{2}}\right]+\frac{5}{2}Nk.\end{aligned} \tag{6}$$

式(6)指出，混合理想气体的熵等于各组元分熵之和．

式(4′)，式(5)和式(6)分别与热力学中式(4.6.3)，式(4.6.13)和式(4.6.11)相当．热力学是根据分压律和膜平衡条件的实验事实导出上述结果的，其内能函数和熵函数表达式中含有需由实验确定的热容，熵函数中含待定的熵常量，由实测的蒸气压常量确定①．统计物理根据混合理想气体中 A-A，B-B，A-B 分子间的相互作用都可忽略而写出能量表达式(1)，在求出配分函数后通过求导就直接导出了三个基本的热力学函数，其中只含一些基本的物理常量，且熵函数是绝对熵．

9-6 （原 9.6 题）

气体含 N 个极端相对论粒子，粒子之间的相互作用可以忽略．假设经典极限条件得到满足，试用正则系综理论求气体的物态方程、内能、熵和化学势．

解 N 个极端相对论粒子组成的经典理想气体，其能量表达式为

$$E = \sum_{i=1}^{N} \varepsilon_i = \sum_{i=1}^{N} cp_i \tag{1}$$

配分函数为

$$\begin{aligned} Z &= \frac{1}{N!\ h^{3N}}\int \mathrm{e}^{-\beta\sum\limits_{i=1}^{N} cp_i} \prod_{i=1}^{N} \mathrm{d}x_i \mathrm{d}y_i \mathrm{d}z_i \mathrm{d}p_{ix} \mathrm{d}p_{iy} \mathrm{d}p_{iz} \\ &= \frac{1}{N!}\left(\frac{1}{h^3}\int \mathrm{e}^{-\beta cp}\mathrm{d}x\mathrm{d}y\mathrm{d}z\mathrm{d}p_x\mathrm{d}p_y\mathrm{d}p_z\right)^N \\ &= \frac{1}{N!}(Z_1)^N \end{aligned} \tag{2}$$

式中 Z_1 是粒子配分函数．

$$Z_1 = \frac{1}{h^3}\int \mathrm{e}^{-\beta cp}\mathrm{d}x\mathrm{d}y\mathrm{d}z\mathrm{d}p_x\mathrm{d}p_y\mathrm{d}p_z \tag{3}$$

将积分求出，易得

$$Z_1 = \frac{4\pi V}{h^3}\int_0^\infty \mathrm{e}^{-\beta cp} p^2 \mathrm{d}p = 8\pi V\left(\frac{kT}{hc}\right)^3 \tag{4}$$

所以配分函数

$$Z = \frac{1}{N!}\left[8\pi V\left(\frac{kT}{hc}\right)^3\right]^N \tag{5}$$

自由能

$$F = -kT\ln Z$$

① 参阅：王竹溪．热力学简程[M]．北京：高等教育出版社，1964：§58.

$$=-NkT\ln\left[\frac{8\pi V}{N}\left(\frac{kT}{hc}\right)^3\right]-NkT.$$

压强

$$p=-\left(\frac{\partial F}{\partial V}\right)_{N,T}=\frac{NkT}{V} \tag{6}$$

物态方程为

$$pV=NkT \tag{6'}$$

熵

$$S=-\left(\frac{\partial F}{\partial T}\right)_{V,N}=Nk\ln\left[\frac{8\pi V}{N}\left(\frac{kT}{hc}\right)^3\right]+4Nk \tag{7}$$

内能

$$U=F+TS=3NkT \tag{8}$$

一个粒子的化学势

$$\mu=\left(\frac{\partial F}{\partial N}\right)_{T,V}=-kT\ln\left[\frac{8\pi V}{N}\left(\frac{kT}{hc}\right)^3\right] \tag{9}$$

极端相对论理想气体的经典极限条件可以仿照§7.2由玻耳兹曼分布中 $e^{\alpha}\gg 1$ 的条件得出

$$N=\sum_l e^{-\alpha-\beta\varepsilon_l}=e^{-\alpha}\frac{4\pi V}{h^3}\int_0^{\infty}e^{-\beta cp}p^2\mathrm{d}p$$

$$=e^{-\alpha}8\pi V\left(\frac{kT}{hc}\right)^3 \tag{10}$$

经典极限条件为

$$e^{\alpha}=\frac{8\pi V}{N}\left(\frac{kT}{hc}\right)^3\gg 1 \tag{11}$$

9-7 (原9.7题)

试根据正则分布导出实际气体分子的速度分布.

解 实际气体的能量表达式为[式(9.6.1)]

$$E=\sum_{i=1}^{N}\frac{1}{2m}p_i^2+\sum_{i<j}\phi(r_{ij}). \tag{1}$$

根据正则分布，任意一个分子(例如分子 j)的动量在 $\boldsymbol{p}_j$ 到 $\boldsymbol{p}_j+\mathrm{d}\boldsymbol{p}_j$ 范围的概率(不问分子 j 的位置和其他分子的动量和位置)为

$$f(\boldsymbol{p}_j)\mathrm{d}\boldsymbol{p}_j=\frac{\mathrm{d}\boldsymbol{p}_j\int\cdots\int e^{-\beta E}\mathrm{d}\boldsymbol{r}_1\cdots\mathrm{d}\boldsymbol{r}_N\mathrm{d}\boldsymbol{p}_1\cdots\mathrm{d}\boldsymbol{p}_{j-1}\mathrm{d}\boldsymbol{p}_{j+1}\cdots\mathrm{d}\boldsymbol{p}_N}{\int\cdots\int e^{-\beta E}\mathrm{d}\boldsymbol{r}_1\cdots\mathrm{d}\boldsymbol{r}_N\mathrm{d}\boldsymbol{p}_1\cdots\mathrm{d}\boldsymbol{p}_N}$$

$$=\frac{e^{-\beta\frac{p_j^2}{2m}}\mathrm{d}\boldsymbol{p}_j}{\int e^{-\beta\frac{p_j^2}{2m}}\mathrm{d}\boldsymbol{p}_j}$$

$$=\left(\frac{1}{2\pi mkT}\right)^{\frac{3}{2}}e^{-\frac{p_j^2}{2mkT}}d\boldsymbol{p}_j. \tag{2}$$

因此，任一分子速度在$\boldsymbol{v}$到$\boldsymbol{v}+d\boldsymbol{v}$范围的概率为

$$f(\boldsymbol{v})d\boldsymbol{v}=\left(\frac{m}{2\pi kT}\right)^{\frac{3}{2}}e^{-\frac{m}{2kT}(v_x^2+v_y^2+v_z^2)}d\boldsymbol{v}. \tag{3}$$

上式表明，实际气体分子也遵从麦克斯韦速度分布.

9-8 （原9.8题）

被吸附在液体表面的分子形成一种二维气体. 考虑到分子间的相互作用，试证明，二维气体的物态方程可以近似为

$$pA=NkT\left(1+\frac{N}{N_A}\cdot\frac{B}{A}\right),$$

其中

$$B=-\frac{N_A}{2}\int(e^{-\frac{\phi}{kT}}-1)2\pi r dr,$$

A是液面的面积，ϕ是两分子的相互作用势.

解 以N表示二维气体的分子数，$\phi(r_{ij})$表示i，j两分子的相互作用势，二维气体的能量为

$$E=\sum_{i=1}^{2N}\frac{1}{2m}p_i^2+\sum_{i<j}\phi(r_{ij}). \tag{1}$$

气体的配分函数为

$$Z=\frac{1}{N!\ h^{2N}}\int\cdots\int e^{-\beta E}d\boldsymbol{r}_1\cdots d\boldsymbol{r}_N d\boldsymbol{p}_1\cdots d\boldsymbol{p}_N$$

$$=\frac{1}{N!\ h^{2N}}\left(\frac{2\pi m}{\beta h^2}\right)^N Q, \tag{2}$$

其中$d\boldsymbol{r}_i$和$d\boldsymbol{p}_i$分别是第i个分子二维坐标和动量的微分，位形积分Q为

$$Q=\int\cdots\int e^{-\beta\sum_{i<j}\phi(r_{ij})}d\boldsymbol{r}_1\cdots d\boldsymbol{r}_N. \tag{3}$$

引入函数$f_{ij}=e^{-\beta\phi(r_{ij})}-1$，则

$$e^{-\beta\sum_{i<j}\phi(r_{ij})}=\prod_{i<j}(1+f_{ij})\approx 1+\sum_{i<j}f_{ij}.$$

位形积分Q可近似为（A是二维气体的面积）

$$Q=A^N+\frac{N^2}{2}\int\cdots\int f_{12}d\boldsymbol{r}_1\cdots d\boldsymbol{r}_N$$

$$=A^N\left(1+\frac{N^2}{2}A^{N-2}\iint f_{12}d\boldsymbol{r}_1 d\boldsymbol{r}_2\right)$$

$$=A^N\left[1+\frac{N^2}{2A}\int_0^{+\infty}(e^{-\beta\phi(r)}-1)2\pi r dr\right]$$

$$=A^N\left(1-\frac{N^2}{N_A A}B\right),\tag{4}$$

其中

$$B=-\frac{N_A}{2}\int(e^{-\beta\phi}-1)2\pi r\mathrm{d}r.\tag{5}$$

因此二维气体的配分函数为

$$Z=\frac{1}{N!}\left(\frac{2\pi m}{\beta h^2}\right)^N A^N\left(1-\frac{N^2}{N_A A}B\right).\tag{6}$$

二维气体的物态方程为

$$p=\frac{1}{\beta}\frac{\partial}{\partial A}\ln Z=\frac{NkT}{A}\left(1+\frac{N}{N_A}\frac{B}{A}\right).\tag{7}$$

9-9 （补充题）

以 $H(q_1,\cdots,q_{3N};p_1,\cdots,p_{3N})$表示由 N 个经典粒子组成的系统的哈密顿量，试由正则分布证明广义能量均分定理：

$$\overline{x_i\frac{\partial H}{\partial x_j}}=\delta_{ij}kT,$$

其中 x_i或 x_j分别是 $6N$ 个广义坐标和动量中的任意一个.

由广义能量均分定理证明

$$\overline{\sum_i q_iF_i}=-3NkT,$$

式中 F_i是作用在 i 自由度的力. 上式意味着，系统各自由度的坐标 q_i与对该自由度的作用力 F_i的乘积之和的统计平均值等于$-3NkT$. 克劳修斯(Clausius)称 $\overline{\sum_i q_iF_i}$ 为位力，称上式为位力定理.

解 本题广义能量均分定理的证明形式上与 7-18 题的证明相似，这里就不重复了. 需要强调，7-18 题是根据玻耳兹曼分布证明的，只适用于近独立粒子系统. 本题根据正则分布证明，可以包括粒子间存在相互作用的情形.

在广义能量均分定理

$$\overline{x_i\frac{\partial H}{\partial x_j}}=\delta_{ij}kT\tag{1}$$

中，令 $x_i=x_j=p_i$，即有

$$\overline{p_i\frac{\partial H}{\partial p_i}}=\overline{p_i\dot{q}_i}=kT,\tag{2}$$

其中用了正则方程$\dot{q}_i=\frac{\partial H}{\partial p_i}$. 将式(2)对 i 求和，i 从 1 到 $3N$，即有

$$\overline{\sum_i p_i\frac{\partial H}{\partial p_i}}=\overline{\sum_i p_i\dot{q}_i}=3NkT.\tag{3}$$

同理，在广义能量均分定理中令 $x_i=x_j=q_i$，并利用正则方程 $\dot{p}_i=-\dfrac{\partial H}{\partial q_i}$，即有

$$q_i\frac{\partial H}{\partial q_i}=-\overline{q_i\dot{p}_i}=kT. \tag{4}$$

对 i 求和，i 从 1 到 $3N$，得

$$\overline{\sum_i q_i\frac{\partial H}{\partial q_i}}=-\overline{\sum_i q_i\dot{p}_i}=3NkT. \tag{5}$$

牛顿定律给出 $\dot{p}_i=F_i$，所以式(5)可表示为

$$\overline{\sum_i q_iF_i}=-3NkT. \tag{6}$$

式(6)就是位力定理.

9-10 （补充题）

将位力定理用于理想气体．导出理想气体的物态方程

$$pV=NkT$$

和压强与气体分子平动能量 K 之间的关系：

$$p=\frac{2}{3}\frac{K}{V}.$$

解 对于理想气体，分子间的相互作用可以忽略，所以位力定理

$$\overline{\sum_i q_iF_i}=-3NkT \tag{1}$$

中的 F_i 是器壁对 i 自由度的作用力，$\overline{\sum_i q_iF_i}$ 则是器壁压力所产生的位力．以 $\boldsymbol{n}$ 表示器壁面积元的外向法线，p 表示压强，通过面积元 $\mathrm{d}A$ 施于分子的力为

$$\boldsymbol{F}=-p\boldsymbol{n}\mathrm{d}A.$$

器壁压力对位力的贡献为

$$\overline{\sum_i q_iF_i}=-p\int\boldsymbol{r}\cdot\boldsymbol{n}\mathrm{d}A. \tag{2}$$

由于紧靠器壁的分子才会受到器壁的作用力，上式中的 $\boldsymbol{r}$ 是紧靠面积元 $\mathrm{d}A$ 的分子的坐标，也就是面积元 $\mathrm{d}A$ 的坐标．式(2)的积分沿器壁的封闭面积求积．根据散度定理，可将式(2)的面积分化为对容器的体积分

$$\oint\boldsymbol{r}\cdot\boldsymbol{n}\mathrm{d}A=\int\nabla\cdot\boldsymbol{r}\mathrm{d}\tau=3V,$$

其中利用了下述结果：

$$\nabla\cdot\boldsymbol{r}=\frac{\partial x}{\partial x}+\frac{\partial y}{\partial y}+\frac{\partial z}{\partial z}=3.$$

因此式(2)可表示为

$$\overline{\sum_i q_iF_i}=-3pV. \tag{3}$$

比较式(1)和式(3)，即有

$$pV=NkT. \tag{4}$$

由 9-9 题式(3)知，气体分子的总动能 K 为

$$K=\frac{3}{2}NkT. \tag{5}$$

比较式(4)和式(5)，即有

$$p=\frac{2}{3}\frac{K}{V}. \tag{6}$$

7-1 题曾用别的方法得到过式(6)的结果.

9-11 （补充题）

将位力定理用于实际气体，导出实际气体近似的物态方程

$$pV=NkT\left(1+\frac{N}{N_A}\frac{B}{V}\right),$$

其中 B 是第二位力系数.

解 位力定理给出

$$\overline{\sum_i q_i F_i}=-3NkT. \tag{1}$$

对于实际气体，位力是两部分之和，一是器壁压力对位力的贡献 $\sum_1$，二是分子间的相互作用对位力的贡献 $\sum_2$. 压力对位力的贡献 $\sum_1$ 已在 9-10 题讨论过，得到[9-10 题式(3)]

$$\overline{\sum{}_1 r_i F_i}=-3pV. \tag{2}$$

现在讨论分子相互作用对位力的贡献 $\sum_2$.

以 $\boldsymbol{F}_{ij}$ 表示 i 分子受 j 分子的作用力，$\boldsymbol{F}_{ji}$ 表示 j 分子受 i 分子的作用力. 根据牛顿第三定律，有

$$\boldsymbol{F}_{ji}=-\boldsymbol{F}_{ij}.$$

假设两分子间的作用力是中心力，$\boldsymbol{F}_{ij}$ 应沿连接两分子的直线，即

$$\boldsymbol{F}_{ij}=F_{ij}\frac{\boldsymbol{r}_i-\boldsymbol{r}_j}{r_{ij}},$$

其中 $\boldsymbol{r}_i$，$\boldsymbol{r}_j$ 是 i 分子和 j 分子的位置矢量，$r_{ij}=|\boldsymbol{r}_i-\boldsymbol{r}_j|$，$F_{ij}$ 是 $\boldsymbol{F}_{ij}$ 的大小. $F_{ij}>0$ 表示排斥力，$F_{ij}<0$ 表示吸引力. 由 $\boldsymbol{F}_{ij}=-\boldsymbol{F}_{ji}$ 知 $F_{ij}=F_{ji}$. 假设 F_{ij} 只是距离 r_{ij} 的函数，则 F_{ij} 可表示为

$$F_{ij}=F(r_{ij})=-\frac{\mathrm{d}\phi(r_{ij})}{\mathrm{d}r_{ij}},$$

式中 $\phi(r_{ij})$ 是 i，j 两分子的相互作用势能.

以 $\boldsymbol{F}_i$ 表示其他分子对 i 分子的作用力(不包括器壁的作用力)，即

$$\boldsymbol{F}_i=\sum_j \boldsymbol{F}_{ij},$$

则

$$\begin{aligned}\sum_i \boldsymbol{r}_i\cdot\boldsymbol{F}_i&=\sum_i \boldsymbol{r}_i\cdot\left(\sum_j \boldsymbol{F}_{ij}\right)\\&=\frac{1}{2}\sum_{i,j}(\boldsymbol{r}_i\cdot\boldsymbol{F}_{ij}+\boldsymbol{r}_j\cdot\boldsymbol{F}_{ji})\end{aligned}$$

$$=\frac{1}{2}\sum_{i,\ j}(\boldsymbol{r}_i-\boldsymbol{r}_j)\cdot\boldsymbol{F}_{ij}$$

$$=\frac{1}{2}\sum_{i,\ j}\boldsymbol{r}_{ij}\cdot\boldsymbol{F}_{ij}$$

$$=\sum_{i<j}r_{ij}F_{ij}.$$

$\sum\limits_{i<j}$ 表示分子对 i，j 在求和中只取一次．对上式取平均，考虑到任意一对分子的平均值 $\overline{r_{ij}F(r_{ij})}$ 都相等，故分子相互作用对位力的贡献为

$$\overline{\sum{}_2 r_i\cdot F_i}=\frac{1}{2}N(N-1)\overline{rF(r)}. \tag{3}$$

将式(2)和式(3)相加代入式(1)，得

$$pV=NkT+\frac{1}{6}N^2\overline{rF(r)}, \tag{4}$$

其中忽略了 N 与 $N-1$ 的差异．

现在讨论 $\overline{rF(r)}$ 的计算．以 $g(r)\mathrm{d}r$ 表示一对分子距离为 r 到 $r+\mathrm{d}r$ 的概率，称为对偶关联函数，则

$$\overline{rF(r)}=\int_0^{+\infty}rF(r)g(r)\mathrm{d}r. \tag{5}$$

在气体密度不高的情形下，可以近似假设

$$g(r)\mathrm{d}r=\mathrm{e}^{-\beta\phi(r)}\frac{4\pi r^2\mathrm{d}r}{V}. \tag{6}$$

上式可以这样理解：当两分子的距离大于互作用力程，即 $\phi(r)=0$ 时，两分子距离为 r 到 $r+\mathrm{d}r$ 的概率是体积元 $4\pi r^2\mathrm{d}r$ 与气体体积之比．如果气体密度不高，当两分子在力程之内时，任何第三个分子与这两个分子中的一个同时处在力程之内的概率是很小的，在计算两个分子的关联时可以忽略其他分子的影响而将正则分布中的 $\mathrm{e}^{-\beta\sum\limits_{i<j}\phi(r_{ij})}$ 近似为 $\mathrm{e}^{-\beta\phi(r)}$，这相当于将式(9.6.6)近似为式(9.6.7)．将式(6)代入式(5)，得

$$\overline{rF(r)}=\int_0^{+\infty}rF(r)\mathrm{e}^{-\beta\phi(r)}\frac{4\pi r^2\mathrm{d}r}{V}$$

$$=-\int_0^{+\infty}r\frac{\mathrm{d}\phi}{\mathrm{d}r}\mathrm{e}^{-\beta\phi(r)}\frac{4\pi r^2\mathrm{d}r}{V}.$$

利用分部积分，可得

$$\overline{rF(r)}=\left\{\frac{4\pi kT}{V}[\mathrm{e}^{-\frac{\phi(r)}{kT}}-1]r^2\right\}_0^{+\infty}-$$

$$\frac{12\pi kT}{V}\int_0^{+\infty}[\mathrm{e}^{-\frac{\phi(r)}{kT}}-1]r^2\mathrm{d}r$$

$$=-\frac{12\pi kT}{V}\int_0^{+\infty}[\mathrm{e}^{-\frac{\phi(r)}{kT}}-1]r^2\mathrm{d}r, \tag{7}$$

代入式(4)即有

$$pV=NkT-\frac{N^2}{2}\frac{kT}{V}\int_0^{+\infty}\left[e^{-\frac{\phi(r)}{kT}}-1\right]4\pi r^2\mathrm{d}r$$

$$=NkT\left(1+\frac{N}{N_A}\frac{B}{V}\right),\tag{8}$$

式中 B 是第二位力系数

$$B=-\frac{N_A}{2}\int_0^{+\infty}\left[e^{-\frac{\phi(r)}{kT}}-1\right]4\pi r^2\mathrm{d}r.\tag{9}$$

式(8)，式(9)与式(9.6.10)，式(9.6.11)相符.

9-12 （原 9.9 题）

仿照三维固体的德拜理论，计算长度为 L 的线形原子链(一维晶体)在高温和低温下的内能和热容.

解 德拜理论将固体看作连续弹性体. 仿照德拜理论，将原子链(一维晶体)看作连续弹性链(弦)，在其上可以传播纵波和横波两种波动. 以 L 表示链的长度，由周期性边界条件知，在 $\boldsymbol{k}$ 到 $\boldsymbol{k}+\mathrm{d}\boldsymbol{k}$ 范围内可能的波矢数为 $\frac{L}{2\pi}\mathrm{d}\boldsymbol{k}$. 以 c_e 和 c_t 分别表示纵波和横波的传播速度，二者的圆频率 ω 与波矢大小分别满足

$$\omega=c_e k,\qquad \omega=c_t k.$$

因此在 ω 到 $\omega+\mathrm{d}\omega$ 的圆频率范围内，链的简正波动数为

$$D(\omega)\mathrm{d}\omega=2\times\frac{L}{2\pi}\left(\frac{1}{c_e}+\frac{2}{c_t}\right)\mathrm{d}\omega=B_1\mathrm{d}\omega,\tag{1}$$

式中考虑到对一定的频率 ω，波动可以有正反两个传播方向，对一定的波矢 $\boldsymbol{k}$，横波可以有两种振动方式. 假设原子链含有 N 个原子，原子链将有 $3N$ 个自由度. 以 ω_D 表示一维晶格的德拜频率，有

$$\int_0^{\omega_D}B_1\mathrm{d}\omega=3N,$$

即

$$\omega_D=\frac{3N}{B_1}.\tag{2}$$

原子链的内能为

$$U=U_0+B_1\int_0^{\omega_D}\frac{\hbar\omega}{e^{\frac{\hbar\omega}{kT}}-1}\mathrm{d}\omega.\tag{3}$$

在 $\frac{\hbar\omega_D}{kT}\ll 1$ 的高温极限下，

$$e^{\frac{\hbar\omega}{kT}}\approx 1+\frac{\hbar\omega}{kT},$$

内能和热容可近似为

$$U=U_0+3NkT,\tag{4}$$

$$C_V=3Nk.\tag{5}$$

在$\frac{\hbar\omega_D}{kT}\gg 1$的低温极限下，内能可近似为

$$
\begin{aligned}
U &= U_0 + B_1\int_0^{+\infty}\frac{\hbar\omega}{e^{\frac{\hbar\omega}{kT}}-1}d\omega \\
&= U_0 + \frac{3N}{\omega_D}\frac{(kT)^2}{\hbar}\int_0^{+\infty}\frac{xdx}{e^x-1} \\
&= U_0 + \frac{3N}{\omega_D}\frac{(kT)^2}{\hbar}\cdot\frac{\pi^2}{6} \\
&= U_0 + \frac{\pi^2}{2}\frac{Nk}{\theta_D}T^2,
\end{aligned}
\tag{6}
$$

其中$\theta_D=\frac{\hbar\omega_D}{k}$是一维晶格的德拜特征温度.

$$
C_V=\frac{dU}{dT}=\pi^2 Nk\frac{T}{\theta_D}. \tag{7}
$$

在硒和碲的晶体中，原子通过共价键形成平行排列的长链，长链靠很弱的范德瓦耳斯作用组成三维晶体. 在一定意义上可以将硒和碲看作一维晶体. 它们的热容在一定的温度范围显示T^1的温度依赖关系.

9-13 （原9.10题）

仿照三维固体的德拜理论，计算面积为L^2的原子层(二维晶体)在高温和低温下的内能和热容.

解 仿照德拜理论，将二维晶体看作二维弹性膜，其上可以传播纵波和横波两种波动. 以L^2表示弹性膜面积，由周期性条件知，在$dk_x dk_y$范围内可能的波矢数为

$$
\frac{L^2}{4\pi^2}dk_x dk_y.
$$

用k空间的平面极坐标表示，波矢大小在k到$k+dk$范围内可能的波矢数为

$$
\frac{L^2}{2\pi}kdk.
$$

因此在ω到$\omega+d\omega$的圆频率范围内的简正振动模式为

$$
\begin{aligned}
D(\omega)d\omega &= \frac{L^2}{2\pi}\left(\frac{1}{c_e^2}+\frac{2}{c_t^2}\right)\omega d\omega \\
&= B_2\omega d\omega,
\end{aligned}
\tag{1}
$$

满足

$$
B_2\int_0^{\omega_D}\omega d\omega=3N,
$$

或

$$
\omega_D^2=\frac{6N}{B_2}. \tag{2}
$$

ω_D是二维晶体的德拜频率.

二维晶体的内能为

$$U=U_0+B_2\int_0^{\omega_D}\frac{\hbar\omega^2}{e^{\frac{\hbar\omega}{kT}}-1}d\omega. \tag{3}$$

在$\frac{\hbar\omega_D}{kT}\ll 1$ 的高温极限下,

$$e^{\frac{\hbar\omega}{kT}}\approx 1+\frac{\hbar\omega}{kT},$$

有

$$U=U_0+3NkT, \tag{4}$$

$$C_V=3Nk. \tag{5}$$

在$\frac{\hbar\omega_D}{kT}\gg 1$ 的低温极限下，有

$$\begin{aligned} U &=U_0+B_2\int_0^{+\infty}\frac{\hbar\omega^2}{e^{\frac{\hbar\omega}{kT}}-1}d\omega \\ &=U_0+\frac{6N}{\omega_D^2}\left(\frac{kT}{\hbar}\right)^3\hbar\int_0^{+\infty}\frac{x^2}{e^x-1}dx \\ &=U_0+\frac{6N}{\omega_D^2}\frac{(kT)^3}{\hbar^2}\cdot 2.404 \\ &=U_0+3Nk\cdot 4.808\frac{T^3}{\theta_D^2}, \end{aligned} \tag{6}$$

$\theta_D=\frac{\hbar\omega_D}{k}$是二维晶体的德拜特征温度.

热容为

$$C_V=3Nk\cdot 14.424\left(\frac{T}{\theta_D}\right)^2. \tag{7}$$

石墨是具有层状结构的晶体. 层内碳原子形成共价键，原子间的相互作用很强. 层与层之间通过很弱的范德瓦耳斯相互作用形成三维晶体. 因此在一定意义上可以将石墨看成二维晶体. 它的热容在一定温度范围显示 T^2的温度依赖关系.

9-14 (原 9.11 题)

利用德拜频谱求固体在高温和低温下配分函数的对数 ln Z，从而求内能和熵.

解 式(9.7.4)给出三维晶体的配分函数为

$$Z=e^{-\beta\phi_0}\prod_i^{3N}\frac{e^{-\beta\frac{\hbar\omega_i}{2}}}{1-e^{-\beta\hbar\omega_i}}. \tag{1}$$

配分函数的对数为

$$\ln Z=-\beta U_0-\sum_{i=1}^{3N}\ln(1-e^{-\beta\hbar\omega_i}), \tag{2}$$

其中

$$U_0=\phi_0+\sum_{i=1}^{3N}\frac{\hbar\omega_i}{2}.$$

德拜频谱为[式(9.7.7)和式(9.7.8)]

$$D(\omega)\,\mathrm{d}\omega=\begin{cases}\dfrac{9N}{\omega_{\mathrm{D}}^3}\omega^2\mathrm{d}\omega, & \omega\leqslant\omega_{\mathrm{D}};\\ 0, & \omega>\omega_{\mathrm{D}}.\end{cases} \tag{3}$$

于是配分函数的对数可以表示为

$$\ln Z=-\beta U_0-\frac{9N}{\omega_{\mathrm{D}}^3}\int_0^{\omega_{\mathrm{D}}}\omega^2\ln(1-\mathrm{e}^{-\beta\hbar\omega})\,\mathrm{d}\omega. \tag{4}$$

引入变量

$$y=\frac{\hbar\omega}{kT},$$

$$x=\frac{\hbar\omega_{\mathrm{D}}}{kT}=\frac{\theta_{\mathrm{D}}}{T},$$

式(4)可以表示为

$$\ln Z=-\beta U_0-\frac{9N}{x^3}\int_0^x y^2\ln(1-\mathrm{e}^{-y})\,\mathrm{d}y. \tag{5}$$

对于高温即 $x\ll1$ 的情况下，有

$$\mathrm{e}^{-y}\approx1-y,$$

$$\ln(1-\mathrm{e}^{-y})\approx\ln y,$$

式(5)可近似为

$$\begin{aligned}\ln Z&=-\beta U_0-3N\ln x+N\\&=-\beta U_0-3N\ln(\beta\hbar\omega_{\mathrm{D}})+N.\end{aligned}$$

固体的内能为

$$U=-\frac{\partial}{\partial\beta}\ln Z=U_0+3NkT. \tag{6}$$

固体的熵为

$$S=k(\ln Z+\beta U)=3Nk\ln\frac{T}{\theta_{\mathrm{D}}}+4Nk.$$

对于低温即 $x\gg1$ 的情况下，式(5)积分上限可取为$+\infty$，且

$$\int_0^{+\infty}y^2\ln(1-\mathrm{e}^{-y})\,\mathrm{d}y=-\frac{1}{3}\int_0^{+\infty}\frac{y^3\mathrm{d}y}{\mathrm{e}^y-1}=-\frac{\pi^4}{45}, \tag{7}$$

故式(5)可近似为

$$\begin{aligned}\ln Z&=-\beta U_0+\frac{N\pi^4}{5}\frac{1}{x^3}\\&=-\beta U_0+\frac{N\pi^4}{5}\left(\frac{1}{\beta\hbar\omega_{\mathrm{D}}}\right)^3.\end{aligned} \tag{8}$$

固体的内能为

$$U=U_0+3Nk\frac{\pi^4}{5}\frac{T^4}{\theta_D^3}. \tag{9}$$

熵为

$$S=k(\ln Z+\beta U)=\frac{4\pi^4}{5}Nk\left(\frac{T}{\theta_D}\right)^3. \tag{10}$$

9-15 （原 9.12 题）

固体中某种准粒子遵从玻色分布，具有色散关系 $\omega=Ak^2$. 试证明在低温范围，这种准粒子的激发所导致的热容与 $T^{\frac{3}{2}}$ 成比例．铁磁体中的自旋波具有这种性质．

解 体积 V 内，波矢大小在 k 到 $k+\mathrm{d}k$ 范围内准粒子的状态数为

$$\frac{V4\pi k^2\mathrm{d}k}{(2\pi)^3}. \tag{1}$$

根据题中给出的色散关系 $\omega=Ak^2$，可得体积 V 内，频率在 ω 到 $\omega+\mathrm{d}\omega$ 范围内的准粒子状态数为

$$B\omega^{\frac{1}{2}}\mathrm{d}\omega, \tag{2}$$

式中 $B=\frac{V}{4\pi^2}A^{-\frac{3}{2}}$. 已知准粒子遵从玻色分布，则在温度为 T 的热平衡状态下，体积 V 内频率在 ω 到 $\omega+\mathrm{d}\omega$ 范围内的准粒子数为

$$N(\omega)\mathrm{d}\omega=\frac{B\omega^{\frac{1}{2}}\mathrm{d}\omega}{\mathrm{e}^{\frac{\hbar\omega}{kT}}-1}. \tag{3}$$

内能为

$$U(\omega)\mathrm{d}\omega=B\frac{\hbar\omega^{\frac{3}{2}}}{\mathrm{e}^{\frac{\hbar\omega}{kT}}-1}\mathrm{d}\omega. \tag{4}$$

准粒子气体对内能的贡献为

$$\begin{aligned}U&=B\int_0^{+\infty}\frac{\hbar\omega^{\frac{3}{2}}}{\mathrm{e}^{\frac{\hbar\omega}{kT}}-1}\mathrm{d}\omega\\&=B\left(\frac{kT}{\hbar}\right)^{\frac{5}{2}}\hbar\int_0^{+\infty}\frac{x^{\frac{3}{2}}}{\mathrm{e}^x-1}\mathrm{d}x,\end{aligned} \tag{5}$$

由此可知

$$U\propto T^{\frac{5}{2}}. \tag{6}$$

这种准粒子激发所导致的热容为

$$C_V=\frac{\mathrm{d}U}{\mathrm{d}T}\propto T^{\frac{3}{2}}. \tag{7}$$

9-16 （原 9.13 题）

试根据伊辛模型的平均场理论，导出弱场高温条件下顺磁性固体的物态方程——居里-外斯定律.

$$M=\frac{C}{T-\theta}H$$

解 根据式(9.9.8)，在平均场近似下计及磁性离子的相互作用时可得顺磁体的磁化强度为

$$M=n\mu\tanh\left(\frac{\mu\overline{B}}{kT}\right) \tag{1}$$

式中 n 是单位体积中的离子数. 式中[式(9.9.5)]

$$\overline{B}=B+\frac{1}{\mu}Z\,\overline{\sigma}J \tag{2}$$

在弱场高温下$\frac{\mu\overline{B}}{kT}$是一个小量，可以作近似 $\tanh\left(\frac{\mu\overline{B}}{kT}\right)\approx\frac{\mu\overline{B}}{kT}$. 代入式(1)，得

$$M=\frac{n\mu^2}{kT}B+\frac{n\mu\overline{\sigma}}{kT}ZJ=\frac{n\mu^2}{kT}B+\frac{M}{kT}ZJ \tag{3}$$

其中应用了 $M=n\mu\overline{\sigma}$[式(9.9.8)].

因此

$$M=\frac{n\mu^2\mu_0}{k\left(T-\frac{ZJ}{k}\right)}H=\frac{C}{T-\theta}H \tag{4}$$

式中 $C=\frac{n\mu^2\mu_0}{k}$，$\theta=\frac{ZJ}{k}$. 实验测得 Fe：

$\theta=1\ 093$ K，Co：$\theta=1\ 400$ K；$CoCl_2$：$\theta=-48$ K，$FeSO_4$；$\theta=-39$ K，θ 可取正或负值，取决于 J 的正负，J 取正值的物质，相邻离子的自旋倾向于平行排列，在转变温度转变为铁磁体；J 取负值的物质，相邻原子倾向于反平行排列，在转变温度转变为反铁磁体.

9-17 （原 9.14 题）

用平均场近似导出非理想气体的范德瓦耳斯方程.

解 含有 N 个单原子分子的非理想气体的能量可以表示为

$$E=\sum_{i=1}^{N}\frac{p_i^2}{2m}+\frac{1}{2}\sum_{i\neq j}\phi(r_{ij}). \tag{1}$$

§9.6 根据这一能量表达式推求非理想气体的配分函数，对位形积分的展开作了准确到第二位力系数的近似，并在分子是具有吸引力的刚球的假设下导出了范德瓦耳斯方程. 9-11 题将位力定理用于非理想气体，对对偶关联函数作了相当于位形展开准确到第二位力系数的近似，导出了范德瓦耳斯方程. 本题从另一角度，用平均场近似导出范德瓦耳斯方程.

平均场近似假设其他分子对任何一个分子的作用可以近似用一个平均场表达，即

$$\phi(\boldsymbol{r}_i)\approx\frac{1}{2}\sum_{j\neq i}\phi(r_{ij}).\tag{2}$$

这样非理想气体的能量就可以近似为

$$E\approx\sum_{i=1}^{N}\left[\frac{p_i^2}{2m}+\phi(\boldsymbol{r}_i)\right].\tag{3}$$

配分函数近似为

$$Z=\frac{1}{N!\ h^{3N}}\left\{\int\mathrm{d}\boldsymbol{r}_i\mathrm{d}\boldsymbol{p}_i\mathrm{e}^{-\beta\left[\frac{p_i^2}{2m}+\phi(\boldsymbol{r}_i)\right]}\right\}^N.$$

根据式(9.5.3)，气体的压强为

$$p=\frac{1}{\beta}\frac{\partial}{\partial V}\ln Z=NkT\frac{\partial}{\partial V}\ln Z_1,\tag{4}$$

其中

$$Z_1=\int\mathrm{d}\boldsymbol{r}\mathrm{e}^{-\beta\phi(r)}.\tag{5}$$

在分子是刚球的假设下，上式对空间的积分应除去一个体积 $\widetilde{V}$，刚球外的平均互作用能量可以用函数 $\phi(V)$ 表达，即

$$Z_1=(V-\widetilde{V})\mathrm{e}^{-\beta\phi(V)}.\tag{6}$$

于是

$$p=\frac{NkT}{V-\widetilde{V}}-N\left(\frac{\partial\phi}{\partial V}\right)_T.\tag{7}$$

显然 $\widetilde{V}$ 与分子数 N 成正比，$\phi(V)$ 与分子数密度$\frac{N}{V}$成正比．引入适当的比例常数，可令

$$\widetilde{V}=\frac{N}{N_\mathrm{A}}b,$$

$$\phi=-\frac{a}{N_\mathrm{A}^2}\frac{N}{V},\tag{8}$$

于是

$$p=\frac{NkT}{V-\frac{N}{N_\mathrm{A}}b}-\frac{N^2}{N_\mathrm{A}^2}\frac{a}{V^2},$$

或

$$\left(p+\frac{na}{V^2}\right)(V-nb)=NkT,\tag{9}$$

式中 $n=\frac{N}{N_\mathrm{A}}$是物质的量．式(9)就是范德瓦耳斯方程．

9-18 （原9.15题）

试用巨正则分布导出单原子分子理想气体的物态方程、内能、熵和化学势.

解 如§9.11所述，巨正则系综理论求热力学函数的一般程序是先求出巨配分函数的对数 $\ln \Xi$，然后用相应的统计表达式求热力学函数. Ξ 的定义为[式(9.10.6)]

$$\Xi = \sum_{N=0}^{\infty} \sum_{s} \mathrm{e}^{-\alpha N-\beta E_s}. \tag{1}$$

式中包含两重求和：在某粒子数 N 对系统所有可能的微观状态 s 求和，N 可取0到∞中的任何数值，再对所有可能的 N 求和. 因此可将式(1)改写为

$$\Xi = \sum_{N=0}^{\infty} \mathrm{e}^{-\alpha N} \sum_{s} \mathrm{e}^{-\beta E_s} = \sum_{N=0}^{\infty} \mathrm{e}^{-\alpha N} Z_N(T, V), \tag{2}$$

其中 $Z_N(T, V)$ 是具有 N 个粒子的正则配分函数，对于理想气体，有

$$Z_N(T, V) = \frac{1}{N!}[Z_1(T, V)]^N, \tag{3}$$

式中 $Z_1(T, V)$ 是单粒子配分函数. 对于单原子分子理想气体[式(7.2.4)]，有

$$Z_1 = V\left(\frac{2\pi m}{\beta h^2}\right)^{\frac{3}{2}}, \tag{4}$$

所以

$$\begin{aligned}\Xi &= \sum_{N=0}^{\infty} \frac{1}{N!}[\mathrm{e}^{-\alpha} Z_1(T, V)]^N \\ &= \exp[\mathrm{e}^{-\alpha} Z_1(T, V)].\end{aligned} \tag{5}$$

巨配分函数的对数为

$$\ln \Xi = \mathrm{e}^{-\alpha} V\left(\frac{2\pi m}{\beta h^2}\right)^{\frac{3}{2}}.$$

根据式(9.11.1)，气体的平均粒子数为

$$\overline{N} = -\frac{\partial}{\partial \alpha}\ln \Xi = \mathrm{e}^{-\alpha} V\left(\frac{2\pi m}{\beta h^2}\right)^{\frac{3}{2}} = \ln \Xi. \tag{6}$$

由此可得

$$\alpha = \ln\left[\frac{V}{\overline{N}}\left(\frac{2\pi m}{\beta h^2}\right)^{\frac{3}{2}}\right]. \tag{7}$$

化学势为

$$\mu = -kT\alpha = kT\ln\left[\frac{\overline{N}}{V}\left(\frac{h^2}{2\pi mkT}\right)^{\frac{3}{2}}\right]. \tag{8}$$

根据式(9.11.2)，式(9.11.4)和式(9.11.7)，气体的内能为

$$U = -\frac{\partial}{\partial \beta}\ln \Xi = \mathrm{e}^{-\alpha} V\left(\frac{2\pi m}{\beta h^2}\right)^{\frac{3}{2}} \frac{3}{2}\frac{1}{\beta} = \frac{3}{2}\overline{N}kT. \tag{9}$$

气体的压强为

$$p=\frac{1}{\beta}\frac{\partial}{\partial V}\ln \varXi=\frac{kT}{V}\mathrm{e}^{-\alpha}V\left(\frac{2\pi m}{\beta h^2}\right)^{\frac{3}{2}}=\frac{kT}{V}\overline{N},$$

即

$$pV=\overline{N}kT. \tag{10}$$

气体的熵为

$$\begin{aligned}S&=k\left(\ln \varXi-\alpha\frac{\partial}{\partial\alpha}\ln \varXi-\beta\frac{\partial}{\partial\beta}\ln \varXi\right)\\&=k(\ln \varXi+\alpha\overline{N}+\beta U)\\&=\overline{N}k\left(1+\alpha+\frac{3}{2}\right).\end{aligned}$$

将式(7)代入，得

$$S=\frac{3}{2}\overline{N}k\ln T+\overline{N}k\ln\frac{V}{\overline{N}}+\overline{N}k\left[\ln\left(\frac{2\pi mk}{h^2}\right)^{\frac{3}{2}}+\frac{5}{2}\right]. \tag{11}$$

9–19 （原 9.16 题）

根据巨正则系综理论的涨落公式，求单原子分子和双原子分子理想气体的分子数相对涨落．

解 根据式(9.11.10)，巨正则系综理论中粒子数的相对涨落为

$$\frac{\overline{(N-\overline{N})^2}}{(\overline{N})^2}=\frac{kT}{(\overline{N})^2}\left(\frac{\partial\overline{N}}{\partial\mu}\right)_{T,V}. \tag{1}$$

如果用实验上易于测量的量表达，则有式(9.11.11)

$$\frac{\overline{(N-\overline{N})^2}}{(\overline{N})^2}=-\frac{kT}{V^2}\left(\frac{\partial V}{\partial p}\right)_{\overline{N},T}. \tag{2}$$

单原子或双原子分子理想气体的物态方程均可表示为

$$pV=\overline{N}kT, \tag{3}$$

因此

$$\left(\frac{\partial V}{\partial p}\right)_{\overline{N},T}=-\frac{\overline{N}kT}{p^2},$$

代入式(2)，即有

$$\frac{\overline{(N-\overline{N})^2}}{(\overline{N})^2}=\frac{1}{\overline{N}}. \tag{4}$$

由此可知，单原子和双原子分子理想气体的分子数相对涨落是相同的．对于宏观系统($\overline{N}\sim 10^{23}$)，粒子数的相对涨落很小．

9-20 （原 9.17 题）

证明在巨正则系综理论中熵可表示为

$$S=-k\sum_{N}\sum_{s}\rho_{N,s}\ln\rho_{N,s},$$

其中 $\rho_{N,s}=\frac{1}{\Xi}e^{-\alpha N-\beta E_s}$ 是系统具有 N 个粒子、处在状态 s 的概率.

解 根据巨正则分布(9.10.5)，系统处在粒子数为 N、能量为 E_s 的状态 s 的概率为

$$\rho_{N,s}=\frac{1}{\Xi}e^{-\alpha N-\beta E_s}, \tag{1}$$

其中 Ξ 是巨配分函数

$$\Xi=\sum_{N}\sum_{s}e^{-\alpha N-\beta E_s} \tag{2}$$

显然 $\rho_{N,s}$ 满足归一化条件:

$$\sum_{N}\sum_{s}\rho_{N,s}=1. \tag{3}$$

式(9.11.7)给出巨正则系综理论中熵的表达式为

$$\begin{aligned}S&=k\left(\ln\Xi-\alpha\frac{\partial}{\partial\alpha}\ln\Xi-\beta\frac{\partial}{\partial\beta}\ln\Xi\right)\\&=k(\ln\Xi+\alpha N+\beta u)\\&=k\sum_{N,s}\rho_{N,s}(\ln\Xi+\alpha N+\beta E_s).\end{aligned} \tag{4}$$

由式(1)知

$$\ln\rho_{N,s}=-(\ln\Xi+\alpha N+\beta E_s),$$

所以 S 可表示为

$$S=-k\sum_{N,s}\rho_{N,s}\ln\rho_{N,s}. \tag{5}$$

9-21 （原 9.18 题）

体积 V 内含有 N 个粒子，试用巨正则系综理论证明，在一小体积 v 中有 n 个粒子的概率为

$$P_n=\frac{1}{n!}e^{-n}(\bar{n})^n,$$

其中 $\bar{n}$ 为体积 v 内的平均粒子数. 上式称为泊松(Poission)分布.

解 将小体积 v 内的粒子看作系统，体积 $V-v$ 内的粒子看作粒子源和热源. 由于系统和源可以交换粒子和能量，系统的粒子数和能量都是不确定的. N 很大，可以把它看作∞，于是粒子数 n 的取值可为0，1，2，…，∞. 如果只问 v 内有 n 个粒子而不问能量为何，则根据式(9.10.5)，v 内有 n 个粒子的概率为

$$\begin{aligned}P_n&=\sum_{s}\rho_{ns}\\&=\frac{1}{\Xi}e^{-\alpha n}\sum_{s}e^{-\beta E_s}\end{aligned}$$

$$=\frac{1}{\Xi}e^{-\alpha n}Z_n(T,\ v). \tag{1}$$

$Z_n(T,\ v)$是 n 个粒子的正则配分函数：

$$Z_n(T,\ v)=\sum_s e^{-\beta E_s}, \tag{2}$$

式中 E_s是具有 n 个粒子的状态 s 的能量 . 9-18 题式(3)给出了 n 个粒子正则配分函数 $Z_n(T,\ v)$与单粒子配分函数 $Z_1(T,\ v)$的关系：

$$Z_n(T,\ v)=\frac{1}{n!}[Z_1(T,\ v)]^n. \tag{3}$$

9-18 题式(5)求得巨配分函数的对数表达式为

$$\ln \Xi=e^{-\alpha}Z_1(T,\ v). \tag{4}$$

体积 v 内的平均粒子数为

$$\bar{n}=-\frac{\partial}{\partial\alpha}\ln \Xi=e^{-\alpha}Z_1(T,\ v)=\ln \Xi. \tag{5}$$

综合式(1)，式(3)和式(5)，v 内具有 n 个粒子的概率为

$$P_n=\frac{1}{\Xi}\frac{1}{n!}e^{-\alpha n}[Z_1(T,\ v)]^n=\frac{1}{n!}e^{-n}(\bar{n})^n. \tag{6}$$

9-22 （补充题）

格气模型假设原子只能取一系列分立的位置，这些位置形成一个晶格 . 每一格点最多被一个原子占据，即处在格点 i 上的原子数 n_i可为 0 或 1. 以$-\varepsilon$ 表示处在两个近邻格点的原子的相互作用能量，系统的能量可以表示为

$$-\varepsilon\sum_{i,\ j}^{N}{}' n_i n_j,$$

式中 N 是模型的格点数，$\sum\limits_{i,\ j}{}'$ 表示对 i，j 求和时只对近邻格点对求和 . 试写出格气模型的巨配分函数，说明它与伊辛模型的正则配分函数同构 .

解 根据式(9.9.2)，伊辛模型的能量为

$$E\{\sigma_i\}=-\mu_B\mathscr{B}\sum_{i=1}^{N}\sigma_i-J\sum_{i,\ j}^{N}{}'\sigma_i\cdot\sigma_j, \tag{1}$$

式中 μ_B是原子磁矩的大小，N 是伊辛模型的原子数，$\sum\limits_{i,\ j}{}'$表示求和只对近邻原子对求和 . 上式也可表示为[式(9.9.4)]

$$E\{\sigma_i\}=-\mu_B\mathscr{B}\sum_{i=1}^{N}\sigma_i-\frac{1}{2}\sum_{i,\ j}^{N}J_{ij}\sigma_i\sigma_j, \tag{2}$$

式中当自旋 i 和 j 为近邻时 $J_{ij}=J$，否则为零；求和号删去了右上角的撇，对指标 i，j 独立求和而乘以因子$\frac{1}{2}$.

伊辛模型的正则配分函数为

$$Z=\sum_{\{\sigma_i\}}e^{-\beta E\{\sigma_i\}}$$

$$= \sum_{\{\sigma_i\}} - e^{\beta\mu_B\mathscr{B}\sum_i \sigma_i + \frac{\beta}{2}\sum_{i,j} J_{ij}\sigma_i\sigma_j}. \tag{3}$$

根据题设，格气模型的能量为

$$E = -\varepsilon \sum_{i,j}^{N}{}' n_i n_j. \tag{4}$$

为了便于与伊辛模型比较，将式(4)改写为

$$E = -\frac{1}{2}\sum_{i,j} 4\varepsilon_{ij} n_i n_j, \tag{5}$$

其中当 i 与 j 为近邻时 $4\varepsilon_{ij} = \varepsilon(\varepsilon_{ij} = \varepsilon_{ji})$，否则为零；$\sum\limits_{i,j}$ 对 i，j 独立求和而在前面乘以因子 $\frac{1}{2}$.

引入变量

$$\sigma_i = 2n_i - 1. \tag{6}$$

当 $n_i = 1$ 时 $\sigma_i = 1$；$n_i = 0$ 时 $\sigma_i = -1$. 式(5)可以进一步改写为

$$\begin{aligned} E &= -\frac{1}{2}\sum_{i,j} \varepsilon_{ij}\sigma_i\sigma_j - \sum_i \varepsilon_{ij}\sigma_i - \frac{1}{2}\sum_{i,j} \varepsilon_{ij} \\ &= -\frac{1}{2}\sum_{i,j} \varepsilon_{ij}\sigma_i\sigma_j - \frac{\varepsilon z}{4}\sum_i \sigma_i - \frac{\varepsilon z}{8}N, \end{aligned} \tag{7}$$

其中 z 是一个格点的近邻格点数，取决于晶格的空间维数和结构.

由于处在格点 i 上的原子数 n_i 可为 0 或 1，格气系统的原子总数是不确定的，要用巨正则系综理论讨论它的热力学特性. 根据式(9.10.6)，巨配分函数为

$$\Xi = \sum_{\{n_i = 0,\ 1\}} e^{-\alpha\sum\limits_{i=1}^{N} n_i + \beta\varepsilon\sum\limits_{i,j}{}' n_i n_j}, \tag{8}$$

将变量 n_i 改用 σ_i 表示，巨配分函数 Ξ 可以改写为(注意$\alpha = -\beta\mu$)：

$$\Xi = \sum_{\{\sigma_i = \pm 1\}} e^{\frac{\beta N}{2}\left(\mu + \frac{\varepsilon z}{4}\right)} e^{\frac{\beta}{2}\left(\mu + \frac{\varepsilon z}{2}\right)\sum\limits_{i=1}^{N}\sigma_i + \frac{\beta}{2}\sum\limits_{i,j}^{N}\varepsilon_{ij}\sigma_i\sigma_j}. \tag{9}$$

比较式(9)与式(3)，可以看到，如果将 ε_{ij} 比作 J_{ij}，$\frac{1}{2}\left(\mu + \frac{\varepsilon z}{2}\right)$ 比作 $\mu_B\mathscr{B}$，则除了一个常数因子外，格气模型的巨配分函数与伊辛模型的正则配分函数同构. 因此两个模型有不少可以类比之处. 例如，两个模型会发生类似的相变. 下面作粗略的介绍.

根据式(9.9.10)，外磁场为零时伊辛模型的平均场近似要求平均自旋 $\bar{\sigma}$ 满足方程

$$\bar{\sigma} = \tanh\left(\bar{\sigma}\frac{T_C}{T}\right), \tag{10}$$

式中 $T_C = \frac{Jz}{k}$，是相变温度. $T > T_C$时式(10)只有 $\bar{\sigma} = 0$ 的解，相应于顺磁状态；$T < T_C$时 $\bar{\sigma}$ 具有非零解$\pm\bar{\sigma}(T)$，相应于铁磁状态.

如前所述，格气模型中原子的总数不确定，因而用巨正则系综理论处理，格气系统与源可以进行粒子和能量的交换. 如果源的化学势高于格气系统的化学势，原子将从源转移到系统而使点阵中 $\sigma = 1$ 的格点数增加(反之则使 $\sigma = -1$ 的格点数增加). 达到平衡时格气

系统与源的化学势相等，所以在格气模型中化学势的作用与伊辛模型中$\mu_B\mathscr{B}$的作用相当．这就是前述$\frac{1}{2}\left(\mu+\frac{\varepsilon z}{2}\right)$与$\mu_B\mathscr{B}$相应的物理背景．$\mathscr{B}=0$时，外界不影响伊辛模型中磁矩的取向，同样地$\mu=-\frac{\varepsilon z}{2}$时，源不影响格气模型中对$\sigma=\pm1$的取值．两模型同构要求在$\mu=-\frac{\varepsilon z}{2}$时，格气系统的$\bar{\sigma}$满足式(10)．根据式(6)，$\bar{\sigma}$与平均原子数$\bar{n}$的关系为

$$\bar{n}=\frac{1}{2}(1+\bar{\sigma}). \tag{11}$$

从两模型的对应关系可以知道，格气系统的相变温度

$$T_C=\frac{\varepsilon z}{4k}.$$

$T>T_C$时，有

$$\bar{n}=\frac{1}{2}.$$

$T<T_C$时，有

$$\bar{n}=\frac{1}{2}[1\pm\bar{\sigma}(T)]. \tag{12}$$

格气模型的能量表达式(4)意味着格点上原子之间存在下述的两体相互作用：

$$\phi(r)=\begin{cases}\infty, & r=0;\\ -\varepsilon, & r\text{ 等于近邻距离};\\ 0, & \text{其他}.\end{cases} \tag{13}$$

这相当于原子是具有近邻吸引作用的刚球．可以用格气模型描述液-气系统．在T_C以上，系统处在液气不分的状态$\bar{n}=\frac{1}{2}$；在T_C以下，系统可以处在液相或气相，分别由式(12)的两个解描述．请将上述描述与§10.4的有关内容比较．

格气模型与伊辛模型的进一步对应请参看《量子统计物理学》(北京大学物理系)§6.4和K. Huang. *Statistical Mechanics*. 2nd ed. Chapter 14.

9-23 (原9.19题)

设单原子分子理想气体与固体吸附面接触达到平衡．被吸附的分子可以在吸附面上作二维运动，其能量为$\frac{p^2}{2m}-\varepsilon_0$，束缚能$\varepsilon_0$是大于零的常量．试应用巨正则系综理论求吸附面上被吸附分子的面密度与气体温度和压强的关系．

解 被吸附的分子在吸附面上形成二维气体，并可以与理想气体交换粒子和能量．这样二维气体遵从巨正则分布，理想气体形成热源和粒子源．

根据式(9.10.6)，二维气体的巨配分函数为

$$\Xi=\sum_{N=0}^{\infty}\sum_{s}e^{-\alpha N-\beta E_s}=\sum_{N=0}^{\infty}e^{-\alpha N}Z_N(T, A), \tag{1}$$

其中$Z_N(T, A)$是吸附面上有N个分子时二维气体的正则配分函数，A是吸附面的面积．

$$Z_N(T,\ A)=\frac{1}{N!}[Z_1(T,\ A)]^N, \tag{2}$$

其中 $Z_1(T,\ A)$ 是二维气体的单粒子配分函数 .

$$\begin{aligned} Z_1(T,\ A) &= \frac{1}{h^2}\iiiint \mathrm{e}^{-\beta\left(\frac{p^2}{2m}-\varepsilon_0\right)}\,\mathrm{d}x\mathrm{d}y\mathrm{d}p_x\mathrm{d}p_y \\ &= A\left(\frac{2\pi m}{\beta h^2}\right)\mathrm{e}^{\beta\varepsilon_0}. \end{aligned} \tag{3}$$

将式(2)和式(3)代入式(1)得

$$\begin{aligned} \Xi &= \sum_{N=0}^{\infty}\frac{1}{N!}\left[\mathrm{e}^{-\alpha}A\left(\frac{2\pi m}{\beta h^2}\right)\mathrm{e}^{\beta\varepsilon_0}\right]^N \\ &= \exp\left[\mathrm{e}^{-\alpha}A\left(\frac{2\pi m}{\beta h^2}\right)\mathrm{e}^{\beta\varepsilon_0}\right]. \end{aligned} \tag{4}$$

吸附面上的平均分子数为

$$\begin{aligned} \overline{N} &= -\frac{\partial}{\partial\alpha}\ln\Xi \\ &= \mathrm{e}^{-\alpha}A\left(\frac{2\pi m}{\beta h^2}\right)\mathrm{e}^{\beta\varepsilon_0} \\ &= A\left(\frac{2\pi mkT}{h^2}\right)\mathrm{e}^{\frac{(\varepsilon_0+\mu)}{kT}}. \end{aligned} \tag{5}$$

达到平衡时被吸附的分子(二维气体)与源(理想气体)的化学势和温度应相等，所以上式中的 μ 和 T 也就是理想气体的化学势和温度 .

根据式(7.6.8)，单原子分子理想气体的化学势可以表示为

$$\mu = hT\ln\left[\frac{p}{kT}\left(\frac{h^2}{2\pi mkT}\right)^{\frac{3}{2}}\right], \tag{6}$$

所以吸附面上被吸附分子的面密度为

$$\frac{\overline{N}}{A}=\frac{p}{kT}\left(\frac{h^2}{2\pi mkT}\right)^{\frac{1}{2}}\mathrm{e}^{\frac{\varepsilon_0}{kT}}. \tag{7}$$

9-24 (原 9.20 题)

试由巨正则系综理论导出玻耳兹曼分布 .

解 根据式(9.10.5)，巨正则分布为

$$\rho_{Ns}=\frac{1}{\Xi}\mathrm{e}^{-\alpha N-\beta E_s}, \tag{1}$$

其中巨配分函数 Ξ 等于[式(9.10.6)]

$$\Xi=\sum_N\sum_s \mathrm{e}^{-\alpha N-\beta E_s}. \tag{2}$$

假设系统只含一种近独立粒子，粒子的能级为 $\varepsilon_l(l=1,\ 2,\ \cdots)$. 当粒子在各能级 ε_l 的分布为 $\{a_l\}$ 时，系统的粒子数和能量为

$$N = \sum_l a_l,$$

$$E = \sum_l \varepsilon_l a_l. \tag{3}$$

在巨正则分布中，对系统的总粒子数和总能量未加任何限制，因此各 a_l 可以独立地取各种可能值．我们可以将式(2)中对所有可能的粒子数 N 和能量 E_s 求和变换为对一切可能的分布求和，但其中必须乘上一个分布所对应的系统的微观状态数．根据 §6.8，在粒子不可分辨而满足 $\frac{a_l}{\omega_l} \ll 1$ 的情形下，一个分布所对应的微观状态数为[式(6.5.7)]

$$\frac{\Omega_{\mathrm{M.B.}}}{N!} = \prod_l \frac{\omega_l^{a_l}}{a_l!}, \tag{4}$$

所以巨配分函数可以表示为

$$\begin{aligned} \Xi &= \sum_{\{a_l\}} \sum_l \frac{\omega_l^{a_l}}{a_l!} \mathrm{e}^{-(\alpha+\beta\varepsilon_l)a_l} \\ &= \prod_l \sum_{a_l} \frac{1}{a_l!} [\omega_l \mathrm{e}^{-(\alpha+\beta\varepsilon_l)}]^{a_l} \\ &= \prod_l \Xi_l, \end{aligned} \tag{5}$$

其中

$$\Xi_l = \sum_{a_l} \frac{1}{a_l!} [\omega_l \mathrm{e}^{-(\alpha+\beta\varepsilon_l)}]^{a_l}. \tag{6}$$

对于玻耳兹曼分布，对能级 ε_l 上的粒子数没有限制，上式中的 a_l 可以取由 0 到 ∞ 的任何正整数．因此

$$\Xi_l = \exp[\omega_l \mathrm{e}^{-(\alpha+\beta\varepsilon_l)}]. \tag{7}$$

能级 ε_l 上的平均粒子数 $\bar{a}_l$ 为

$$\bar{a}_l = -\frac{\partial}{\partial\alpha} \ln \Xi_l = \omega_l \mathrm{e}^{-\alpha-\beta\varepsilon_l}. \tag{8}$$

式(8)就是玻耳兹曼分布．

9-25 （原 9.21 题）

试证明玻耳兹曼分布的涨落为

$$\overline{(a_l - \bar{a}_l)^2} = \bar{a}_l.$$

解 将处在能级 ε_l 上的粒子看作一个开系，根据式(9.11.9)，有

$$\overline{(a_l - \bar{a}_l)^2} = -\frac{\partial \bar{a}_l}{\partial\alpha}.$$

将玻耳兹曼分布 $\bar{a}_l = \omega_l \mathrm{e}^{-\alpha-\beta\varepsilon_l}$ 代入，得

$$\overline{(a_l - \bar{a}_l)^2} = \bar{a}_l.$$

9-26 （原 9.22 题）

光子气体的 $\alpha=0$，式(9.12.11)不能用．试证明，

$$\overline{(a_l-\bar{a}_l)^2}=-\frac{1}{\beta}\frac{\partial \bar{a}_l}{\partial \varepsilon_l},$$

从而证明光子气体的涨落仍为

$$\overline{(a_l-\bar{a}_l)^2}=\bar{a}_l(1+\bar{a}_l).$$

解 在 $\alpha=0$ 的情形下，式(9.12.7)约化为

$$\varXi_l=\sum_{a_l}\mathrm{e}^{-\beta\varepsilon_l a_l}. \tag{1}$$

由式(9.12.8)知

$$\bar{a}_l=\frac{1}{\varXi}\sum_{a_l}a_l\mathrm{e}^{-\beta\varepsilon_l a_l}=\frac{\sum\limits_{a_l}a_l\mathrm{e}^{-\beta\varepsilon_l a_l}}{\sum\limits_{a_l}\mathrm{e}^{-\beta\varepsilon_l a_l}}. \tag{2}$$

对式(2)求导，有

$$\begin{aligned}-\frac{1}{\beta}\frac{\partial \bar{a}_l}{\partial \varepsilon_l}&=\frac{\sum\limits_{a_l}a_l^2\mathrm{e}^{-\beta\varepsilon_l a_l}}{\sum\limits_{a_l}\mathrm{e}^{-\beta\varepsilon_l a_l}}-\frac{\left(\sum\limits_{a_l}a_l\mathrm{e}^{-\beta\varepsilon_l a_l}\right)^2}{\left(\sum\limits_{a_l}\mathrm{e}^{-\beta\varepsilon_l a_l}\right)^2}\\&=\overline{a_l^2}-(\bar{a}_l)^2.\end{aligned}$$

所以

$$\overline{(a_l-\bar{a}_l)^2}=\overline{a_l^2}-(\bar{a}_l)^2=-\frac{1}{\beta}\frac{\partial \bar{a}_l}{\partial \varepsilon_l}. \tag{3}$$

对于光子气体，有

$$\bar{a}_l=\frac{1}{\mathrm{e}^{\beta\varepsilon_l}-1}. \tag{4}$$

代入式(3)，即有

$$\begin{aligned}\overline{(a_l-\bar{a}_l)^2}&=\frac{\mathrm{e}^{\beta\varepsilon_l}}{(\mathrm{e}^{\beta\varepsilon_l}-1)^2}\\&=\frac{1}{\mathrm{e}^{\beta\varepsilon_l}-1}\left(1+\frac{1}{\mathrm{e}^{\beta\varepsilon_l}-1}\right)\\&=\bar{a}_l(1+\bar{a}_l).\end{aligned}$$

9-27 （补充题）

以 $\rho_s(s=1,2,\cdots)$ 表示系统处在状态 s 的概率．ρ_s 满足归一化条件

$$\sum_s\rho_s=1. \tag{1}$$

定义系统的熵为

$$S=-k\sum_s\rho_s\ln\rho_s. \tag{2}$$

（a）试证明，由式（2）定义的熵满足可加性要求．

（b）如果系统的粒子数 N，体积 V 和能量 E 恒定，试证明，使式（2）的熵取极大值的概率分布是微正则分布．

（c）如果系统的粒子数 N 和体积 V 恒定，但系统可与外界交换能量而能量的平均值恒定，试证明，使式（2）的熵取极大的概率分布是正则分布．

（d）如果系统的体积 V 恒定而可与外界交换粒子和能量，但粒子数和能量的平均值恒定，试证明，使式（2）的熵取极大的概率分布是巨正则分布．

解 第九章讲述系综理论以等概率原理作为平衡态统计物理的基本假设和出发点，由此导出了正则分布和巨正则分布，建立了完整的统计热力学．本题将根据另一观点建立统计热力学理论，它以式（2）定义的熵和最大熵原理作为基本假设和出发点．式（2）是熵的普遍定义，不仅适用于平衡状态，也适用于非平衡状态．最大熵原理指出，在给定的约束条件下，平衡态的熵具有极大值．

（a）可加性是熵函数的基本属性．为了确认式（2）可以作为熵的定义，首先必须证明，由式（2）定义的熵函数满足可加性要求．

假设系统由弱作用的两个子系统构成，则系统的概率分布 ρ_{A+B} 等于两个子系统的概率分布 ρ_A 和 ρ_B 的乘积：

$$\rho_{A+B}=\rho_A\cdot\rho_B. \tag{3}$$

可以证明，如果 ρ_A 和 ρ_B 满足归一化条件

$$\begin{aligned}\sum_{s_A}\rho_A=1,\\ \sum_{s_B}\rho_B=1,\end{aligned} \tag{4}$$

则 ρ_{A+B} 也自动满足归一化条件．证明如下：

$$\sum_{s_A}\sum_{s_B}\rho_{A+B}=\sum_{s_A}\sum_{s_B}\rho_A\cdot\rho_B=\sum_{s_A}\rho_A\cdot\sum_{s_B}\rho_B=1. \tag{5}$$

根据式（2），系统的熵为

$$\begin{aligned}S_{A+B}&=-k\sum_{s_A}\sum_{s_B}\rho_{A+B}\ln(\rho_{A+B})\\&=-k\sum_{s_A}\sum_{s_B}\rho_A\cdot\rho_B\ln(\rho_A\cdot\rho_B)\\&=-k\sum_{s_A}\sum_{s_B}\rho_A\cdot\rho_B(\ln\rho_A+\ln\rho_B)\\&=-k\Big(\sum_{s_A}\rho_A\ln\rho_A\Big)\cdot\Big(\sum_{s_B}\rho_B\Big)-k\Big(\sum_{s_A}\rho_A\Big)\Big(\sum_{s_B}\rho_B\ln\rho_B\Big)\\&=S_A+S_B.\end{aligned} \tag{6}$$

这就证明了，式（2）定义的熵满足可加性要求．

（b）下面我们将就（b）—（d）给出的约束条件分别导出使式（2）的熵函数取极大值的分布．以 N_s 和 E_s 分别表示系统处在状态 s 时系统的粒子数和能量，粒子数和能量的平均值为

$$\overline{N}=\sum_s N_s\rho_s, \tag{7}$$

$$\overline{E}=\sum_s E_s\rho_s. \tag{8}$$

为了求得在粒子数 N，体积 V 和能量 E 为恒定的条件下熵为极大的分布，令 ρ_s 有 $\delta\rho_s$ 的变化，熵函数 S 将因而有

$$\delta S=-k\sum_s(\ln\rho_s+1)\delta\rho_s \tag{9}$$

的变化．但各 $\delta\rho_s$ 不是任意的，它们受到式(1)，即

$$\sum_s\delta\rho_s=0 \tag{10}$$

的约束．在 N，V 和 E 为恒定的情形下，式(7)和式(8)中的

$$N_s=N,\quad E_s=E,$$

式(7)和式(8)对 $\delta\rho_s$ 的约束与式(10)的约束相同，只需引入一个拉格朗日乘子 γ. 因此有

$$\sum_s[-k(\ln\rho_s+1)+\gamma]\delta\rho_s=0. \tag{11}$$

根据拉格朗日乘子法原理，式(11)中各 $\delta\rho_s$ 的系数都应等于零．所以

$$\rho_s=\mathrm{e}^{\frac{\gamma-k}{k}}=C(\text{常量}). \tag{12}$$

式(12)意味着，在 N，V，E 恒定的情形下，各个可能的微观态出现的概率是相同的，式中的常量可由归一化条件(1)确定．如果在给定的 N，E，V 下，系统有 Ω 个可能的状态，则

$$\rho_s=\frac{1}{\Omega}. \tag{13}$$

上面只证明了式(13)的 ρ_s 使式(2)取极值，要证明这个极值为极大值，还要证明式(13)使 S 的二级微分 $\delta^2S<0$. 对式(9)再求微分，有

$$\begin{aligned}\delta^2S&=-k\delta\left[\sum_s(\ln\rho_s+1)\right]\delta\rho_s\\&=-k\sum_s\frac{1}{\rho_s}(\delta\rho_s)^2.\end{aligned} \tag{14}$$

由于 $\rho_s>0$，式(14)总是负的．因此分布式(13)使式(2)取极大值．根据最大熵原理，式(13)是 N，E，V 恒定情形下的平衡分布．式(13)就是等概率原理或微正则分布式(9.2.7).

(c) 在系统的粒子数 N，体积 V 恒定而可与外界交换能量，但能量平均值恒定的情形下，各 $\delta\rho_s$ 要满足约束条件

$$\begin{aligned}&\sum_s\delta\rho_s=0,\\&\sum_sE_s\delta\rho_s=0.\end{aligned} \tag{15}$$

因此除了乘子 γ 外，还要引入乘子 β_1，类似可得

$$\sum_s[-k(\ln\rho_s+1)+\beta_1E_s+\gamma]\delta\rho_s=0, \tag{16}$$

或

$$\rho_s=\mathrm{e}^{\frac{\gamma-k+\beta_1E_s}{k}}. \tag{17}$$

重新定义式中的常量，并注意到 ρ_s 要满足归一化条件，可将上式改写为

$$\rho_s=\frac{1}{Z}\mathrm{e}^{-\beta E_s},\tag{18}$$

其中

$$Z=\sum_s \mathrm{e}^{-\beta E_s}.$$

与(b)类似可以证明，概率分布式(18)使式(2)取极大值．根据最大熵原理，分布式(18)是 N，$\overline{E}$，V 恒定情形下的平衡分布，通过与热力学理论的比较，知

$$\beta=\frac{1}{kT}.$$

式(18)就是正则分布．

(d) 在系统的体积 V 恒定而可与外界交换粒子和能量，但粒子数和能量的平均值恒定的情形下，各 $\delta\rho_{Ns}$ 要满足约束条件

$$\sum_{N,\ s}\delta\rho_{Ns}=0,\tag{19}$$

$$\sum_{N,\ s}N\delta\rho_{Ns}=0,\tag{20}$$

$$\sum_{N,\ s}E_{Ns}\delta\rho_{Ns}=0.\tag{21}$$

因此除了乘子 γ 和 β_1 外，还要引入拉格朗日乘子 α_1，类似可得

$$\sum_s\left[-k(\ln\rho_{Ns}+1)+\alpha_1 N+\beta_1 E_s+\gamma\right]\delta\rho_{Ns}=0,\tag{22}$$

或

$$\rho_{Ns}=\mathrm{e}^{\frac{\gamma-k+\alpha_1 N+\beta_1 E_s}{k}}.\tag{23}$$

重新定义式中的常量，并注意 ρ_{Ns} 要满足归一化条件，可将 ρ_{Ns} 表示为

$$\rho_{Ns}=\frac{1}{\Xi}\mathrm{e}^{-\alpha N-\beta E_{Ns}},\tag{24}$$

式中

$$\Xi=\sum_N\sum_s\mathrm{e}^{-\alpha N-\beta E_{Ns}}.\tag{25}$$

类似地可以证明分布式(23)使式(2)取极大值．根据最大熵原理，分布式(23)就是 $\overline{N}$，$\overline{E}$，V 恒定情形下的平衡分布．通过与热力学理论的比较，知

$$\beta=\frac{1}{kT},\qquad \alpha=-\frac{\mu}{kT}.$$

式(23)就是巨正则分布(9.10.5)．

这样，我们就以式(2)的熵定义和最大熵原理作为基本假设，导出了系综理论的三个分布函数，从而可以建立统计热力学的理论．

第十章　涨落理论

10-1　(原10.1题)

试从(10.1.10)出发，以 Δp，ΔS 为自变量，证明

$$W \propto e^{\frac{1}{2kT}\left(\frac{\partial V}{\partial p}\right)_S(\Delta p)^2-\frac{1}{2kC_p}(\Delta S)^2},$$

从而证明

$$\overline{\Delta S\Delta p}=0,$$

$$\overline{(\Delta S)^2}=kC_p,$$

$$\overline{(\Delta p)^2}=-kT\left(\frac{\partial p}{\partial V}\right)_S.$$

解　式(10.1.10)证明了系统的熵、温度、压强和体积对其平均值有 ΔS，ΔT，Δp 和 ΔV 偏离的概率为

$$W \propto e^{-\frac{\Delta S\Delta T-\Delta p\Delta V}{2kT}}. \tag{1}$$

由于简单系统只有两个独立变量，上式四个偏离值中只有两个可以独立改变．如果选 Δp 和 ΔS 为自变量，利用

$$\begin{aligned}\Delta V&=\left(\frac{\partial V}{\partial S}\right)_p\Delta S+\left(\frac{\partial V}{\partial p}\right)_S\Delta p\\&=\left(\frac{\partial T}{\partial p}\right)_S\Delta S+\left(\frac{\partial V}{\partial p}\right)_S\Delta p,\\\Delta T&=\left(\frac{\partial T}{\partial S}\right)_p\Delta S+\left(\frac{\partial T}{\partial p}\right)_S\Delta p\\&=\frac{T}{C_p}\Delta S+\left(\frac{\partial T}{\partial p}\right)_S\Delta p,\end{aligned}$$

可以将式(1)表达为

$$W \propto e^{-\frac{1}{2kC_p}(\Delta S)^2+\frac{1}{2kT}\left(\frac{\partial V}{\partial p}\right)_S(\Delta p)^2}. \tag{2}$$

上式指出系统熵对其平均值具有偏差 ΔS，压强具有偏差 Δp 的概率可以分解为依赖于 $(\Delta S)^2$ 和 $(\Delta p)^2$ 的两个独立的高斯分布的乘积，将上式与高斯分布的标准形式[附录(B.29)式]比较，知

$$\begin{aligned}\overline{\Delta S\Delta p}&=\overline{\Delta S}\cdot\overline{\Delta p}=0,\\\overline{(\Delta S)^2}&=kC_p,\\\overline{(\Delta p)^2}&=-kT\left(\frac{\partial p}{\partial V}\right)_S.\end{aligned} \tag{3}$$

10-2 （原 10.2 题）

利用式(10.1.12)求得的$\overline{(\Delta T)^2}$，$\overline{(\Delta V)^2}$和$\overline{\Delta T\Delta V}$证明

$$\overline{\Delta T\Delta S}=kT,$$

$$\overline{\Delta p\Delta V}=-kT,$$

$$\overline{\Delta S\Delta V}=kT\left(\frac{\partial V}{\partial T}\right)_p,$$

$$\overline{\Delta p\Delta T}=\frac{kT^2}{C_V}\left(\frac{\partial p}{\partial T}\right)_V.$$

解 式(10.1.12)给出

$$\begin{gathered}\overline{\Delta T\cdot\Delta V}=0,\\ \overline{(\Delta T)^2}=\frac{kT^2}{C_V},\\ \overline{(\Delta V)^2}=-kT\left(\frac{\partial V}{\partial p}\right)_T.\end{gathered}\tag{1}$$

以 ΔT，ΔV 为自变量，可将 ΔS 展开为

$$\begin{aligned}\Delta S&=\left(\frac{\partial S}{\partial T}\right)_V\Delta T+\left(\frac{\partial S}{\partial V}\right)_T\Delta V\\ &=\frac{C_V}{T}\Delta T+\left(\frac{\partial p}{\partial T}\right)_V\Delta V.\end{aligned}\tag{2}$$

以 ΔT 乘式(2)，求平均并利用式(1)，有

$$\begin{aligned}\overline{\Delta T\Delta S}&=\frac{C_V}{T}\overline{(\Delta T)^2}+\left(\frac{\partial p}{\partial T}\right)_V\overline{\Delta T\Delta V}\\ &=\frac{C_V}{T}\frac{kT^2}{C_V}\\ &=kT.\end{aligned}\tag{3}$$

以 ΔV 乘式(2)，同理可得

$$\begin{aligned}\overline{\Delta S\Delta V}&=\frac{C_V}{T}\overline{\Delta T\Delta V}+\left(\frac{\partial p}{\partial T}\right)_V\overline{(\Delta V)^2}\\ &=\left(\frac{\partial p}{\partial T}\right)_V(-kT)\left(\frac{\partial V}{\partial p}\right)_T\\ &=kT\left(\frac{\partial V}{\partial T}\right)_p.\end{aligned}\tag{4}$$

以 ΔT，ΔV 为自变量，可将 Δp 展开为

$$\Delta p=\left(\frac{\partial p}{\partial T}\right)_V\Delta T+\left(\frac{\partial p}{\partial V}\right)_T\Delta V.\tag{5}$$

以 ΔV 乘上式，求平均并利用式(1)，有

$$\overline{\Delta p\Delta V}=\left(\frac{\partial p}{\partial T}\right)_V\overline{\Delta T\Delta V}+\left(\frac{\partial p}{\partial V}\right)_T\overline{(\Delta V)^2}$$

$$=\left(\frac{\partial p}{\partial V}\right)_T(-kT)\left(\frac{\partial V}{\partial p}\right)_T$$

$$=-kT. \tag{6}$$

以 ΔT 乘式(5)，同理可得

$$\overline{\Delta p\Delta T}=\left(\frac{\partial p}{\partial T}\right)_V\overline{(\Delta T)^2}+\left(\frac{\partial p}{\partial V}\right)_T\overline{\Delta V\Delta T}$$

$$=\frac{kT^2}{C_V}\left(\frac{\partial p}{\partial T}\right)_V. \tag{7}$$

10-3 （原 10.3 题）

试证明开系涨落的基本公式

$$W\propto \mathrm{e}^{-\frac{\Delta T\Delta S-\Delta p\Delta V+\Delta\mu\Delta N}{2kT}},$$

并据此证明，在 T，V 恒定时，有

$$\overline{(\Delta N)^2}=kT\left(\frac{\partial N}{\partial \mu}\right)_{T,V},$$

$$\overline{(\Delta \mu)^2}=kT\left(\frac{\partial \mu}{\partial N}\right)_{T,V},$$

$$\overline{\Delta N\Delta\mu}=kT.$$

解 考虑系统和热源、粒子源构成一个孤立的复合系统．根据 § 10.1，系统的能量、体积和粒子数对其平均值具有 ΔE，ΔV 和 ΔN 偏离的概率与复合系统熵对其平均值的偏离 $\Delta S^{(0)}$ 之间存在下述关系

$$W\propto \mathrm{e}^{\frac{\Delta S^{(0)}}{k}}. \tag{1}$$

根据熵的可加性，复合系统的熵的偏离是系统熵的偏离 ΔS 和源的熵的偏离 ΔS_{r} 之和，即

$$\Delta S^{(0)}=\Delta S+\Delta S_{\mathrm{r}}. \tag{2}$$

开系的热力学基本方程给出［式(3.2.7)］

$$\Delta S_{\mathrm{r}}=\frac{1}{T}(\Delta E_{\mathrm{r}}+p\Delta V_{\mathrm{r}}-\mu\Delta N_{\mathrm{r}}). \tag{3}$$

复合系统既然是孤立系统，必有

$$\Delta E_{\mathrm{r}}=-\Delta E,$$
$$\Delta V_{\mathrm{r}}=-\Delta V, \tag{4}$$
$$\Delta N_{\mathrm{r}}=-\Delta N.$$

代入式(3)即有

$$\Delta S_{\mathrm{r}}=-\frac{\Delta E+p\Delta V-\mu\Delta N}{T}, \tag{5}$$

式中 T，p 和 μ 是源的温度、压强和化学势，也就是系统的平均温度、平均压强和平均化学势．将式(5)和式(2)代入式(1)，可得

$$W \propto e^{-\frac{\Delta E+p\Delta V-T\Delta S-\mu\Delta N}{kT}}. \tag{6}$$

将 E 看作 S，V 和 N 的函数，在其平均值附近展开，准确到二级，有

$$\begin{aligned} E =& \bar{E}+\left(\frac{\partial E}{\partial S}\right)_0\Delta S+\left(\frac{\partial E}{\partial V}\right)_0\Delta V+\left(\frac{\partial E}{\partial N}\right)_0\Delta N+ \\ & \frac{1}{2}\left[\left(\frac{\partial^2 E}{\partial S^2}\right)_0(\Delta S)^2+\left(\frac{\partial^2 E}{\partial V^2}\right)_0(\Delta V)^2+\left(\frac{\partial^2 E}{\partial N^2}\right)_0(\Delta N)^2+\right. \\ & \left.2\left(\frac{\partial^2 E}{\partial S\partial V}\right)_0\Delta S\Delta V+2\left(\frac{\partial^2 E}{\partial S\partial N}\right)_0\Delta S\Delta N+2\left(\frac{\partial^2 E}{\partial V\partial N}\right)_0\Delta V\Delta N\right]. \end{aligned} \tag{7}$$

但

$$\left(\frac{\partial E}{\partial S}\right)_0=T,$$

$$\left(\frac{\partial E}{\partial V}\right)_0=-p,$$

$$\left(\frac{\partial E}{\partial N}\right)_0=\mu,$$

所以由式(7)可得

$$\begin{aligned} & \Delta E-T\Delta S+p\Delta V-\mu\Delta N \\ =& \frac{1}{2}\Delta S\left[\frac{\partial}{\partial S}\left(\frac{\partial E}{\partial S}\right)_0\Delta S+\frac{\partial}{\partial V}\left(\frac{\partial E}{\partial S}\right)_0\Delta V+\frac{\partial}{\partial N}\left(\frac{\partial E}{\partial S}\right)_0\Delta N\right]+ \\ & \frac{1}{2}\Delta V\left[\frac{\partial}{\partial S}\left(\frac{\partial E}{\partial V}\right)_0\Delta S+\frac{\partial}{\partial V}\left(\frac{\partial E}{\partial V}\right)_0\Delta V+\frac{\partial}{\partial N}\left(\frac{\partial E}{\partial V}\right)_0\Delta N\right]+ \\ & \frac{1}{2}\Delta N\left[\frac{\partial}{\partial S}\left(\frac{\partial E}{\partial N}\right)_0\Delta S+\frac{\partial}{\partial V}\left(\frac{\partial E}{\partial N}\right)_0\Delta V+\frac{\partial}{\partial N}\left(\frac{\partial E}{\partial N}\right)_0\Delta N\right] \\ =& \frac{1}{2}(\Delta S\Delta T-\Delta p\Delta V+\Delta N\Delta\mu). \end{aligned} \tag{8}$$

代入式(6)即得开系涨落的基本公式：

$$W \propto e^{-\frac{\Delta S\Delta T-\Delta p\Delta V+\Delta\mu\Delta N}{2kT}}. \tag{9}$$

以 T，V，N 为自变量，当 T，V 不变时，有

$$\Delta\mu=\left(\frac{\partial \mu}{\partial N}\right)_{T,V}\Delta N. \tag{10}$$

代入式(9)得 T，V 不变时粒子数具有偏离 ΔN 的概率为

$$W \propto e^{-\left(\frac{\partial\mu}{\partial N}\right)_{T,V}(\Delta N)^2/2kT}. \tag{11}$$

上式是高斯分布，将上式与高斯分布的标准形式[附录式(B.29)]比较，知

$$\overline{(\Delta N)^2}=kT\left(\frac{\partial N}{\partial \mu}\right)_{T,V}. \tag{12}$$

上式与巨正则系综理论得到的结果式(9.11.9)符合.

以 ΔN 乘式(10)，求平均并将式(12)代入，得

$$\overline{\Delta\mu\Delta N}=\left(\frac{\partial\mu}{\partial N}\right)_{T,V}\overline{(\Delta N)^2}$$
$$=\left(\frac{\partial\mu}{\partial N}\right)_{T,V}\cdot kT\left(\frac{\partial N}{\partial\mu}\right)_{T,V}$$
$$=kT. \tag{13}$$

以 T，V 和 μ 为独立变量，当 T，V 不变时，有

$$\Delta N=\left(\frac{\partial N}{\partial\mu}\right)_{T,V}\Delta\mu. \tag{14}$$

代入式(9)，得 T，V 不变时化学势具有偏离 $\Delta\mu$ 的概率为

$$W\propto \mathrm{e}^{-\left(\frac{\partial N}{\partial\mu}\right)_{T,V}(\Delta\mu)^2/2kT}. \tag{15}$$

与附录式(B.29)比较，知

$$\overline{(\Delta\mu)^2}=kT\left(\frac{\partial\mu}{\partial N}\right)_{T,V}. \tag{16}$$

10-4 （原 10.4 题）

试证明，对于顺磁介质，有

$$W\propto \mathrm{e}^{-\frac{C_m}{2kT^2}(\Delta T)^2-\frac{\mu_0}{2kT}\left(\frac{\partial\mathscr{H}}{\partial m}\right)_T(\Delta m)^2},$$

并据此证明

$$\overline{(\Delta T\Delta m)}=0,$$
$$\overline{(\Delta T)^2}=\frac{kT^2}{C_m},$$
$$\overline{(\Delta m)^2}=\frac{kT}{\mu_0}\left(\frac{\partial m}{\partial\mathscr{H}}\right)_T.$$

解 式(10.1.11)给出简单系统温度和体积具有涨落 ΔT 和 ΔV 的概率为

$$W\propto \mathrm{e}^{-\frac{C_V}{2kT^2}(\Delta T)^2+\frac{1}{2kT}\left(\frac{\partial p}{\partial V}\right)_T(\Delta V)^2}. \tag{1}$$

根据式(2.7.4)，磁介质与简单系统热力学量之间有如下的对应关系

$$p\leftrightarrow-\mu_0\mathscr{H},\qquad V\leftrightarrow m, \tag{2}$$

因此，磁介质温度有涨落 ΔT，介质磁矩有涨落 Δm 的概率为

$$W\propto \mathrm{e}^{-\frac{C_m}{2kT^2}(\Delta T)^2-\frac{\mu_0}{2kT}\left(\frac{\partial\mathscr{H}}{\partial m}\right)_T(\Delta m)^2}. \tag{3}$$

将上式与附录式(B.29)比较，知

$$\begin{aligned}&\overline{\Delta T\Delta m}=0,\\ &\overline{(\Delta T)^2}=\frac{kT^2}{C_m},\\ &\overline{(\Delta m)^2}=\frac{kT}{\mu_0}\left(\frac{\partial m}{\partial\mathscr{H}}\right)_T.\end{aligned} \tag{4}$$

式(4)也可由式(10.1.12)利用对应关系式(2)直接得到.

10-5 （原 10.5 题）

试由式(10.2.1)导出式(10.2.9)

解 不存在外磁场的情形下，式(10.2.1)为

$$\frac{H}{k_B T} = \int d\boldsymbol{r}[a_0 + a_2 M^2(\boldsymbol{r}) + a_4 M^4(\boldsymbol{r}) + c(\nabla M)^2]. \tag{1}$$

将局域序参量 $M(\boldsymbol{r})$ 展开为傅里叶级数

$$M(\boldsymbol{r}) = \frac{1}{L^{3/2}}\sum_{\boldsymbol{k}} M_{\boldsymbol{k}} e^{i\boldsymbol{k}\cdot\boldsymbol{r}}, \tag{2}$$

代入式(1)右方，得到下面各项：

第一项为

$$\int a_0 d\boldsymbol{r} = a_0 L^3.$$

第二项为

$$\begin{aligned} & a_2 \int d\boldsymbol{r} \frac{1}{L^{3/2}}\sum_{\boldsymbol{k}} M_{\boldsymbol{k}} e^{i\boldsymbol{k}\cdot\boldsymbol{r}} \cdot \frac{1}{L^{3/2}}\sum_{\boldsymbol{k}'} M_{\boldsymbol{k}'} e^{i\boldsymbol{k}'\cdot\boldsymbol{r}} \\ &= a_2 \sum_{\boldsymbol{k},\boldsymbol{k}'} M_{\boldsymbol{k}} M_{\boldsymbol{k}'} \frac{1}{L^3}\int e^{i(\boldsymbol{k}+\boldsymbol{k}')\cdot\boldsymbol{r}} d\boldsymbol{r} \\ &= a_2 \sum_{\boldsymbol{k}} M_{\boldsymbol{k}} M_{-\boldsymbol{k}}. \end{aligned}$$

第三项为

$$\begin{aligned} & a_4 \int d\boldsymbol{r} \sum_{\boldsymbol{k},\boldsymbol{k}_1,\boldsymbol{k}_2,\boldsymbol{k}_3} M_{\boldsymbol{k}} M_{\boldsymbol{k}_1} M_{\boldsymbol{k}_2} M_{\boldsymbol{k}_3} \frac{1}{L^6}\int e^{i(\boldsymbol{k}+\boldsymbol{k}_1+\boldsymbol{k}_2+\boldsymbol{k}_3)\cdot\boldsymbol{r}} d\boldsymbol{r} \\ &= \frac{a_4}{L^3}\sum_{\boldsymbol{k},\boldsymbol{k}_1,\boldsymbol{k}_2} M_{\boldsymbol{k}} M_{\boldsymbol{k}_1} M_{\boldsymbol{k}_2} M_{-\boldsymbol{k}-\boldsymbol{k}_1-\boldsymbol{k}_2}. \end{aligned}$$

第四项为

$$c\int d\boldsymbol{r}(\nabla M)^2 = \frac{c}{L^3}\sum_{\boldsymbol{k},\boldsymbol{k}'} M_{\boldsymbol{k}} M_{\boldsymbol{k}'} \int d\boldsymbol{r}(\nabla e^{i\boldsymbol{k}\cdot\boldsymbol{r}})(\nabla e^{i\boldsymbol{k}'\cdot\boldsymbol{r}}),$$

但

$$\nabla e^{i\boldsymbol{k}\cdot\boldsymbol{r}} = i\boldsymbol{k} e^{i\boldsymbol{k}\cdot\boldsymbol{r}},$$
$$\nabla e^{i\boldsymbol{k}'\cdot\boldsymbol{r}} = i\boldsymbol{k}' e^{i\boldsymbol{k}'\cdot\boldsymbol{r}},$$

而

$$(i\boldsymbol{k})\cdot(i\boldsymbol{k}')\frac{1}{L^3}\int e^{i(\boldsymbol{k}+\boldsymbol{k}')\cdot\boldsymbol{r}} d\boldsymbol{r} = k^2,$$

所以第四项等于

$$c\sum_{\boldsymbol{k}} M_{\boldsymbol{k}} M_{-\boldsymbol{k}} k^2.$$

合并即得式(10.2.9).

10-6 (原 10.6 题)

在 18 ℃的温度下，观察半径为 0.4×10^{-6} m 的粒子在黏度为 2.78×10^{-3} Pa·s的液体中的布朗运动，测得粒子在时间间隔 10 s 的位移平方的平均值为

$$\overline{x^2}=3.3\times10^{-12}\ \mathrm{m}^2.$$

试根据这些数据求玻耳兹曼常量 k 的值．

解 根据式(10.5.8)和式(10.5.2)，温度为 T 时在时间间隔 t 内布朗颗粒位移平方的平均值为

$$\overline{x^2}=\frac{2kT}{6\pi a\eta}t.$$

将题中所给数据代入，得玻耳兹曼常量为

$$\begin{aligned}k&=\frac{3\times3.14\times0.4\times10^{-6}\times2.78\times10^{-3}\times3.3\times10^{-12}}{291\times10}\ \mathrm{J\cdot K^{-1}}\\&=1.19\times10^{-23}\ \mathrm{J\cdot K^{-1}}.\end{aligned}$$

在 20 世纪早期，利用上式从实验测定 k 值是确定玻耳兹曼常量数值的一个重要方法．题中给出当时的一组实验数据．通过布朗运动测定的 k 值，可以求出阿伏伽德罗常量 $N_{\mathrm{A}}=\dfrac{R}{k}$的值，这是当时得到的最精确值之一．

10-7 (原 10.7 题)

电流计带有用细丝悬挂的反射镜．由于反射镜受到气体分子碰撞而施加的力矩不平衡，反射镜不停地进行着无规则的扭摆运动．根据能量均分定理，反射镜转动角度 φ 的方均值$\overline{\varphi^2}$满足

$$\frac{1}{2}A\,\overline{\varphi^2}=\frac{1}{2}kT.$$

对于很细的石英丝，弹性系数 $A=10^{-13}\ \mathrm{N\cdot m\cdot rad^{-2}}$，计算 300 K 下的$\sqrt{\overline{\varphi^2}}$．

解 根据能量均分定理

$$\begin{aligned}\sqrt{\overline{\varphi^2}}&=\sqrt{\frac{kT}{A}}\\&=\sqrt{\frac{1.38\times10^{-23}\times300}{10^{-3}}}\ \mathrm{rad}\\&\approx2\times10^{-9}\ \mathrm{rad}.\end{aligned}$$

如果光源和读尺距离反射镜 1 m，那么亮点的方均根偏差为 0.4 mm. 这是实验能够观察到的．

值得注意的是，反射镜的方均根偏转只取决于温度，与反射镜周围气体的压强无关．降低周围气体的压强不影响偏转的方均根值．

反射镜的布朗运动使仪器的灵敏度受到限制．当我们利用反射镜的偏转来测量某一物理量时，如果这物理量引起反射镜偏转与因反射镜布朗运动引起的偏转具有相同的量级，那么在一次测量中就不可能区分偏转是所测物理量还是热运动背景引起的．不过多次测量

可以提高仪器的灵敏度从而测量低于热运动背景的物理量．这是因为，不存在外力矩时，反射镜由于布朗运动的平均偏转应等于零；而存在外力矩时，反射镜将在某个新位置涨落，它的平均偏转不等于零．这样，通过多次测量就可以求出新的平衡位置，从而确定所测物理量的数值．

10-8　(原 10.8 题)

三维布朗颗粒在各向同性介质中运动，朗之万方程为

$$\frac{\mathrm{d}p_i}{\mathrm{d}t}=-\gamma p_i+F_i(t), \qquad i=1,\ 2,\ 3.$$

其涨落力满足

$$\overline{F_i(t)}=0,$$

$$\overline{F_i(t)F_j(t')}=2m\gamma kT\delta_{ij}\delta(t-t').$$

试证明，经过时间 t 布朗颗粒位移平方的平均值为

$$\overline{[\boldsymbol{x}-\boldsymbol{x}(0)]^2}=\sum_i\overline{[x_i-x_i(0)]^2}=\frac{6kT}{m\gamma}t.$$

解　三维布朗颗粒在各向同性介质中运动，其朗之万方程为

$$\frac{\mathrm{d}p_i}{\mathrm{d}t}=-\gamma p_i+F_i(t), \qquad i=1,\ 2,\ 3. \tag{1}$$

涨落力满足

$$\overline{F_i(t)}=0,$$

$$\overline{F_i(t)F_j(t')}=2m\gamma kT\delta_{ij}\delta(t-t'). \tag{2}$$

这意味着，在各向同性介质中布朗颗粒三个方向的运动是互不相关的．每一方向的运动都可以直接引用一维布朗运动的结果[式(10.6.18)]，即

$$\overline{[x_i-x_i(0)]^2}=\frac{2kT}{m\gamma}t, \qquad i=1,\ 2,\ 3. \tag{3}$$

经过时间 t，三维布朗颗粒位移平方的平均值为

$$\overline{[\boldsymbol{x}-\boldsymbol{x}(0)]^2}=\sum_{i=1}^{3}\overline{[x_i-x_i(0)]^2}$$

$$=\frac{6kT}{m\gamma}t. \tag{4}$$

10-9　(原 10.9 题)

在均匀恒定的外电场 $\mathscr{E}$ 作用下，电荷量为 q，质量为 m 的布朗颗粒在流体中运动，运动方程为

$$m\frac{\mathrm{d}v}{\mathrm{d}t}=-\alpha v+q\mathscr{E}+F(t),$$

α 是黏性阻力系数，$F(t)$是涨落力．达到定常状态时，颗粒的平均速度为 $\bar{v}=\dfrac{\mathrm{e}\mathscr{E}}{\alpha}$. 以 $\mu\equiv\dfrac{\bar{v}}{\mathscr{E}}$

表示迁移率，试证明迁移率 μ 与扩散系数 D 间存在关系

$$\frac{\mu}{D}=\frac{q}{kT}.$$

上式称为爱因斯坦关系.

解 在均匀恒定的外电场 $\mathscr{E}$ 作用下，布朗颗粒的朗之万方程为

$$m\frac{\mathrm{d}v}{\mathrm{d}t}=-\alpha v+q\mathscr{E}+F(t). \tag{1}$$

将上式对大量颗粒取平均，注意到涨落力的平均值

$$\bar{F}(t)=0,$$

在定常状态下

$$\frac{\mathrm{d}\bar{v}}{\mathrm{d}t}=0,$$

因此由式(1)可得定常状态下因电场作用导致的颗粒的平均速度(漂移速度)为

$$\bar{v}=\frac{q\mathscr{E}}{\alpha}. \tag{2}$$

令 $\mu=\frac{\bar{v}}{\mathscr{E}}$，称为迁移率，表示单位场强引起的漂移速度. 由式(2)得

$$\mu=\frac{q}{\alpha}. \tag{3}$$

式(10.5.15)给出扩散系数与温度及颗粒在介质中的黏性阻力系数的关系

$$D=\frac{kT}{\alpha}. \tag{4}$$

比较式(3)和式(4)即得颗粒的迁移率 μ 与扩散系数 D 间的关系

$$\frac{\mu}{D}=\frac{q}{kT}. \tag{5}$$

10-10 (原 10.10 题)

考虑布朗颗粒在竖直方向的运动. 取 z 轴(向上)沿竖直方向，朗之万方程为

$$m\frac{\mathrm{d}v_z}{\mathrm{d}t}=-\alpha v_z-mg+F_z(t).$$

(a) 试证明，达到定常状态后，布朗颗粒的平均速度为

$$\overline{v_z}=-\frac{mg}{\alpha}.$$

(b) 达到定常状态后，布朗颗粒的流量为零，即

$$J_z=-D\frac{\mathrm{d}n_z}{\mathrm{d}z}+n\overline{v_z}=0,$$

其中 $n(z)$ 为布朗颗粒的密度. 试由此导出达到定常状态后布朗颗粒按高度的分布.

解 (a) 取 z 轴沿竖直方向(向上)，布朗颗粒在竖直方向的朗之万方程为

$$m\frac{dv_z}{dt}=-\alpha v_z-mg+F_z(t). \tag{1}$$

将上式对大量颗粒求平均，注意到涨落力的平均值

$$\overline{F_z(t)}=0,$$

在定常状态下

$$\frac{d\overline{v_z}}{dt}=0,$$

由式(1)即得

$$\overline{v_z}=-\frac{mg}{\alpha}. \tag{2}$$

上式表明，达到定常状态后，重力将使颗粒具有向下的漂移速度$\overline{v_z}$.

(b) 以 $n(z)$表示在高度为 z 处布朗颗粒的密度，当颗粒具有向下的漂移速度$\overline{v_z}$时，将存在向下的漂移通量 $n(z)\overline{v_z}$而使颗粒的密度分布与高度 z 有关．另一方面，根据菲克定律［式(10.5.9)］，当布朗颗粒在空间的密度不均匀时，颗粒将从密度高的区域流向密度低的区域，其流量为

$$-D\frac{d}{dz}n(z).$$

达到定常状态后，由于重力和由于密度不均匀引起的流量应该抵消，即

$$J_z=-D\frac{dn}{dz}+n\overline{v_z}=0, \tag{3}$$

或

$$\begin{aligned}\frac{dn}{dz}&=\frac{\overline{v_z}}{D}n\\&=-\frac{mg}{\alpha D}n\\&=-\frac{mg}{kT}n.\end{aligned}$$

最后一步用了式(10.5.15)．积分得

$$n=n_0e^{-\frac{mgz}{kT}}. \tag{4}$$

上式给出达到定常状态后布朗颗粒随高度的分布．mgz 是处在高度为 z 处的布朗颗粒的重力势能，式(4)与将布朗颗粒看作与介质达到热平衡的巨分子，而直接应用玻耳兹曼分布所得到的结果一致．

第十一章　非平衡态统计理论初步

11-1　(原 11.1 题)

以 $\omega \mathrm{d}t$ 表示分子在 t 到 $t+\mathrm{d}t$ 时间内与其他分子发生一次碰撞的概率. 试证明分子在时间 t 内未受碰撞的概率为

$$P(t)=\mathrm{e}^{-\omega t}.$$

解　一个分子在 $t+\mathrm{d}t$ 内未受碰撞的概率等于其在 t 内未受碰撞的概率$P(t)$与在 t 到 $t+\mathrm{d}t$ 内仍未受碰撞的概率$(-\omega \mathrm{d}t)$的乘积，即

$$P(t+\mathrm{d}t)=P(t)(1-\omega \mathrm{d}t), \tag{1}$$

但

$$P(t+\mathrm{d}t)=P(t)+\frac{\mathrm{d}P}{\mathrm{d}t}\mathrm{d}t, \tag{2}$$

两式联立，得

$$\frac{\mathrm{d}P}{\mathrm{d}t}=-\omega P. \tag{3}$$

将上式积分，注意

$$P(0)=1,$$

即得

$$P(t)=P(0)\mathrm{e}^{-\omega t}=\mathrm{e}^{-\omega t}. \tag{4}$$

一般说来，ω 与所考虑的分子的速率有关，即 ω 是分子速率的函数

$$\omega=\omega(v).$$

11-2　(原 11.2 题)

以 $\mathscr{P}(t)\mathrm{d}t$ 表示一个分子在时间 t 内未受碰撞而在 $t+\mathrm{d}t$ 内被碰的概率. 试证明

$$\mathscr{P}(t)\mathrm{d}t=\mathrm{e}^{-\omega t}\omega \mathrm{d}t,$$

及

$$\int_0^{+\infty}\mathscr{P}(t)\mathrm{d}t=1.$$

解　分子在时间 t 内未受碰撞而在 $t+\mathrm{d}t$ 内受到碰撞的概率等于其在时间 t 内未受碰撞的概率与在 t 到 $t+\mathrm{d}t$ 内受到碰撞的概率的乘积，即

$$\mathscr{P}(t)\mathrm{d}t=P(t)\omega \mathrm{d}t=\mathrm{e}^{-\omega t}\omega \mathrm{d}t. \tag{1}$$

$\mathscr{P}(t)$也可以理解为分子具有大小为 t 的自由飞行时间的概率.

将式(1)积分，得

$$\int_0^{+\infty}\mathscr{P}(t)\mathrm{d}t=1. \tag{2}$$

这是概率的归一化条件．它的含义是，分子具有各种大小的自由飞行时间的概率之和为 1.

11-3 （原 11.3 题）

以 τ 表示分子在两次碰撞之间所经历的平均时间，称为碰撞自由时间．试证明

$$\tau=\int_0^{+\infty}\mathscr{P}(t)\,t\mathrm{d}t=\frac{1}{\omega}.$$

解

$$\tau=\int_0^{+\infty}\mathscr{P}(t)\,t\mathrm{d}t=\omega\int_0^{+\infty}\mathrm{e}^{-\omega t}t\mathrm{d}t. \tag{1}$$

利用分部积分

$$\begin{aligned}\omega\int_0^{+\infty}\mathrm{e}^{-\omega t}t\mathrm{d}t&=-\mathrm{e}^{-\omega t}t\Big|_0^{+\infty}+\int_0^{+\infty}\mathrm{e}^{-\omega t}\mathrm{d}t\\&=\int_0^{+\infty}\mathrm{e}^{-\omega t}\mathrm{d}t,\end{aligned}$$

所以

$$\tau\equiv\frac{1}{\omega}. \tag{2}$$

11-4 （原 11.4 题）

气体中含有离子．在离子浓度足够低的情形下，可以忽略离子间的相互作用．平衡状态下离子遵从麦克斯韦速度分布．试根据玻耳兹曼方程的弛豫时间近似证明在弱电场下离子的电导率可以表示为

$$\sigma=\frac{nq^2}{m}\bar{\tau}_0,$$

其中 m 是离子的质量，q 是电荷量，n 是离子的数密度，$\bar{\tau}_0$是弛豫时间的某种平均值．

解 在离子密度足够低，离子间的库仑相互作用可以忽略的情形下，如果不存在外电场，离子通过与气体分子及离子间的相互碰撞，达到平衡时，其速度分布是通常的麦克斯韦速度分布

$$f^{(0)}=n\left(\frac{m}{2\pi kT}\right)^{\frac{3}{2}}\mathrm{e}^{-\frac{m}{2kT}(v_x^2+v_y^2+v_z^2)}, \tag{1}$$

其中 n 是离子的数密度，m 是离子的质量，T 是气体的温度．

如果加上一个恒定均匀的沿 z 方向的电场，离子将获得 z 方向的漂移运动而形成电流．根据欧姆定律，电流密度 J_z与电场强度 $\mathscr{E}_z$成正比

$$J_z=\sigma\mathscr{E}_z, \tag{2}$$

σ 是电导率．

以 f 表示存在外电场时离子的速度分布．电流密度 J_z等于单位时间内通过单位截面的离子数，乘以离子的电荷 q，即

$$J_z=q\int fv_z\mathrm{d}\omega. \tag{3}$$

如果将平衡分布 $f^{(0)}$ 代入上式，由于被积函数是 v_z的奇函数，积分得

$$J_z = 0,$$

事实上加上外电场后，分布函数将发生改变．在定常状态下，分布函数由方程(11.1.13)确定．在所讨论的情形下，式(11.1.13)简化为

$$\frac{q\mathscr{E}_z}{m}\frac{\partial f}{\partial v_z} = -\frac{f-f^{(0)}}{\tau_0}. \tag{4}$$

假设外电场很弱，f 对 $f^{(0)}$ 的偏离很小，可将 f 表示为

$$f = f^{(0)} + f^{(1)}, \tag{5}$$

其中 $f^{(1)} \ll f^{(0)}$．将上式代入式(4)，只保留一级小量，得

$$\frac{q\mathscr{E}_z}{m}\frac{\partial f^{(0)}}{\partial v_z} = -\frac{f^{(1)}}{\tau_0}.$$

因此

$$f = f^{(0)} - \frac{q\mathscr{E}_z}{m}\tau_0\frac{\partial f^{(0)}}{\partial v_z}.$$

将上式代入式(3)，第一项积分为零，故有

$$J_z = -\frac{q^2\mathscr{E}_z}{m}\int \tau_0 v_z \frac{\partial f^{(0)}}{\partial v_z}\mathrm{d}\omega. \tag{6}$$

比较式(6)和式(2)，得

$$\sigma = -\frac{q^2}{m}\int \tau_0 v_z \frac{\partial f^{(0)}}{\partial v_z}\mathrm{d}\omega$$

$$= \frac{q^2}{kT}\int \tau_0 v_z^2 f^{(0)}\mathrm{d}\omega.$$

最后一步利用了由式(1)得到的结果：

$$\frac{\partial f^{(0)}}{\partial v_z} = -\frac{m}{kT}v_z f^{(0)}.$$

将 $\bar{\tau}_0$ 取某种平均值 $\bar{\tau}_0$ 而提出积分号外，有

$$\sigma = \frac{q^2}{kT}\bar{\tau}_0 n\,\overline{v_z^2} = \frac{nq^2}{m}\bar{\tau}_0. \tag{7}$$

最后一步考虑到 $\overline{v_z^2}$ 是在平衡分布 $f^{(0)}$ 下的平均值：

$$\frac{1}{2}m\,\overline{v_z^2} = \frac{1}{2}kT.$$

上述讨论要求 $f^{(1)} \ll f^{(0)}$，即要求

$$\frac{q\mathscr{E}_z\bar{\tau}_0\bar{v}_z}{kT} \ll 1.$$

这意味着外电场必须足够弱，使离子在平均自由程 $\bar{v}_z\tau_0$ 中从电场获得的能量远小于热运动的平均能量．

11-5 （原 11.5 题）

气体含有两种分子，其质量分别为 m_1 和 m_2．试求在平衡状态下，一个质量为 m_1 的分

子与质量为 m_2 的分子的平均碰撞频率.

解 式(11.4.10)给出了元碰撞数

$$f_1 f_2 \mathrm{d}\omega_1 \mathrm{d}\omega_2 d_{12}^2 v_r \cos\theta \mathrm{d}\Omega \mathrm{d}t \mathrm{d}\tau. \tag{1}$$

它表示在 $\mathrm{d}t$ 时间内，在体积元 $\mathrm{d}\tau$ 内，速度在间隔 $\mathrm{d}\omega_1$ 内的分子与速度在 $\mathrm{d}\omega_2$ 内的分子在立体角 $\mathrm{d}\Omega$ 内的碰撞次数. 在式中令

$$\mathrm{d}t=1, \quad \mathrm{d}\tau=1,$$

并用 $\int f_1 \mathrm{d}\omega_1 = n_1$ 去除，即得在单位时间内，一个质量为 m_1 的分子被质量为 m_2 的分子碰撞的平均碰撞次数为

$$\overline{\Theta}_{12} = \frac{1}{n_1}\iiint f_1 f_2 d_{12}^2 v_r \cos\theta \mathrm{d}\omega_1 \mathrm{d}\omega_2 \mathrm{d}\Omega. \tag{2}$$

在平衡状态下，有

$$\begin{aligned} f_1 &= n_1\left(\frac{m_1}{2\pi kT}\right)^{\frac{3}{2}} \mathrm{e}^{-\frac{m_1 v_1^2}{2kT}}, \\ f_2 &= n_2\left(\frac{m_2}{2\pi kT}\right)^{\frac{3}{2}} \mathrm{e}^{-\frac{m_2 v_2^2}{2kT}}. \end{aligned} \tag{3}$$

引入质心坐标和相对坐标来描述两分子的运动:

$$\begin{aligned} \boldsymbol{v}_{\mathrm{c}} &= \frac{m_1\boldsymbol{v}_1 + m_2\boldsymbol{v}_2}{m_1+m_2}, \\ \boldsymbol{v}_{\mathrm{r}} &= \boldsymbol{v}_2 - \boldsymbol{v}_1. \end{aligned} \tag{4}$$

两分子的动能可表示为

$$\frac{1}{2}m_1 v_1^2 + \frac{1}{2}m_2 v_2^2 = \frac{1}{2}m v_{\mathrm{c}}^2 + \frac{1}{2}\mu v_{\mathrm{r}}^2, \tag{5}$$

其中

$$m = m_1 + m_2,$$

$$m_\mu = \frac{m_1 m_2}{m_1+m_2},$$

分别是两分子的总质量和约化质量. 注意到

$$\mathrm{d}\omega_1 \mathrm{d}\omega_2 = \mathrm{d}\,\boldsymbol{v}_{\mathrm{c}} \mathrm{d}\,\boldsymbol{v}_{\mathrm{r}} \tag{6}$$

和

$$\int \cos\theta \mathrm{d}\Omega = \int_0^{2\pi} \mathrm{d}\varphi \int_0^{\frac{\pi}{2}} \cos\theta \sin\theta \mathrm{d}\theta = \pi. \tag{7}$$

可将式(1)表达为

$$\overline{\Theta}_{12} = n_2 \pi d_{12}^2 \left(\frac{m}{2\pi kT}\right)^{\frac{3}{2}} \left(\frac{m_\mu}{2\pi kT}\right)^{\frac{3}{2}} \int \mathrm{e}^{-\frac{M v_{\mathrm{c}}^2}{2kT}} \mathrm{d}\,\boldsymbol{v}_{\mathrm{c}} \int \mathrm{e}^{-\frac{m_\mu v_{\mathrm{r}}^2}{2kT}} \boldsymbol{v}_{\mathrm{r}} \mathrm{d}\,\boldsymbol{v}_{\mathrm{r}}. \tag{8}$$

但

$$\int \mathrm{e}^{-\frac{m v_{\mathrm{c}}^2}{2kT}} \mathrm{d}\,\boldsymbol{v}_{\mathrm{c}} = \left(\frac{2\pi kT}{m}\right)^{\frac{3}{2}},$$

$$\int e^{-\frac{m_\mu v_r^2}{2kT}} v_r \mathrm{d}\boldsymbol{v}_r = 4\pi \int_0^{+\infty} e^{-\frac{m_\mu v_r^2}{2kT}} v_r^3 \mathrm{d}v_r = \frac{4\pi}{2}\left(\frac{2kT}{m_\mu}\right)^2,$$

所以

$$\overline{\Theta}_{12} = n_2 \pi d_{12}^2 2\pi \left(\frac{m_\mu}{2\pi kT}\right)^{\frac{3}{2}} \left(\frac{2kT}{m_\mu}\right)^2 = n_2 \pi d_{12}^2 \left(\frac{8kT}{\pi m_\mu}\right)^{\frac{1}{2}} = \left(1+\frac{m_1}{m_2}\right)^{\frac{1}{2}} n_2 \pi d_{12}^2 \bar{v}_1, \qquad (9)$$

其中 $\bar{v}_1 = \sqrt{\dfrac{8kT}{\pi m_1}}$ 是第一种分子的平均速率.

11-6 （原 11.6 题）

如果气体中只有一种分子，试证明一个分子在单位时间内的被碰次数为

$$\overline{\Theta} = \sqrt{2}\,\pi n d^2 \bar{v},$$

并计算在 0 ℃及 1 atm 下一个氧分子的平均碰撞数，已知氧分子的 $d=3.62\times10^{-10}$ m.

解 如果只有一种分子，在 11-5 题式(9)中令

$$m_1 = m_2, \quad d_{12} = d, \quad n_2 = n,$$

即得一个分子在单位时间内的平均被碰次数为

$$\overline{\Theta} = \sqrt{2}\, n\pi d^2 \bar{v}. \qquad (1)$$

在 0 ℃和 1 atm 下，

$$n = 2.687\times10^{25}\ \mathrm{m}^{-3},$$

氧分子的

$$d = 3.62\times10^{-10}\ \mathrm{m},$$

$$\bar{v} = \sqrt{\frac{8kT}{\pi m}} = 565\ \mathrm{m\cdot s^{-1}}.$$

代入式(1)可得

$$\overline{\Theta} = 6.65\times10^9\ \mathrm{s}^{-1}.$$

11-7 （原 11.7 题）

如果气体有两种粒子，试证明一个第一种粒子每秒平均被碰次数为

$$\overline{\Theta}_1 = \overline{\Theta}_{11} + \overline{\Theta}_{12} = 4n_1 d_1^2 \sqrt{\frac{\pi kT}{m_1}} + 2n_2 d_{12}^2 \left(\frac{2\pi kT}{m_1}\right)^{\frac{1}{2}} \left(1+\frac{m_1}{m_2}\right)^{\frac{1}{2}}.$$

当第一种粒子是电子而第二种粒子是普通的分子或离子时，

$$d_1 \sim 10^{-13}\ \mathrm{cm}, \quad d_2 \sim 10^{-8}\ \mathrm{cm},$$

故 $\overline{\Theta}_{11} \ll \overline{\Theta}_{12}$，同时 $m_1 \ll m_2$，试证明

$$\overline{\Theta}_1 \approx \overline{\Theta}_{12} \approx n_2 d_{12}^2 \sqrt{\frac{\pi kT}{2m_1}}.$$

解 如果气体中有两种粒子，则一个第一种粒子每秒平均被碰次数为

$$\overline{\Theta}_1 = \overline{\Theta}_{11} + \overline{\Theta}_{12}. \tag{1}$$

根据 11-5 题式(9)，可得

$$\overline{\Theta}_1 = 4n_1 d_1^2 \sqrt{\frac{\pi kT}{m_1}} + 2n_2 d_{12}^2 \left(\frac{2\pi kT}{m_1}\right)^{\frac{1}{2}} \left(1+\frac{m_1}{m_2}\right)^{\frac{1}{2}}. \tag{2}$$

当第一种粒子是电子而第二种粒子是普通的分子或离子时

$$d_1 \sim 10^{-13}\ \mathrm{cm}, \quad d_2 \sim 10^{-8}\ \mathrm{cm},$$

故 $\overline{\Theta}_{11} \ll \overline{\Theta}_{12}$，同时 $m_1 \ll m_2$，故

$$\overline{\Theta}_1 \approx \overline{\Theta}_{12} \approx n_2 d_{12}^2 \sqrt{\frac{\pi kT}{2m_1}} = \frac{1}{4} n_2 d_2^2 \sqrt{\frac{\pi kT}{2m_1}}, \tag{3}$$

其中考虑到 $d_{12} \approx \frac{1}{2} d_2$. 上式说明，在讨论电子与分子的混合气体时，只需考虑电子与分子的碰撞，不必考虑电子之间的碰撞.

11-8 （原 11.8 题）

气体分子的平均自由程定义为 $\bar{l} = \frac{\bar{v}}{\overline{\Theta}}$，试证明

$$\bar{l} = \frac{1}{\sqrt{2}\,\pi n d^2},$$

并利用习题 11-6 所给数据计算 0 ℃和 1 atm 下氧分子的平均自由程.

解 气体分子的平均自由程定义为

$$\bar{l} = \frac{\bar{v}}{\overline{\Theta}}. \tag{1}$$

利用 11-6 题式(11)的结果，即得

$$\bar{l} = \frac{1}{\sqrt{2}\,\pi n d^2}. \tag{2}$$

由 11-6 题所给数据可得，在 0 ℃和 1 atm 下氧分子的平均自由程为

$$\bar{l} = 6.39 \times 10^{-8}\ \mathrm{m}.$$

11-9 （原 11.9 题）

被吸附的气体分子在表面上作二维运动，试写出二维气体的玻耳兹曼积分微分方程.

解　参照 §11.1 和 §11.4 关于三维气体的讨论，二维气体速度分布函数 $f(x, y, v_x, v_y, t)$ 的运动变化率为

$$-\left(v_x\frac{\partial f}{\partial x}+v_y\frac{\partial f}{\partial y}+X\frac{\partial f}{\partial v_x}+Y\frac{\partial f}{\partial v_y}\right). \tag{1}$$

碰撞变化率为

$$\iint (f'_1 f-f_1 f)\mathrm{d}\omega_1 d^2 v_r\cos\theta\mathrm{d}\theta, \tag{2}$$

其中 $\mathrm{d}\omega_1=\mathrm{d}v_{1x}\mathrm{d}v_{1y}$，$d$ 是分子的直径．所以二维气体的玻耳兹曼积分微分方程为

$$\begin{aligned}&\frac{\partial f}{\partial t}+v_x\frac{\partial f}{\partial x}+v_y\frac{\partial f}{\partial y}+X\frac{\partial f}{\partial v_x}+Y\frac{\partial f}{\partial v_y}\\&=\iint (f'_1 f'-f_1 f)d^2 v_r\cos\theta\mathrm{d}\theta\mathrm{d}\omega_1.\end{aligned} \tag{3}$$

11-10　(原 11.10 题)

试根据 H 函数的定义

$$H=\iint f\ \ln f\mathrm{d}\omega\mathrm{d}\tau$$

证明在平衡状态下理想气体的 H 为

$$H=N\left(\ln n+\frac{3}{2}\ln\frac{m}{2\pi kT}-\frac{3}{2}\right).$$

将这结果与单原子理想气体的熵式(7.6.2)比较，证明

$$S=-kH+Nk\left[1+\ln\left(\frac{m}{k}\right)^3\right].$$

解　平衡状态下，气体分子的速度分布为

$$f=n\left(\frac{m}{2\pi kT}\right)^{\frac{3}{2}}\mathrm{e}^{-\frac{m}{2kT}(v_x^2+v_y^2+v_z^2)}. \tag{1}$$

根据式(11.5.1)，H 的定义为

$$H=\iint f\ \ln f\mathrm{d}\tau\mathrm{d}\omega. \tag{2}$$

将式(1)代入，得

$$\begin{aligned}H&=\iint f\ \left[\ln n+\frac{3}{2}\ln\left(\frac{m}{2\pi kT}\right)-\frac{mv^2}{2kT}\right]\mathrm{d}\tau\mathrm{d}\omega\\&=N\ln n+\frac{3}{2}N\ln\left(\frac{m}{2\pi kT}\right)-N\frac{m}{2kT}\overline{v^2}\\&=N\left[\ln n+\frac{3}{2}\ln\left(\frac{m}{2\pi kT}\right)-\frac{3}{2}\right].\end{aligned} \tag{3}$$

式(7.6.2)给出单原子分子理想气体的熵为

$$S=Nk\ln\left(\frac{2\pi mkT}{k^2}\right)^{\frac{3}{2}}+Nk\ln\frac{V}{N}+\frac{5}{2}Nk. \tag{4}$$

比较可知

$$S=-kH+Nk\left[1+\ln\left(\frac{m}{k}\right)^{3}\right]. \tag{5}$$

§ 11.5 曾经说过，H 与熵，H 定理与熵增加原理是相当的．由于玻耳兹曼积分微分方程和 H 定理只考虑了分子的平动，因而只能将 H 函数与单原子理想气体的熵进行比较．

11-11 （原 11.11 题）

试由细微平衡原理导出费米分布．在单位时间内，两个费米子由状态 i 和状态 j 跃迁到状态 k 和状态 l 的跃迁数，与状态 i 和状态 j 被占据的概率 f_i 和 f_j 及状态 k 和状态 l 未被占据的概率 $1-f_k$ 和 $1-f_l$ 成正比．这跃迁数可表示为

$$A_{ij}^{kl}f_i f_j(1-f_k)(1-f_l).$$

同理，单位时间内，两个费米子由状态 k 和状态 l 跃迁到状态 i 和状态 j 的跃迁数为

$$A_{kl}^{ij} f_k f_l(1-f_i)(1-f_j).$$

细微平衡要求

$$A_{kl}^{ij} f_k f_l(1-f_i)(1-f_j)=A_{ij}^{kl}f_i f_j(1-f_k)(1-f_l).$$

由跃迁概率的对称性知

$$A_{kl}^{ij}=A_{ij}^{kl},$$

所以平衡时有

$$f_k f_l(1-f_i)(1-f_j)=f_i f_j(1-f_k)(1-f_l).$$

由这函数方程可导出费米分布．

解　细微平衡原理要求达到平衡时分布函数 f 满足

$$f_i f_j(1-f_k)(1-f_l)=f_k f_l(1-f_i)(1-f_j), \tag{1}$$

即平衡时两个费米子由 i，j 态跃迁到 k，l 态的元过程与由 k，l 态跃迁到 i，j 态的元反过程相互抵消．将式(1)改写为

$$\frac{f_i}{1-f_i}\cdot\frac{f_j}{1-f_j}=\frac{f_k}{1-f_k}\cdot\frac{f_l}{1-f_l}.$$

取对数得

$$\ln\frac{f_i}{1-f_i}+\ln\frac{f_j}{1-f_j}=\ln\frac{f_k}{1-f_k}+\ln\frac{f_l}{1-f_l}. \tag{2}$$

式(2)是函数 $\ln\dfrac{f}{1-f}$ 的函数方程．它指出对于费米子，$\ln\dfrac{f}{1-f}$ 是跃迁前后的守恒量．一般情形下跃迁前后粒子数和能量守恒，所以函数方程有两个特解

$$\ln\frac{f}{1-f}=1,\ \varepsilon. \tag{3}$$

函数方程是关于 $\ln\dfrac{f}{1-f}$ 的线性方程，它的通解是两个特解的线性组合，记为

$$\ln\frac{f}{1-f}=-\alpha-\beta\,\varepsilon, \tag{4}$$

式中 α 和 β 是常量．由式(4)可解出

$$f=\frac{1}{e^{\alpha+\beta\varepsilon}+1}. \tag{5}$$

式(5)就是熟知的费米分布．

如果粒子是自由粒子，其动量 $\boldsymbol{p}$ 是好量子数．在跃迁前后，除粒子数和能量外，动量的三个分量也是守恒量．函数方程(2)将有五个特解，即

$$\ln\frac{f}{1-f}=1,\quad p_x,\quad p_y,\quad p_z,\quad \frac{p^2}{2m}. \tag{6}$$

它的通解是上述五个特解的线性组合．类似可得

$$f=\frac{1}{e^{\alpha+\frac{\beta}{2m}[(p_x-p_{x0})^2+(p_y-p_{y0})^2+(p_z-p_{z0})^2]}+1}. \tag{7}$$

11-12 （原 11.12 题）

试由细微平衡原理导出玻色分布．玻色子有聚集的倾向，与上题相应的函数方程为

$$f_k f_l(1+f_i)(1+f_j)=f_i f_j(1+f_k)(1+f_l).$$

由这函数方程可导出玻色分布．

解 与上题相似，对于玻色子，由细微平衡条件

$$f_k f_l(1+f_i)(1+f_j)=f_i f_j(1+f_k)(1+f_l), \tag{1}$$

可得函数方程

$$\ln\frac{f_i}{1+f_i}+\ln\frac{f_j}{1+f_j}=\ln\frac{f_k}{1+f_k}+\ln\frac{f_l}{1+f_l}. \tag{2}$$

一般情形下，函数方程有两个特解

$$\ln\frac{f}{1+f}=1,\ \varepsilon. \tag{3}$$

它的通解是两个特解的线性组合：

$$\ln\frac{f}{1+f}=-\alpha-\beta\,\varepsilon, \tag{4}$$

式中 α 和 β 是常量．由式(4)可解出

$$f=\frac{1}{e^{\alpha+\beta\varepsilon}-1}. \tag{5}$$

式(5)就是熟知的玻色分布．

对于自由粒子，类似可得

$$f=\frac{1}{e^{\alpha+\frac{\beta}{2m}[(p_x-p_{x0})^2+(p_y-p_{y0})^2+(p_z-p_{z0})^2]}-1}. \tag{6}$$

11-13 （原 11.13 题）

试由式(11.6.10)导出式(11.6.11)．

解 式(11.6.10)为

$$\boldsymbol{v}\cdot\nabla(\boldsymbol{v}\cdot\boldsymbol{v}_0)=0, \tag{1}$$

其中$\boldsymbol{v}(v_x, v_y, v_z)$是分子的速度，$\boldsymbol{v}_0(v_{0x}, v_{0y}, v_{0z})$是气体整体运动的速度．一般来说$\boldsymbol{v}_0$可以是坐标 x，y，z 的函数．注意到v_x，v_y，v_z与x，y，z是独立变量，式(1)可表示为

$$\begin{aligned}
&\boldsymbol{v}\cdot\nabla(\boldsymbol{v}\cdot\boldsymbol{v}_0)\\
&=\left(v_x\frac{\partial}{\partial x}+v_y\frac{\partial}{\partial y}+v_z\frac{\partial}{\partial z}\right)(v_xv_{0x}+v_yv_{0y}+v_zv_{0z})\\
&=v_x^2\frac{\partial}{\partial x}v_{0x}+v_xv_y\frac{\partial}{\partial x}v_{0y}+v_xv_z\frac{\partial}{\partial x}v_{0z}+\\
&\quad v_yv_x\frac{\partial}{\partial y}v_{0x}+v_y^2\frac{\partial}{\partial y}v_{0y}+v_yv_z\frac{\partial}{\partial y}v_{0z}+\\
&\quad v_zv_x\frac{\partial}{\partial z}v_{0x}+v_zv_y\frac{\partial}{\partial z}v_{0y}+v_z^2\frac{\partial}{\partial z}v_{0z}\\
&=v_x^2\frac{\partial}{\partial x}v_{0x}+v_y^2\frac{\partial}{\partial y}v_{0y}+v_z^2\frac{\partial}{\partial z}v_{0z}+\\
&\quad v_xv_y\left(\frac{\partial}{\partial x}v_{0y}+\frac{\partial}{\partial y}v_{0x}\right)+v_yv_z\left(\frac{\partial}{\partial y}v_{0z}+\frac{\partial}{\partial z}v_{0y}\right)+\\
&\quad v_xv_z\left(\frac{\partial}{\partial z}v_{0x}+\frac{\partial}{\partial x}v_{0z}\right)\\
&=0.
\end{aligned}$$

上式对任何速度 $\boldsymbol{v}(v_x, v_y, v_z)$均成立，故有

$$\frac{\partial}{\partial x}v_{0x}=\frac{\partial}{\partial y}v_{0y}=\frac{\partial}{\partial z}v_{0z}=0, \tag{2}$$

$$\frac{\partial}{\partial x}v_{0y}+\frac{\partial}{\partial y}v_{0x}=\frac{\partial}{\partial y}v_{0z}+\frac{\partial}{\partial z}v_{0y}=\frac{\partial}{\partial z}v_{0x}+\frac{\partial}{\partial x}v_{0z}=0. \tag{3}$$

式(2)和式(3)就是式(11.6.11)．

11-14 （原 11.14 题）

试证明式(11.6.11)的解是式(11.6.12)．

解　11-13 题已证明气体的整体速度 $\boldsymbol{v}_0(v_{0x}, v_{0y}, v_{0z})$满足下面两组方程：

$$\frac{\partial v_{0x}}{\partial x}=\frac{\partial v_{0y}}{\partial y}=\frac{\partial v_{0z}}{\partial z}=0, \tag{1}$$

$$\frac{\partial}{\partial x}v_{0y}+\frac{\partial}{\partial y}v_{0x}=\frac{\partial}{\partial y}v_{0z}+\frac{\partial}{\partial z}v_{0y}=\frac{\partial}{\partial z}v_{0x}+\frac{\partial}{\partial x}v_{0z}=0. \tag{2}$$

将式(2)的第一个等式再求对 y 的偏导数，有

$$\frac{\partial^2}{\partial y^2}v_{0x}=-\frac{\partial^2}{\partial y\partial x}v_{0y}=-\frac{\partial}{\partial x}\,\frac{\partial}{\partial y}v_{0y}=0. \tag{3}$$

最后一步用了式(1)的第二个等式．同理，将式(2)的第三个等式再求对 z 的偏导数，有

$$\frac{\partial^2}{\partial z^2}v_{0x}=-\frac{\partial^2}{\partial z\partial x}v_{0z}=-\frac{\partial}{\partial x}\,\frac{\partial}{\partial z}v_{0z}=0. \tag{4}$$

最后一步用了式(1)的第三个等式．将式(2)的第三个等式和第一个等式分别再求对 y 和对 z 的偏导数，得

$$\frac{\partial^2}{\partial y\partial z}v_{0x}=-\frac{\partial^2}{\partial y\partial x}v_{0z},$$
$$\frac{\partial^2}{\partial z\partial y}v_{0x}=-\frac{\partial^2}{\partial z\partial x}v_{0y}.$$

两式相加，用 2 去除，得

$$\frac{\partial^2}{\partial y\partial z}v_{0x}=-\frac{1}{2}\frac{\partial}{\partial x}\left(\frac{\partial}{\partial y}v_{0z}+\frac{\partial}{\partial z}v_{0y}\right)=0. \tag{5}$$

最后一步用了式(2)的第二个等式．

综合式(1)，式(3)，式(4)，式(5)各式可知，v_{0x}满足以下方程：

$$\begin{aligned}&\frac{\partial v_{0x}}{\partial x}=0,\\&\frac{\partial^2}{\partial y^2}v_{0x}=0,\\&\frac{\partial^2}{\partial z^2}v_{0x}=0,\\&\frac{\partial^2}{\partial y\partial z}v_{0x}=0.\end{aligned} \tag{6}$$

这意味着，v_{0x}是 y 和 z 的线性函数，与 x 无关，即 v_{0x}可表示为

$$v_{0x}=a_x+l_1y+l_2z. \tag{7}$$

同理可知，v_{0y}，v_{0z}可表示为

$$v_{0y}=a_y+m_1z+m_2x, \tag{8}$$
$$v_{0z}=a_z+n_1x+n_2y, \tag{9}$$

其中 a_x，a_y，a_z，l_1，l_2，m_1，m_2，n_1，n_2都是常量．因为 v_{0x}，v_{0y}，v_{0z}要满足式(2)，这些常量不完全是独立的．将式(7)，式(8)，式(9)代入式(2)，可得

$$\begin{aligned}&m_2+l_1=0,\\&n_2+m_1=0,\\&l_2+n_1=0.\end{aligned} \tag{10}$$

令

$$\begin{aligned}&\omega_x=n_2=-m_1,\\&\omega_y=l_2=-n_1,\\&\omega_z=m_2=-l_1,\end{aligned}$$

可将式(7)—式(9)表示为

$$\begin{aligned}&v_{0x}=a_x+(\omega_yz-\omega_zy),\\&v_{0y}=a_y+(\omega_zx-\omega_xz),\\&v_{0z}=a_z+(\omega_xy-\omega_yx).\end{aligned} \tag{11}$$

用向量表示可将 $\boldsymbol{v}_0$表示为

$$\boldsymbol{v}_0=\boldsymbol{a}+\boldsymbol{\omega}\times\boldsymbol{r}. \tag{12}$$

式(11)，式(12)意味着，气体的整体速度相当于具有恒定平移速度和恒定刚体转动的刚体运动．其中$\boldsymbol{a}(a_x, a_y, a_z)$是平动速度，$\boldsymbol{\omega}(\omega_x, \omega_y, \omega_z)$是转动角速度．

读者意见反馈

为收集对教材的意见建议，进一步完善教材编写并做好服务工作，读者可将对本教材的意见建议通过如下渠道反馈至我社。

咨询电话　400-810-0598

反馈邮箱　hepsci@pub.hep.cn

通信地址　北京市朝阳区惠新东街4号富盛大厦1座

高等教育出版社理科事业部

邮政编码　100029